守望者
The Catcher

阅读 你的生活

Delicioso

A history of food in Spain

伊比利亚的味道

西班牙饮食史

[西]玛利亚·何塞·塞维利亚 —— 著
María José Sevilla

宓田　牛玲 —————— 译

中国人民大学出版社
·北京·

 **译者序**

　　离开西班牙已然四载有余，然而每当午夜梦回之时，或是在日常琐碎的夹缝之间，在那片土地上曾经历的生活点滴，便会时不时地浮现在眼前。在这些回忆之中，有时地中海的阳光明媚而刺目，有时则阴雨绵绵；那里的海风时而轻柔拂面，时而凌厉刺骨；有些地域草木昌茂繁盛，有些地方则几乎是不毛之地；有时漫步于逼仄阴暗的小径，却又在转角惊叹于眼前建筑的磅礴气势。这些回忆场景就像一块块的马赛克拼图，拼接成了一幅多姿多彩的西班牙版图。

　　西班牙之多姿有着深厚的历史根源。最早生活在伊比利亚半岛上的原住民是巴斯克人和伊比利亚人，他们通过南部和东部的沿海地区与希腊人和腓尼基人进行贸易通商。罗马人在公元前2世纪左右通过三次布匿战争，彻底击垮了迦太基，将其势力扩展到了伊比利亚半岛，却用了近两个世纪的时间才彻底征服这块领土，最终设置了三个行省，将其纳入到帝国版图之中。5世纪左右，随着罗马帝国势力的衰退，西哥特人翻越比利牛斯山脉，统治了半岛的大部分地区。711年，来自北非的摩尔人和柏柏尔人联军登陆半岛，并不断地将其势力范围向北扩张，以科尔多瓦为中心建立了哈里发国，直到 1492 年，也就是哥伦布发现新大陆的那一年，其政权才被天主教双王彻底瓦解。随着在美洲的殖民地建设，西班牙在 16 世纪建立了横跨大西洋、远至太平洋的庞大帝国，却因列强环伺且又经营不善而逐渐衰落，在 18 世纪被迫卷入欧洲大国势力的角逐之中，经历了王位继承战；近代时，政体变更，佛朗哥攫取了政权，建立了专制独裁的统治，直到 20 世纪 70 年代才恢复民主体制。

西班牙饱经风霜，却坚忍顽强而又包容开放。不同的文明在这块土地上碰撞交融，各自留下了鲜明的印记，它们相互博弈对峙，又相互取长补短，交相辉映。白色的阿尔罕布拉宫像一滴泪珠，镶嵌在安达卢西亚地区漫山遍野的橄榄田之中。在安达卢西亚的烈阳下，弗拉门戈舞者在深沉而悠长的深歌之中，摇曳着艳丽的裙摆；斗牛士挥舞着火红的围布，与壮硕黝黑的公牛展开着角逐。在西班牙的东南部，有许多白色小镇点缀在山头，遥望着蔚蓝色的地中海。高迪为巴塞罗那织就了彩色的童话；法雅节的篝火照亮着瓦伦西亚的夜空；堂吉诃德的英灵依旧穿着盔甲，举着长矛，在西班牙中部的高地上驰骋；朝圣者们依旧沿着北方的圣地亚哥之路，像几个世纪以前一样，虔诚地向西顶礼膜拜；埃斯特雷马杜拉虽地处偏僻，却完美保留着许多古罗马城镇，那里种植着广袤的橡树林，黑皮猪欢快地享用着橡果。

走在西班牙，不仅是访古探今的人文之旅，更是一场探寻美食之旅。每日早晨吃上一段法棍夹火腿，配上咖啡和橙汁，或是点上一些西班牙油条，蘸上浓郁的热巧克力；中午点上蔬菜凉汤或是桑格利亚酒，再来一份用火腿和鹰嘴豆炖的杂烩，或是来上一盘海鲜饭，配上布丁或是奶冻；晚上可以吃鸡蛋土豆饼，蘸上蒜油酱的土豆条，或是点上些塔帕斯小吃。西班牙人似乎从不刻意铺张宣扬，但对食物却有着严格的要求，也乐意投入时间坐在餐桌边，让味蕾来仔细地品尝五味。走过西班牙，游者不仅会标注城市地标，一定也会描绘出一幅美食地图：瓦伦西亚的海鲜饭、塞哥维亚的烤乳猪、加利西亚的铁板鱿鱼片、安达卢西亚的炖牛尾、巴斯克地区的鳕鱼、里奥哈地区的葡萄酒、赫雷斯的雪利酒，还有各式各样的杏仁糖、杂烩和油炸团子……

每当着笔翻译此书，几乎总在夜深人静之时。每每翻开书页，看到各色的美食，便不禁有了饥肠辘辘之感，于是随着翻译页数的递增，体重也不可控制地与日俱增。在译书之时，虽然节食计划被长期地搁置了，但却收获了丰厚的精神食粮。在作者的笔下，迥然不同的风味和不一样的烹饪传统犹如条条支流，有条不紊地汇入到西班牙的美食发展历史之中。本书不仅展现了西班牙美食的历时与共时发展，还将其过程嵌入到更广阔的历史发展洪流之中，让人虽是啃读书本，却也有品尝饕餮大餐的满足与快意。

我和本书的另一位译者牛玲因为巴塞罗那而结缘，而后又因师系同门而交往深厚。我请求她和我一起完成书稿的翻译，她欣然接受，于是我们各负责了本书一半内容的翻译，最后再进行校对和统稿。长年的交往和同门的联系，让我们合作默契。每每译到曾经品尝过的或未及尝过的美食，总是忍不住想要她替我再去一试，这让身处国内的我异常艳羡。在本书的翻译过程中，崔毅先生作为丛书的策划编辑，为我们提供了许多宏观性的指导，也对我们的翻译进行了悉心的指正，令我们受益匪浅，在此由衷地向他表示感谢。

每当开始一部新书的翻译，我总会因其浩瀚的工程而感到敬畏，而每当译稿接近尾声，又总会觉得恋恋不舍，忍不住想要再一遍遍地重读，好把书中的知识都印刻到自己的脑海中，也许正是这样的留恋和如此丰厚的报偿，才支撑着我们虽日久伏案，却也初心不悔吧。

宓田

八里台，2021 年夏

Delicioso
A History of Food
in Spain

引 言

　　对西班牙饮食史的研究，向来不为学者们所重视。西班牙富饶多姿，它的每一处角落都书写着历史，在欧洲没有其他任何一个国家能与之比肩。它的土地、人民、音乐、传统、语言以及饮食，创造了一个极具特色的世界。西班牙的饮食自古就融合了不同的文化。根据一些历史学家的研究，最早在此定居的莫过于巴斯克人和伊比利亚人了，他们是半岛上的原住民。谷物和豆类自西跨越地中海，不断地哺育着依地中海和大西洋南部沿海而居的伊比利亚人，也哺育着居住在半岛北部和西北部的凯尔特人——他们也是半岛的定居者，以饲养动物和耕种土地为生。腓尼基人自地中海的另一面而来，他们四处寻找商机和珍贵的矿物，对能够用来腌鱼的海盐十分感兴趣。希腊人把红酒带到了加泰罗尼亚地区。罗马人将西班牙称作"希斯帕尼亚"（Hispania），对它的橄榄油、鱼酱、谷物和黄金垂涎欲滴。在罗马人到来之前，犹太人就已经逃难至此，并将伊比利亚半岛称为"塞法拉德"（Sepharad）。

　　5世纪时，日耳曼人越过比利牛斯山脉，继承了这里本属于罗马行省的一切。柏柏尔人和阿拉伯人随后鸠占鹊巢，在此居住了近八个世纪，他们把绝大部分的半岛都建造成了一座美丽富饶的花园，还把它称为"安达卢斯"（Al-Andalus）。13、14 世纪，当基督教徒在卡斯蒂利亚地区掀起的"收复失地运动"正如火如荼地展开之时，由阿拉贡、加泰罗尼亚和瓦伦西亚组成的联合王国在地中海地区迅猛地扩张，给伊比利亚的美食注入了另一种带有意大利风格的味道和传统。16 世纪以后，与美洲进行的食品交换让西班牙的粮仓充满了各种原材料，不仅使它的食品种类更丰富，也提高了它的知名度。18 世纪早期，伴随着波旁王朝的统治，西班牙人的生活方式和饮食都受到了法国人的影响，但这却受到了西班牙人民的强烈抵制。

19 世纪时，西班牙的作家和美食评论家都极力推崇正宗的西班牙饮食。他们担忧它丧失独特性，因而坚决捍卫"民族烹调"这一概念，但事实上所谓的"民族烹调"从未存在过。假如他们能够更多地提倡"地域性"烹调，也许能更见成效。地域性烹调，也就是今时今日所谓的"西班牙自治区的烹调"（The Cuisines of the Antonomous Communities of Spain），长期以来确实不断地受到威胁。1898 年，西班牙丧失了古巴和菲律宾，严重挫伤了西班牙人的民族自尊心，也沉重打击了国内经济。西班牙人在 20 世纪 30 年代连年经受的饥饿和贫穷，以及可怕的内战，更是严重影响了农业生产和烹饪料理。

书写一部全面介绍西班牙饮食历史的书籍，是一桩不小的挑战。我是一名西班牙的美食作家，虽长年旅居异地，但对我的国家和文化怀有无比的热爱。从我自己烹调的方式和偏爱的饮食中，我体会到了西班牙的社会历史。在过去的三十年里，这一热爱让我时刻关注西班牙的美食和红酒，这种感情因为我身处异乡、处在长期的放逐之中（对于我来说并不是被迫的）而愈加强烈。尽管西班牙饮食的变化日新月异，但与人分享西班牙的美食与美酒、旅行、烹饪和撰写相关的书籍是我长期的坚持，也能帮助我不断地寻根。

1971 年，当我离开西班牙之时，佛朗哥的专制政权趋于覆灭，人们正在建设通向民主的道路，经济发展也一片光明。几年前，英国著名历史学家约翰·埃利奥特（J.H.Elliott）在《西班牙帝国》（*Imperial Spain*）的初版中写道：

> 这是一块干燥、贫瘠的不毛土地：10% 的土地都满覆岩石，35% 的土地无法用于生产，45% 的土地略算肥沃，只有 10% 的土地富饶。由于比利牛斯山脉的阻隔，这一半岛与欧洲大陆相隔两地，显得遗世独立。比利牛斯山脉还划出了一道高地，一直延展到南部海岸，使得这个国家的内部也被分隔了开来。它没有自然形成的中心，也没有坦途；它四分五裂，而且风格迥异；它由不同的民族、语言和文明而构成：这就是过去和如今的西班牙。[1]

尽管自从 20 世纪 70 年代起，情况有了明显改观，但是埃利奥特的评述却似乎有着永恒的生命力。他不仅描述了这个国家的基本版图，还勾画出了它的独特性以及它鲜明而复杂的个性。在当今，承认西班牙的多样性有可能引起社会的分歧与融合，但更有助于理解这个国家饮食的独特个性。

现如今的西班牙已经全然是一个现代化国家，高速公路和高铁横亘在这一片历来为诗人与画家所青睐的辽阔壮美的土地上。被甩在身后的是长期滞后的乡村发展，它给国家带来了不良的影响，也是数个世纪以来影响农民和社会大部分人口的生活的陈疾。

在佛朗哥去世后的1978年，民主体制被重新建立了起来，国家的行政区划被分为17个自治区。这主要是根据中世纪的王国来划分的，每个过去的王国都是一幅由不同的地势地形、气候条件、农业生产和饮食烹饪传统组成的图卷。西班牙烹饪的起源可以追溯到早期封建农民的饮食，但我们现下所熟识的西班牙烹饪，并非只是基于穷人简单的日常饮食。正像塞万提斯在他的书中所记载的那样，在西班牙，许多人准备菜肴都不计成本，他们会挑选最优质的食材，特别是在像圣徒纪念日、节庆日和婚礼那样重要的场合。数个世纪以来，这些菜肴根据不同地区的农业出产而就地取材，融合了来自美洲的新的物产，也受到了来自贵族阶层的饮食的影响。

西班牙无须再顺应19世纪的观点：人们在寻找民族身份的同时，试图证明"民族烹饪"的存在。现如今，"西班牙烹饪"的存在和个体性已被全然接受。至于19世纪和20世纪初为西班牙美食评论界所抵触的"全球美食"的概念，众望所归地被极具创新性的西班牙"高级烹饪"（西班牙版本的"haute cuisine"）所取代。许多西班牙的餐厅都能达到如此水准并不断地进行改良，提供创意美食。

西班牙是欧盟区的第四大经济体，国内生产总值突破1.1万亿美元，人口4 640万，是一个工业化国家，也是水果蔬菜、橄榄油、奶酪、大米、火腿、红酒、食谱，乃至厨师的出口大国。近40年来，随着西班牙工业和经济的发展，专业烹饪领域掀起了创新的风潮，自巴斯克地区起始，加泰罗尼亚地区和西班牙的其他地区紧随其后，使西班牙美食在全球的竞技平台上名列前茅。因此，许多出生于塞维利亚、马德里、巴塞罗那和毕尔巴鄂的年轻厨师，先是追随近几十年来成名的先锋派厨师，之后又回归到了西班牙的传统美食，不断地改良和发扬它的风格。这些厨师们也会采用现代烹饪的技艺并且适时进行改良，但他们更注重保持当地特色，使用传统的食材和烹饪方法。于是，无论是孤军奋战的还是相互合作的厨师在保证品质的基础上，将不同的饮食传统串联起来，在全国的各个角落提供着美食。这一联系如此紧密，即使是在政治上谋求独立的个体都无法否认它的存在。

至于说西班牙过往所处的隔绝与疏远的境地，早就被成千上万的游客所打破，他们是新来的短期"入侵者"，每年都会前往这块干燥但绝非贫瘠的土地旅行，尝尝里奥哈红酒、曼彻格奶酪、伊比利亚火腿和卡拉斯帕拉大米。当然，他们也会和西班牙的年轻人一样，购买速食、工业制作的糕点和甜饮。

西班牙以往只吸引一时图鲜的异国游客和作家，他们会搜集一些新奇斑斓的故事带回家乡讲述，这些故事虽然有时有失公允，听了倒也令人满怀期待。如今，这样的时代早已一去不复返。真正的西班牙美食，不久之前还一直被无视和排斥，被法国和意大利饮食所打压，而现如今的国内乃至国际评论界对西班牙饮食的看法已大为改观。西班牙的饮食如今为世界所瞩目，无论是传统的还是先锋派的风格，都为这一漫长的历史续写着新的篇章。曼妙多姿的西班牙历经了岁月的洗礼，它的每一处角落都弥漫着食物的香味。

Delicioso
A History of Food
in Spain

目 录

　　伊比利亚半岛上的饮食史源远流长。马德里国立自然科学博物馆的研究员何塞·玛利亚·贝穆德斯·德·卡斯特洛（José María Bermúdez de Castro）认为，如今的阿塔普埃卡遗址曾经是一处宜居之地，它的地势高，为狩猎者提供了绝佳的地形条件，而且不远之处就有河流流经。他说的正是位于卡斯蒂利亚 – 莱昂地区的阿塔普埃卡山，现在已经是一处考古遗址，数十位国际考古学家正在如火如荼地进行着挖掘工作。他们正在找寻 80 万年前乃至更早时期，古西班牙人留下的生活印记。这些专家们主要研究人们是如何生活和狩猎的、吃些什么食物、使用什么样的工具，他们是怎么死亡的，又是如何被埋葬的。在阿塔普埃卡遗址一处被称为格兰多利纳（Gran Dolina）的洞穴中，考古学家们找到了石制工具，它们被原始人用来宰杀动物；考古学家们还找到了这些洞穴人烹饪食物的证据，以及最早的人类食人的证据。比此处的考古发现更激动人心的，要数在格拉纳达的奥尔塞（Orce）发现的人类制作工具的证据，距今约 150 万年。考古学界认为人类文明孕育于非洲，而这些在西班牙的考古发现使这一

主流观点发生了动摇。[1]

　　专家们夜以继日地研究着史前时期，希望能够将阿塔普埃卡和奥尔塞这两处考古发现与新近在加泰罗尼亚地区发现的卡佩亚德斯（Capellades）串联在一起，后者可追溯到公元前 8 万年左右。卡佩亚德斯遗址令饮食研究者离伊比利亚半岛早期居民的食谱更近了一步。在此处，考古学家们找到了用于烹调和制造工具的炉灶，以及各式各样的石制、骨制工具和木制用具。

　　考古学家们证实了这些早期居民也以他们捕获的动物为食。他们似乎也食用昆虫、蚯蚓、植物根茎、坚果和各种各样的野生水果，他们在翻山越岭、穿越丛林的迁徙路途中就以这些为食。由于他们的居住地离海岸不远，因此他们也拾捡些贝类和其他的海洋生物为食。牡蛎、帽贝和海螺是常见的海产，通常用来生吃或用石灶带壳烤着吃。谁能知道巴斯克人热衷的贝壳鱼肉汤是否曾经是远古洞穴里的特色菜呢？巴兰迪亚兰（Barandiarán）是一位天主教神父，也是巴斯克考古学的泰斗之一，他认为答案是肯定的。[2] 在描述位于比斯开省格尔尼卡市附近的桑迪玛米涅（Santimamiñe）洞穴的考古发掘时，他提到了木炭和灰烬，一些牡蛎壳和帽贝，还有用大块石头堆砌而成的、直径约为 115 厘米的灶台。另一位著名的西班牙考古学家、第八任维加德尔塞拉伯爵对巴兰迪亚兰的发现进行了补充，他认为这些贝类并没有被蛮力撬开过的痕迹，也没有被直接置于火上烧烤的痕迹，他认为原始居民把这些贝类放在某些天然容器中煮着食用。

　　1820 年，人们在西班牙北部的坎塔布里亚地区发现了无与

伦比的阿尔达米拉（Altamira）洞穴，洞穴中的岩画可以追溯到
14 000～18 500 年以前。艺术家们利用木炭和赤铁矿石，用黑
色和鲜艳的橙色来勾画野牛、马、鹿和野猪。这些艺术家们也描
绘人们狩猎取食和舞蹈娱乐的场景（当然，采集水果和枝叶依旧
是他们的主业）。在坎塔布里亚地区，还有一处名为埃尔乌尤（El
Juyo）的洞穴（公元前 13350—公元前 11900），是伊比利亚半岛
在马格达林时期最负盛名的遗址之一。埃尔乌尤洞穴的考古发现，
使我们得以了解在马格达林时期人类活动的社会组织形式和人类的
日常经济生活。在这个洞穴中，考古学家们辨别出了 22 000 多根

新石器时期的居民以狩猎野牛为食，阿尔达米拉岩画

一种古老的巴斯克烹饪用具卡伊库（现代复制品）

动物骨骸，这些动物包括鹿、山羊、狮子、马、野猪和狐狸。从在此处洞穴中发现的海胆壳可以推断，这些史前的坎塔布里亚居民和当今阿斯图里亚斯地区的居民一样，都十分喜爱这种食物。

考古学家们认为，在伊比利亚半岛出现制陶工艺以前，定居在比利牛斯山脚下的居民们使用一种被称为"卡伊库"（kaiku）的木制用具来进行烹饪。卡伊库是用坚实的木头刻凿而成的。伊比利亚半岛上的早期居民们把这种用具搁在柴火上，用水煮牡蛎或根茎，好让它们的肉质变软。时至今日，半岛上的居民们依旧遵循古法，使用相同的用具来制作美味的凝乳，他们称它为"玛米亚"（mamias）或"加兹唐贝拉"（gaztanberas），唯一不同的是人们不再使用水和动物凝乳，而改用了牛奶。[3]

伊比利亚半岛上的农业发展要比世界其他地方滞后近两百年。

这里多样的地形和气候对农作物的选择起到了决定性的影响，尤其是在半岛的北面，大西洋气候不利于种植像小麦和大麦这样的谷物。

2015 年，瑞典乌普萨拉大学的马蒂亚斯·雅各布松（Mattias Jakobsson）和他的团队进行了一项科学研究，对在阿塔普埃卡遗址发现的 8 具人类残骸的基因物质进行了分析，这些残骸可追溯到公元前 5500 年到公元前 3500 年左右。他们最终得出结论，认为如今的巴斯克人的祖先便是这些定居在半岛上、变成了农耕民族的伊比利亚人。巴斯克人后来和更北面的狩猎采集者相融合，千百年来过着相对隔绝的生活。这支瑞典的科研团队不仅补足了西班牙早期的狩猎采集和农耕情况，还让人们进一步地了解了巴斯克人的起源（他们是欧洲最为神秘的民族之一，困扰了西班牙和其他国家的历史学家们数百年）。雅各布松教授如此论断："与传统的观点不同，我们的研究成果证实巴斯克人源于伊比利亚早期的农耕群体，而不是来源于某支中石器时代的狩猎采集群体。"他们热爱自己的定居地，虽然土地难以耕种，但凭此他们能够占领更北面的地域，使他们免于受到那些不断变换的侵略者的烦扰。[4]

巴斯克自治区东面的情况则大相径庭。研究表明，在比利牛斯山脉附近，易脱粒小麦、大麦和豌豆作物的种植可追溯到公元前 6000—公元前 5400 年左右。在西班牙另一面靠近地中海的地区，早期农业种植硕果累累，尤以加泰罗尼亚和瓦伦西亚地区为盛。

伊比利亚半岛上的农业种植尽管起步较晚，但发展迅速，该地区也成为欧洲农业种植品种最丰富的地区之一。这一现象产生的原因还有待解答。难道是在田地里种植不同的作物可以降低失败的风险？抑或是早期的农民在试验种植不同的作物？作物品种的选择是根据它们最终的用途吗？是用它们来做面团供人类消费，还是用它们制成优质的饲料来喂养动物？无论原因为何，在新石器时期的伊比利亚半岛上，各个地区的农作物品种都令人目不暇接，有去壳小麦，用来制作面粉和早期面包的小麦、大麦，包括豌豆、扁豆在内的豆类，还有亚麻和罂粟。畜牧养殖也是农业的重要组成部分，占据了伊比利亚半岛上早期居民相当大的一部分生活。他们根据当地的气候和地理条件，饲养山羊、猪和牛，尽管这里除了北部和西北部以外，在其他地区鲜草都是稀缺资源。

早期的定居者与后来者

西班牙早期的定居者是由不同的部落构成的。史料把这些定居在难以到达的世界的尽头的人们描述成了一群稀奇古怪之人。他们举行血腥的仪式，与其他部落争斗，饮酒，也会在漫长的冬夜里舞蹈作乐。他们饲养牛、猪和羊，耕种土地。他们就是伊比利亚人，也许就是这个半岛上已知的最早的定居者，半岛也因他们而永久得名。

至于伊比利亚人的起源，一直众说纷纭。一些专家认为他们有可能是北非的柏柏尔人，另一些人则认为他们有可能是在公元前 6000 年从小亚细亚迁徙而来。古希腊人和古罗马人证实了伊比利亚人居住在西班牙的东部和东南部的大片地区，以及安达卢西亚的部分地区。他们种植小麦、大麦、黑麦和燕麦，他们的主食是面包（torta）——由碾碎了的谷物颗粒和水直接置于烧热了的木柴上制作而成。他们还将小米和卷心菜带到了伊比利亚半岛。像绵羊、山羊、公牛肉，尤其是猪肉这样的肉类消费增加了。西班牙南部的伊比利亚人在农业和矿业开采方面取得的进步，吸引了实力强大的贸易者从地中海东部远涉而来。伊比利亚人发现了盐、矿物和贵金属的价值，开始和欧洲和非洲的其他文明开展交流。

属于印欧人种的凯尔特部落早在公元前 900 年就开始翻越比利牛斯山脉。这不是一场传统意义上的侵略，而是一场长期的

公元前 1 世纪凯尔特人的居住地遗址——加利西亚省圣塔特克拉市

移民活动，持续了六百多年。他们热爱大自然，也同样热衷战争，数个世纪之后，当罗马人试图征服他们时，这些品质被一一证实。凯尔特人从本质上来说属于游牧民族。他们喜爱黄油和羊肉，也爱在北部的高山上腌制火腿，他们还在那里建起了极具特色的圆形房子——用茅草堆砌锥形的屋顶。再往东面，在靠近海岸和比利牛斯山麓的地带，巴斯克人耕种土地，也进行近岸捕鱼活动。凯尔特伊比利亚人是凯尔特人的一个分支，他们在公元前数个世纪一直居住在半岛的中部和东部地区。他们的领袖决定在半岛上永久地居住下去，于是与罗马人展开了殊死搏斗。

他们都爱面包

斯特拉波（Strabo）在《地理学》（*Geography*）第三卷中，详细描述了伊比利亚半岛的情况。伊比利亚人居住在半岛的西北部，也就是今天的葡萄牙北部和加利西亚。斯特拉波在第三卷的第一章里谈及凯尔特人制作的简易面包。用橡子粉做面包并非难事。冬季，凯尔特人从树上采集成熟了的橡果。假如橡果的单宁含量较高的话，他们会先把橡果烤熟或煮熟。待晾干之后，凯尔特人会用原始的磨石把橡果磨成粗粉；然后加入一些水，就可以做成面团再烹饪了。

同属于凯尔特人，定居在伊比利亚半岛上的部落比定居在高卢地区的更讲究一些。半岛居民会在面粉团里加入发酵粉来制作更美味的面包。这种面包更轻盈、更可口，他们经常蘸着烤羊肉

斯卑尔脱小麦是一种古老的小麦品种，用来制作面包。图为斯卑尔脱小麦带壳麦粒

等肉类的汤汁一起吃。这种面包也被称为"torta"。在半岛的南部和东部，人们用小米或者类似小麦和大麦等营养价值更高的谷物来制作面包。他们没有烤炉，只能把面团分成小份，直接架在炭火上，有时候他们也会用大片的枫叶把面团包裹住（如今加利西亚人和阿斯图里亚斯人在烤玉米面包时，依旧会使用这种方法）。凯尔特人有时也会用陶锅来烤面包。他们把陶锅放入火中，倒置陶锅的盖子，并在上面放上热炭。

他们自东而来

来自地中海东部沿岸的新的定居者们拉近了近东地区和西方

的距离。在那个时候，半岛上的葡萄种植已有百年历史了。至于葡萄是否原产于地中海西面，还是人们学会了发酵的技术之后，从东面传至西面，这个问题一直悬而未解。[5]一些来自提尔、比布鲁斯和的黎波里的腓尼基人，组成了一个海上贸易联盟，于公元前1100年建立了加地尔（如今的加的斯）。腓尼基人起源于古迦南城以北的地区，如今被称为黎巴嫩的地方。他们是优秀的水手和商人，对纺织品、玻璃和陶器都颇有研究。他们也从事雪松、橄榄油和红酒的贸易。为了寻求商机和利润，他们建造船只在地中海航行，还远航至西非沿岸。无论在塞浦路斯、罗德岛、克里特岛、马耳他岛、西西里岛、撒丁岛，还是在马赛、迦太基和加的斯，凡是航行所经之地，他们都会建立殖民地。根据神祇梅尔卡特的神谕，腓尼基人相信在已知世界的边界地带，他们可以找到保存鱼类的海盐，还有矿产、贵金属，它们是最贵重的货物。西班牙南部盛产金、银和铜，南部附近海域的金枪鱼像海盐一般取之不尽。在腓尼基时代，加的斯控制了半岛和卡西特里德群岛的锡矿贸易，后者也被称为"锡岛"，是位于北面的大西洋某处的神秘岛屿。腓尼基的航船会北上，沿着葡萄牙和加利西亚沿岸航行至某处，在那里和来自这个神秘的岛屿的商人们进行贸易，这个岛屿可能是加利西亚海岸对面的布列塔尼半岛，或者在更北部的大不列颠群岛。

最初，腓尼基人在直布罗陀海峡的东西两面都建立了许多殖民地。这些殖民地都是沿海岸而建的小型定居点，彼此间隔不远，可以用作港口。自公元前8世纪到6世纪中叶，大量的腓尼基人迁徙至这些地区定居。考古学家们通过对墓地的考古发掘，证实遗骸都是富裕家族的成员，他们世代居住于这些地区。他们更像是长期的移民，而不像是短期的商业访客。在河口附近的定居区，他们可以耕种土地，饲养牛、山羊和绵羊。他们也不难深入内地，寻找矿产和其他珍贵的商品。温和的气候条件和大海提供的丰富资源，也起到了决定性影响。比如阿布戴拉（古称阿德拉）、阿尔穆涅卡尔（古称赛克西）、乔雷拉斯、梅兹提基亚的莫罗、托斯卡纳和马拉加（古称马拉卡）这些地方，最初都是腓尼基人的定居点。

这些殖民者最初也和内陆的土著居民进行频繁的贸易活动，但是规模远不及加的斯周边和其他沿海地区那么大。他们带来布匹、精美的珠宝和陶器。他们把红酒装在传统的双耳细颈陶瓶（amphorae）中来保证运输的安全，这一方法已经沿用了数个世纪。在西班牙南部出土了大量的那个时期的双耳瓶碎片，可以证实这一点。双耳细颈陶瓶是完美的容器，不仅可以用于装盛橄榄油和红酒，也可以用来盛放谷物和其他产品。在之后的罗马时代，当地的手工匠借鉴了这种传统的双耳瓶的形制，略微进行了些改变。近来的考古发现证实，在腓尼基时代红酒已经成为伊比利亚半岛进口量最大的商品了。半岛上的土著居民已经接受了这一来自中东的发酵葡萄汁。在此之前，土著居民一直喝着自己酿制的酒。腓尼基人开设了许多工厂来保存金枪鱼，或是制造紫红色的染布。在加的斯城区，考古学家们发现了刻有金枪鱼画像的钱币，可以证明金枪鱼捕捞和鱼肉储存对当时当地的经济的重要性。在最初的几个世纪中，土著和外来文化之间的交流对矿业、农业、渔业和贸易起到了积极的影响，自然也影响了半岛各地厨房中的饮食。古希腊人是伟大的文化传播者，他们也到达了地中海西部，在加泰罗尼亚地区建立了贸易殖民地。

塔尔特苏斯

　　半岛的西南部海岸自古就使地理学家着迷，如今依旧吸引着考古学家。一些学者来此寻觅双耳瓶、烹饪用具和古代种子，另一些则来此探寻埃尔·卡拉姆博罗宝藏，它被发现于 1958 年。塞维利亚考古博物馆展出了这一系列珍宝，可以反映出当时文化的先进性。无论它们是出自伊比利亚，还是出自腓尼基珠宝匠之手，这些制作于公元前 6 世纪的珍奇宝贝是在离塞维利亚以西几公里的地方发现的，与塔尔特苏斯多有关联。

　　一直到 20 世纪下半叶，数不尽的宝藏传说和探险故事让塔尔特苏斯成为一处神秘之地。它似乎在公元前 9 世纪到公元前 6 世纪时真实存在过，就位于西班牙的最西南面。考古学家们认为，塔尔特苏斯就位于如今的安达卢西亚自治区的西部、韦尔瓦省的多尼亚纳国家公园内。多尼亚纳国家公园风景奇美，栖息着许多野生动物，各类珍禽每年例行迁徙至非洲的途中，在飞跃直布罗陀海峡之前，总会在此处停歇。塔尔特苏斯的领土似乎已经和如今的埃斯特雷马杜拉自治区接壤了。

希腊人将这一富庶国家的首都和港口城市命名为"塔尔特苏斯"，它的政治和文化发展成熟，成为遥远的地中海西部的第一个文明中心。它也是最早跨越地中海，与其东部的文明中心开展贸易的城市。

那时，瓜达基维尔河在汇入大西洋之前，分成了一个岔口，形成了一个环岛的小型湖泊。一些专家认为塔尔特苏斯王国的首都就位于这个小岛之上，尽管近来也有些学者开始质疑这个城市是否在历史上真实存在过。[6]

在《地理学》第三卷的第二章中，斯特拉波描述了半岛中部和北部的居民的简朴生活，但他对半岛南部的居民更感兴趣，尤其是生活在瓜达基维尔河河谷地带的居民，那里古称图尔德泰尼亚，斯特拉波认为那儿便是塔尔特苏斯的所在地。那里的人们生活更考究，也更富裕。那里的土地更富饶，蕴含丰富的矿物和金属，还能生产大量的海盐。他们开采金、银、锡和铜矿，这些金属在整个地中海区域都备受推崇。斯特拉波绘声绘色地描述了这片土地的富饶多姿，他还如实记载了地中海沿岸其他地区在农业、渔业和矿业方面的发展。他对安达卢西亚的喜爱，尤其是对图尔德泰尼亚这一塔尔特苏斯所在地的憧憬之情跃然纸上：

> 图尔德泰尼亚是膏腴之地，物产丰富。通过出口，他们的产品价格翻番，剩余的产品也被往来不尽的船主们包揽一空。

在同一章节中，斯特拉波还对这片地区展开了更详细的描述：
"图尔德泰尼亚出口大量的玉米、红酒、质量上乘的橄榄油，以
及蜂蜡、蜂蜜、沥青、胭脂果和鲜红色的染料。"斯特拉波将大西
洋称为"外海"，对它的富饶进行了一番令人印象深刻的描述：

> 在外海随处都可以捕捞牡蛎和其他各式各样的贝类，
> 数量之多，体型之大，令人叹为观止……像一角鲸这样
> 的鲸科动物数量繁多。

斯特拉波还用"十分骇人"来形容例如康吉鳗、七鳃鳗和其
他同类的鳗鱼。他的著作包罗万象，还提到了最受人喜爱的金枪
鱼："美味的金枪鱼在穿过海峡时，以生长在海底、矮化了的橡
树的果实为食，变得更为膘肥体壮。"斯特拉波还坚信，赫斯帕
里得斯一定是把金苹果园建在了美丽的塔尔特苏斯王国。对于斯
特拉波来说，西班牙和食物的关联已经成了神话传说的一部分
了。他虽没有记载塔尔特苏斯的饮食，但是详细记载了卢西塔尼
亚人的饮食，他们生活在北部杜罗河的河谷地带，他们的菜谱包
括烤羊肉和用以果腹的"torta"面包。[7]

后来，环岛的湖泊干涸了，瓜达基维尔河的第二个河口也完
全消失了。到公元前 5 世纪时，"半岛最具活力的文化中心"这
一称号已经从西岸转到了东岸，伊比利亚人在此处源源不断地与
希腊人和迦太基人进行贸易往来，随之声名鹊起。1897 年，人们
在靠近瓦伦西亚的拉尔库蒂亚考古遗址，发掘出了神秘的埃尔切

夫人雕像。这尊塑像被认为是公元前 5 世纪的伊比利亚墓葬雕塑，刻画的是一位女性形象，她戴着繁复的仪式用头巾，颈坠项链，也许是一位美丽非凡的女神。埃尔切夫人是迄今为止在半岛上发现的最古老的伊比利亚圣像。

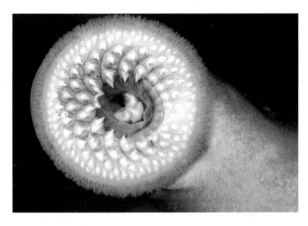

生活在公元 1 世纪的地理学家斯特拉波用"十分骇人"来形容美味的七鳃鳗。此图为七鳃鳗像吸盘一般的嘴部

　　或许是因为内部政治分歧，或许是因为受到了强大的迦太基的进攻，塔尔特苏斯这一由腓尼基人建立的贸易和定居点逐渐走向了衰亡，半岛随之掀开了新的历史篇章。外来统治史无前例地为半岛居民设立了新的生活模式。迦太基原本是位于突尼斯海湾的一个腓尼基城邦国，自从它摆脱了提尔城的管辖之后，地中海的西岸就变成了战争舞台，希腊人和迦太基人，之后是迦太基人和罗马人为了争夺霸权和财物，在此展开了激烈的斗争。西西里

岛、科西嘉岛、撒丁岛、巴利阿里群岛和整个伊比利亚半岛都将成为终极奖励。

他们称之为"希斯帕尼亚"

罗马成为了最终的赢家。要不是阴差阳错，或是想要让迦太基的势力从此在地中海区域消失殆尽，罗马早就入侵伊比利亚半岛了。罗马人在公元前 218 年到达了半岛。他们本以为不过是从敌人手中再掠夺一块土地，他们只要攻城略地就足矣，然而这一举措却让他们付出了极大的代价。罗马人用了近两百年时间，才磨灭了凯尔特伊比利亚人的战斗意志。至于坎塔布里亚和巴斯克人，他们一直保持独立，从未向罗马人屈服。

在罗马时期，凯尔特伊比利亚人的城市中只剩下努曼西亚能与抵抗和勇气联系在一起。关于这个具有悲剧色彩的城市的原住民饮食，考古学家们找到了一些确凿的证据。这里三分之二的饮食似乎都是由谷物、类似橡果的坚果、绿色蔬菜和植物根茎组成的，剩下的三分之一则是由肉和鱼类构成的。

公元前 143 年，罗马元老院派出大西庇阿之孙西庇阿·埃米利安努斯（又称小西庇阿）去攻占努曼西亚。罗马人把努曼西亚围得水泄不通。由于粮食短缺，努曼西亚的居民在饥饿和疾病面前，只能以同类为食，最终决定共赴黄泉。

根据古罗马历史学家阿庇安的《罗马史》（*Roman History*）

的记载，小西庇阿率领军队穿过埃布罗河，向努曼西亚进发时，下令收割成片的青小麦用来喂养牲畜。凯尔特伊比利亚部落除了种植珍贵的小麦（硬质小麦和斯卑尔脱小麦）以外，还种植了像大麦和小米这样的谷物。考古学家们还在努曼西亚的磨坊遗址中发现了橡果，它们在这些古代居民被围困期间也起到了重要的作用。努曼西亚人会用传统的陶锅（ollas，用来烹饪和储存食物）来制作面包和玉米糊。在刚被围困的初期，他们可能也用野菜和洋蓟来做些素菜。

在奥古斯都的时代之前，半岛就已归属罗马。罗马人将这块古老的伊比利亚土地命名为"希斯帕尼亚"，它不仅为罗马提供了金银、橄榄油、谷物和奴隶，还成为罗马共和国最宝贵的资产，也成为日后罗马帝国发展的基柱。

希斯帕尼亚的土著居民不仅要向罗马缴纳赋税，它本身也变成了罗马的粮仓——一个大量出产小麦这种最宝贵的谷类的帝国行省。用小麦、酵母、水和罗马烤箱制作而成的白面包，成为日后西班牙基督教纯洁性的象征，也是人之所欲和拥有财富的体现。希斯帕尼亚变成了一个大粮仓，喂养了富有的罗马贵族，也为那些在日耳曼尼亚战斗的罗马军团提供了粮草。短短数十年之内，这个新的行省的经济取得了长足的进步，罗马与半岛上某些地区长期的商品交换让希斯帕尼亚变成了罗马奢侈品的重要输出地，其著名的黑釉薄胎陶器成为半岛富庶家庭的必备品。

关于罗马统治时期伊比利亚半岛的饮食记载寥寥，但是大量的农业研究、医学和考古学领域的发现弥补了这一空白。此外，由大量用来装饰家居的马赛克以及数不胜数的饮食和烹饪用具和容器，学者们可以了解半岛在公元 1 世纪到 5 世纪之间的烹饪传统。[8]

在塔拉戈纳、瓦伦西亚、萨拉戈萨、昆卡和加的斯的博物馆里，展有双耳瓶和细颈瓶，碾槌和研臼，小的盘碟（patellas），宽口浅底盘（patinas），广口陶锅（coccabuses），还有其他用来烹饪的各类陶锅。它们令人想起西班牙历史上那段光辉灿烂的时期。

罗马很早就发现，半岛的梅塞塔高原（西班牙中部的高原地区）、瓦伦西亚、安达卢西亚和富饶的埃布罗河河谷等地适宜发展农业。埃布罗河是西班牙最重要的河流之一，由北边的坎塔布里亚流经加泰罗尼亚地区，最后汇入地中海。它流经今日的拉里奥哈、纳瓦拉、阿拉贡和加泰罗尼亚地区，而这些地区也是罗马军士在半岛上最早的战略要地。他们很快就兴建了完善的灌溉系统，大力发展伊比利亚半岛的农业。他们还建起了粮仓，可以干燥地储存谷物。"cereal"（谷物）一词来源于克瑞斯（Ceres），她是罗马的农业和丰收女神。

从军粮面包（panis militaris）这一食物可以看出罗马人对谷物和对热烘烘的烤面包的喜爱。在罗马时期，士兵们在长途征战中会携带谷物、些许盐和油、"posca"（一种醋类物质，用来给水和小伤口消毒），还有风干的肉肠，以便随时食用。同一个帐篷的士兵们会带一个小的磨石，用来研磨谷物。如此，每个士兵都可以喝粥，吃小面包（tortas）、饼干（galletas），当然还有

褐色面包——口感粗糙又难以消化。白面包是专门为长官们烘焙的，在罗马也只有贵族阶层才能吃到这种面包；褐色面包则是农民的代名词。西班牙人一直以来都不喜爱褐色面包，直到最近才有所改观。最初，这种面包是用近乎黑色的劣等谷物制作的。如今老年人总是把这种面包和西班牙内战及"饥饿的年代"联系在一起，终生都不愿再吃这样的面包。

罗马作家、政治家和士兵老加图，因其质朴的作品和在与迦太基人的战役中取得的军功而声名显赫，他十分热爱面包。他的农业指南里提及使用一种名为"克里巴努斯"（clibanus）的陶器来烘焙面包的方法。"先把你的双手和碗盆彻底洗净，在碗中倒入面粉，缓慢加水，充分地揉捏。制成面团之后，将它从碗中倒出到锅中，盖上陶盖烤制。""clibanus"在拉丁语中有许多不同的含义：炉子，熔炉，也可以意指一个带有圆锥形碗盖的盆碗，类似北非用来烘烤面包的塔吉锅。[9]

橄榄树

我们自小就学习过：鸽子口衔着一根橄榄枝，飞回到方舟上，于是诺亚便知道洪水已经退去。橄榄树在《士师记》中被称为"万树之王"，在西班牙被大规模地种植，使西班牙成为世界上橄榄和橄榄油的主要生产国。

　　数千年以来，橄榄油一直是西班牙的特产。人们用双耳瓶，盖上出口商的印章，将橄榄油船运至罗马。如今在欧盟法规下，意大利几乎再也没有采用过这样的标识方法。数百万瓶西班牙橄榄油在安达卢西亚、卡斯蒂亚、埃斯特雷马杜拉、加泰罗尼亚、瓦伦西亚和巴利阿里群岛被生产加工并且装瓶，然后被售往全世界。每一季，现代油轮将数千升的西班牙橄榄油散装运往意大利，但此商业模式却不值得借鉴。橄榄油被运到意大利之后被分罐出售，而意大利的外包装设计师也不会将橄榄油的原产地标示出来。尽管如此，生意归生意，我们只需要牢记数百年以来，意大利一直是西班牙忠实的顾客，而它本身也是橄榄油的生产和营销大国。

　　如今的橄榄油商品和古时乃至数十年前都大有不同，尤其是特级初榨橄榄油，它能保留每种橄榄品种的特性。在伊比利亚半岛上有上百种不同品种的橄榄树。如今，人们依旧会用锥形的花岗石在磨石上碾磨某些品种的橄榄来榨油，这与两千五百年前毫无二致；另一些则采用更现代的手段。人们在冬季采摘橄榄时，对不同的橄榄树和橄榄会采用不同的处理方式。橄榄的种类繁多，有皮夸尔（Picual）、白叶（Hojiblanca）、山羊角（Cornicabra）、曼萨尼亚（Manzanilla）、皮库多（Picudo）、噶拉斯盖纽（Carrasqueña）、莫里斯卡（Morisca）、恩帕特雷（Empeltre）和阿尔贝吉纳（Arbequina）等。现代的橄榄树，枝干略小，在

幼苗期就会被悉心浇灌。橄榄树的果实是手工采摘的，如此可以避免弄破果实，影响橄榄的香味，增加其酸度，从而降低它的质量。这必须全力避免。这样好的方法也用来采摘老枝上的橄榄，但是老树较高大，采摘者只能使用更传统的方式，比如用一根长木竿击打树枝。人们在树下用大网兜住落下的果实，免得弄破果肉。橄榄被小心地运往作坊或油坊（almazara，阿拉伯语词）榨油，最先获得的便是特级初榨橄榄油，这是不采用任何压力的作用沥出来的油。其他被标记为"橄榄油"的油都是精炼油，多用来炖菜和油炸。

公元 1 世纪，奥古斯都将希斯帕尼亚的行政区从两个划分成了三个：巴埃提卡（包括安达卢西亚和埃斯特雷马杜拉南部）、卢西塔尼亚（如今的葡萄牙）和近西班牙行省（剩下的半岛地域）。随着乡镇和城市的繁荣，人们也完全接受了罗马的生活方式，罗马的价值观在希斯帕尼亚深入人心。奥古斯都认为掌握人民的食物分配，尤其是军队的粮草分配是十分重要的，因此他在任期内一直对这几个行省的粮食生产和运输严加管理。假如将希斯帕尼亚和非洲诸殖民地的粮食生产和运输问题交给野心勃勃之人，那必然是十分危险的。在他的统治之下，农业和商业获得极大的发展。罗马人通常会通过陆路运输，将中央高地上出产的小麦运往帝国的北境，为军队提供补给；巴埃提卡出产的橄榄油和红酒则被装在陶制双耳瓶中，通过瓜达尔基维尔河和地中海运送至罗马。尽管食物的生产和运输手段十分有限，但是罗马人依旧把长途贸易定为经济政策，甚至把它用作在整个帝国内推行的政治控制手段。橄榄油便是很好的例证。[10] 巴埃提卡行省生产大量的橄榄油，几乎所有的橄榄油都被运往罗马来进行商品交换，这让生活在西班牙的罗马后裔的精英受益匪浅。

许多罗马居民都是退伍了的士兵，具备一定的农耕常识，正如图拉真皇帝（公元53—117）的父亲一般。图拉真出生于塞维利亚郊区的一块罗马飞地，离瓜达尔基维尔河不远，他在历史上被认为是"五贤帝"之一。这位皇帝下令建造重要的交通运输道（vías de comunicación），确保了各行省和罗马之间货品的运输往来，其中许多道路沿用至今。那时的红酒都是热饮，掺入松脂、香草、蜂蜜和香料，是一项收入可观的生意，也是商品交换的重要组成部分。最初，居住在希斯帕尼亚的罗马商人从意大利进口红酒，但是随着半岛上红酒生产质量的提升，这些罗马商人转而开始关注本地产品的出口。仅罗马每年就能消费 2 500 万升橄榄油和 100 万升红酒，绝大多数都是从希斯帕尼亚进口而来，使得这些商品在罗马当地的售价大跌。为了避免市场混乱，人们只好时不时地限制生产。正如之前所叙，商人们更愿意选择采取海运，但假如适逢战争，也会通过河流或陆地来运输商品。为达此目的，也为了纪念恺撒，罗马建立了奥古斯塔大道，长约 1 500 公里，将巴埃提卡行省的加的斯和比利牛斯山脉附近的边界连接在一起，并且与法国朗格多克的多米蒂亚大道相连。

另一样通过航运从这些新兴行省输出的货品同样利润丰厚，

它便是质量上乘的鱼酱，这是一种味道浓郁的调味料，由腐烂的鱼加入橄榄油、醋或水制成，十分符合罗马人的口味。新迦太基（卡塔赫纳）出产的鱼酱被认为是质量最佳、市场上开价最高的同类产品了。用盐腌制金枪鱼和鲟鱼（salazones de pescado）的这种方法是由腓尼基人带到伊比利亚半岛上的，也让一些商人获利颇丰。在伊维萨岛、卡塔赫纳的沿海和加的斯，像海盐这样珍贵的商品十分易得。人们用这种海盐来腌制伊比利亚猪的猪蹄和猪肩肉，罗马的食品专家们经常提及。尽管意大利是这些产品的

科尔多瓦的罗马大桥，用来走人和运输像食物这样的货品

主要市场，但它们同样被售往帝国的其他地区，比如英国。罗马人虽然在贸易上取得了巨大的成功，但比起商业和手工业，他们更为看重农业，将之视为身份和财富的源泉。

半岛上的居民早就会将水和面粉和在一起来做面包这一主食，但直到罗马烤炉被引入半岛之后，面包的烘焙技术才有了质的飞跃。烤山羊、绵羊幼崽和乳猪的技艺臻于完美。罗马人偏爱动物幼崽的肉，他们会将之烤到全熟，使之肉质柔嫩、鲜美带甜，与如今西班牙人的烹调方法如出一辙。一只架在烤架上烧烤的小动物总会成为晚宴的焦点。切肉的艺术在帝国早期就已经发展得十分成熟了。切肉向来是奴隶们的工作。也许当罗马精英们吃饱喝足之后，只能通过催吐，才能继续享用厨房源源不断地提供的异国美食，最后也是这些奴隶们来清扫地板和家具的。

斯特拉波、老普林尼、柏拉图和马提亚尔对希斯帕尼亚的生活都有大量的著述，出生在西班牙的瓦罗和科卢梅拉对这一行省的农业发展也是著述颇丰。科卢梅拉所著的《论农作物》（*De re rustica*）一书对西班牙的农业影响深远，这种影响一直持续到启蒙运动时期。此外，他还用大量笔墨描述了罗马庄园，这些庄园原是上层阶级建在意大利的乡村宅院，之后帝国的各个行省纷纷仿效，西班牙境内完整地保留了13座。这些庄园管理着广袤的农田。专业的厨师们在这些庄园里烹饪菜谱，这些菜谱都被阿皮基乌斯收录在他的《论厨艺》（*De re coquinaria*）一书中。从装饰在庄园各个房间里的马赛克壁画上，总能找到当时橱柜里的各式食物，有鸭、兔和洋蓟，新鲜的猪排，甚至还有人们为了筹备

古罗马腌鱼加工作坊的遗址，位于加的斯附近

丰盛的烤肉宴而去捕猎野猪的场面。在安达卢西亚的庄园里，生活节奏比西班牙的其他地方都要舒缓，它们才算是真正的西班牙版的罗马庄园和农庄。数个世纪以来，提起这样的庄园，人们就会联想到大量的雇佣工人，他们打理着如此庞大的产业，而庄园主兴许鲜少问津。虽然关于罗马时期西班牙的饮食记载甚少，尤其是在罗马统治期的最后两百年，但是我们依然可以想见，当时人们在希斯帕尼亚享用的美食和罗马基本相同。一些历史学家认为在西班牙，宴会从来没有像在罗马那样变成一种惯例。随着罗马人不断地征服其他土地和接触其他文化，他们将世界各地的产品都带回了罗马，罗马的饮食传统随之发生了变化，并且变得更加丰富。在这最初的全球化发展时期，食品交换先是改善了贵族

阶级的饮食，最后才惠及穷人。

在罗马战无不利并且不断扩张的初期，城市和农村人口的生活都发生了重大改变。从前，他们的主食是一种被称为"puls"或"pulmentum"的糊状食物。这种食物和粥不同，通常是用像大麦或小麦这类谷物的谷粒，将它们烤过之后碾碎，然后用水或牛奶煮沸做成的。在如今的西班牙，这种食物是被称为"gachas"或"poleadas"的面糊粥。罗马的贵族乃至大部分人在后期都享用上了面包。按照罗马的传统，面包一般都会被免费分给那些没有购买能力的人，他们一般会搭配新鲜或晒干了的豆子，或是像牛皮菜、洋葱和芦笋之类的蔬菜一起食用，这些蔬菜和豆类在那

位于马拉加的佩里亚纳附近的农庄，被橄榄树果园环绕，可以算作古罗马庄园的现代版

狩猎是罗马人钟爱的运动，此为藏于帕伦西亚的罗马庄园——榆林山庄的马赛克拼贴画

时大多和下层阶级联系在一起。大部分人都认为肉类食品过于奢侈，因此极少消费它们。假若有条件的话，罗马人也会食用奶酪和腌制过的脂质鱼。采食蘑菇也是罗马人引进到西班牙的习俗。

在伊比利亚半岛饮食文化特色的形成过程中，到底是何种异国文化贡献最大？对于这个问题，专家们一直都持有不同的意见。许多专家认为伊斯兰文化的影响占据了主导地位，但还有一个学派论据充分，认为最大的影响来自罗马，尤其是在它统治半岛的最后一段时间。[11] 在罗马时期，拉丁语已经成为官方语言，那些原本因为缺水而无法耕耘的土地，因为合理布局的灌溉系统而种上了庄稼、蔬菜和水果。数个世纪之后，阿拉伯人进一步完善了这些灌溉系统。在罗马统治下的西班牙，农业取得了不可思议的进步，但是森林砍伐却成为其统治的污点。森林砍伐是一个富有争议的话题，很少出现在学术文章中。它在腓尼基人的统治时期就已经开始，后来更是成为罗马帝国的一项政策。这项政策被大规模地施行，导致在挖掘银矿过程中起支撑作用的优质木材大量短缺，严重影响了这种贵金属的出产。

野蛮的世界

公元 5 世纪初，罗马帝国衰落，帝国北境受到野蛮民族无休止的进攻，整个帝国随之逐渐解体。希斯帕尼亚又需重新面对破坏和洗劫，地中海餐桌上原本丰富的食品变得匮乏。

在公元 5 世纪初，一些野蛮部落翻越了比利牛斯山脉。这些部落长期四处迁徙，保持着游牧民族古老的习俗，向来只会一味索取，很少有所贡献。最初，苏维比人和汪达尔人被其他野蛮部落向南驱赶，取代了定居在西班牙的罗马人。不仅大量的城市和村庄被摧毁，整个国家都变成了一个惨绝人寰的战场。这些新来者认为罗马人的饮食过于精致而且铺张浪费，决定保持自己的饮食习惯和偏好；土著居民的生活则被他们破坏，庄稼被肆意践踏，只得勉强度日。[12]

随着苏维比人和汪达尔人的到来，猪油取代了橄榄油，西班牙每年生产的上千升红酒也被啤酒所取代。关于这些野蛮部落在侵略之初的饮食习惯，我们只知道他们几乎都不怎么喜欢吃羊肉，而更偏爱炭烤的猪肉。公元 573 年，当西哥特王国扩张到西班牙时，虽然农作物的种植种类减少了，但是西哥特人为后来的基督教徒和犹太教徒改良了农业和食品的生产方式。

西哥特人是从早期的哥特民族发展而来的，他们源于罗马帝国的东部行省之东，受到罗马习俗和法律的影响。随着西哥特国王瑞卡尔德（Reccared）放弃了阿里乌教派，改信了天主教，半岛受到教廷的统一管辖，虽获得了进一步的发展，但却引发了新的宗教迫害。随着西斯普特国王（King Sisebut，约 612—621）取得王位，犹太民族再一次遭了殃。这位国王受过良好的教育，能写优美的文章，他也是一位虔诚的天主教信徒，决定铲除半岛上其他的宗教信仰。另一位西哥特国王理赛斯文斯（Recceswinth）颁布了一项更严苛的法律，禁止犹太人庆祝逾越节以及所有其他古老的节日和庆典。在这位国王的统治期内，出台了《西哥特法典》（liber ludiciorum），它是一部西哥特法律的汇编集，与其说是基于日耳曼的法律，不如说是基于罗马法律而编纂的。

通过《西哥特法典》一书，很难探得那段历史时期的饮食，但却可以管窥当时的社会结构。基督教会为我们描绘了那几个世纪里人们生活和饮食的方方面面，尤以塞维利亚的伊西多罗为著。他是塞维利亚大主教之弟，可谓天主教会中的"王子"，也是一位声名卓越的学者，他的作品经常被各个领域的专家频繁引用。他大约出生于公元 560 年，力促西哥特王室皈依天主教，还通过在托莱多和塞维利亚举办的宗教会议，促成了区域代表政府这一概念的形成。伊西多罗声称《词源》（*Etymologiae*）是一部集合了人类所有知识的百科全书，它共分为20部，其中有两部提及饮食和厨房用具。第17部描述了乡村世界：农业、各式各样的作物、红酒、草木和蔬菜。其中的第68条还特别描述道："橄榄油（oleum）出自橄榄树（olea），像我之前所述一般，'olea'是指其树，而橄榄油'oleum'一词正是来源于此词。"伊西多罗甚至描述了用何种成熟度的橄榄榨出的油才是最有利于人食用的。第20部书题为《食品供给与各式工具》（*Provisions and Various Implements*），详细记载了餐桌，食材，盛放红酒、水和油的器皿，面点师和厨师所用的器皿，油灯，床椅，车辆，农业和园艺工具以及马术装备。[13]伊西多罗的《词源》一书包罗万象，当今教皇甚至还想封他为互联网的守护圣人！

从瑞卡尔德国王的统治算起，到公元711年摩尔人的入侵为止的这两百年期间，统治西班牙的哥特和西哥特国王数不胜数。在马德里正对着皇宫的东方广场上，这些国王的雕像刻着他们的名字，庄严矗立着，联系着古老和如今的王室。

哥特国王们喜食猪肉，
爱饮啤酒。此图所示为
矗立在马德里的东方广
场上的雕塑

Delicioso
A History of Food in Spain

第二章

摩尔人、犹太人
和基督教徒

在 14 世纪初风靡一时的骑士小说——《高卢的阿马迪斯》
（*Amadís de Gaula*）一书中，主角阿马迪斯如此形容西班牙：

> 这块土地像叙利亚一般美丽而富饶，像也门一样温
> 暖而甜美，像印度一样芬芳而花团锦簇，像乌亚斯一般
> 盛产水果，像中国一般拥有大量的贵金属，它的海岸地
> 带像亚丁一般肥沃。[1]

在《高卢的阿马迪斯》成书之前的几个世纪，当远涉而来的
阿拉伯王子第一次到达格拉纳达的阿尔姆尼卡之时，一定也会如
此想。自此，阿拉伯人几乎占领了整个伊比利亚半岛。

三十名基督教徒立于巨石之上

公元 711 年的初夏，穆斯林战士塔里克·伊本·齐亚德
（Tariq ibn Ziyad）率领一支由七千名柏柏尔人组成的强大军队，

登陆了伊比利亚半岛。他们是被西哥特国王威蒂萨（Witiza）的家人征召而来的。这位国王于公元 710 年逝世，国王的子嗣希冀能够继承父亲的王位，而这项权利在 8 世纪的西班牙根本不存在。根据公元 681 年召开的第十二次托莱多宗教会议的决议，西哥特国王应由部分主教和贵族共同选举任命，他们没有为威蒂萨的儿子加冕，而是选择把王位授予罗德里克（Roderic），他本是一位公爵，也是军队将领。[2] 威蒂萨的家人的邀请为伺机扩张的北非伊斯兰教政权提供了完美的机会。西哥特人把这些侵略者称为摩尔人，而这些摩尔人把他们侵略的土地称为"安达卢斯"，这一词语或意为"汪达尔人之地"，或源于日耳曼词语"landahlauts"，意为"被分配之地"。西哥特人的最后一个王国行政效率低下，在短短四年时间之内就名存实亡，成为了历史。近八个世纪之后，当摩尔人离开半岛之时，他们不仅极大地丰富了这块土地上的文学和风尚、数学和医学，更为重要的是，他们还改善了这里的农业，丰富了这里的饮食。

侵略者的暴力行径，包括强制推行新法令和新的宗教信仰，给一大部分伊比利亚半岛上的居民，尤其是给基督教徒们带来了苦难和贫穷，成为了抹不去的回忆。基督教徒为夺回半岛领土而掀起了"收复失地运动"（Reconquista），再加上之后天主教和罗马教宗开展的宗教审判，令许多西班牙人都对这段重要的历史时期无甚好感。但在中世纪时期，西班牙在伊斯兰新月的引领下获得了丰厚的遗产，伊斯兰文化对这个国家复杂的个性形成影响深远，尤其是在饮食烹饪方面，影响持续了数个世纪。数个世纪以来，穆斯林从非洲和中东带来的神奇世界，就和他们改造客观世界的能力一般，在伊比利亚半岛上生了根。这些丰厚的礼物还包括饮食传统。时至今日，穆斯林文化的遗产还能在西班牙找寻到。

穆斯林侵略伊比利亚半岛之时，西哥特人治下的西班牙正趋衰落。在北境的纳瓦拉地区，人民再一次组织起了独立运动，令罗德里克国王焦头烂额。叛变和分裂活动此起彼伏，令他分身乏术，瓜达莱特战役更给了他致命的一击。战役发生在离梅迪纳－西多尼亚不远的地方，在这里，一支锐不可当的穆斯林军队挫败了罗德里克的部队。公元 713 年，这一支最初主要由柏柏尔人组成的 7 000 人的侵略军和来自阿拉伯与叙利亚的精锐部队会合一处。正如百年前的罗马军团一般，他们决定留在此处，为此甚至烧毁了来时的船只。公元 711 年到 929 年，伊比利亚半岛也沦为了以大马士革为首都的倭马亚王朝的一个行省。这一庞大的帝国从印度边境一直延展到直布罗陀海峡，由北非总督任命的一位埃米尔来统辖。短短几年之内，摩尔人几乎占领了整个伊比利亚半岛，仅仅剩下在阿斯图里亚斯地区的山林间和巴斯克地区的几个小小的王国，还有一些当地居民和西哥特贵族在顽强抵抗。

8 世纪时，伊斯兰军队一直在向前推进，迫使西哥特的精锐部队只能退居阿斯图里亚斯地区的一隅。在这片地区，恶劣的天气不断地鞭笞着山川和河谷。自罗马统治时期开始，游击战争就在此处蓬勃开展起来了。在伊比利亚半岛的地域上，唯有此处以及巴斯克地区和坎塔布里亚地区从未被罗马人占领过。这里不仅危机四伏，难以定居，还有连绵的山脉，土地也不易耕种，让侵略者们对此处兴致寥寥。在半岛上进行的"收复失地运动"正是从阿斯图里亚斯地区开始的。正如这部成书于 11 世纪、记载了早期安达卢斯历史的《见闻录》（*Ajban Machmuâ*）[3] 中所述：

> 佩拉约（Pelayo）国王带着 300 人藏身于此山中；穆斯林依然强攻不止，跟随佩拉约的人纷纷死于饥饿。根据记载，他们一直战斗到最后只剩下三十个男人和不到十个女人。他们在岩缝中发现了许多蜂巢，于是便东躲西藏，以蜂蜜为食。穆斯林逮不住他们，只好无奈撤离，认为他们不过区区三十来人而已，无法再有所作为。[4]

虽然基督教徒打从一开始就奋起抵抗，但从摩尔人手中"收复失地"却是数代基督教国王和军队用了 700 多年的时间才完成的。摩尔人的侵略速度迅雷不及掩耳，半岛在他们的统治之下迅速地恢复了生产生活。他们最先着手的工作便是重新分配土地。他们占领了教会和西哥特王国的产业，但允许一些投诚的地主保有土地，前提是他们必须纳贡。这个新建立的国家将新占领的一部分土地分给佃农，剩下的绝大部分土地则分给那些退伍的士兵。阿拉伯人认为柏柏尔人低人一等，让他们定居在山区和相对贫瘠的小块土地上，如此，他们就可以像在北非那样，继续过他们在皈依伊斯兰教以前的游牧生活。在城市和土地肥沃之地，也就是如今的瓦伦西亚、阿拉贡、加泰罗尼亚和安达卢西亚地区的南部水域覆盖之处，阿拉伯人占据了以前的罗马庄园。他们过上了更舒适且富裕的生活，继续发扬他们原先精致的烹饪和饮食传统。

　　阿拉伯人在扩张之时，接触到了美索不达米亚的文明，尤其是通过和先进的波斯文明交流，受到了他们烹饪传统的影响。在此之前，肉加面包一直是这一支游牧民族的主要食物。他们有句名言："吃肉、骑肉和肉进肉"。在接触了其他文化之后，新的产品从中东的不同地区，乃至从远至印度和中国的地方源源不断地输入，阿拉伯最初的饮食也随之发生了变化。在侵略西西里岛和伊比利亚半岛时，他们把这些产品和烹饪传统也带了过去，而且在他们的努力之下，变成了一道道精致的菜肴。几乎各地都在烘焙面包，这些面包或光滑或略有凹凸，易于消化；用鸡蛋做的美味糕点，还有蘸蜂蜜、洒肉桂的油饼也随处可见。阿拉伯人巧妙地在食物中添加香料，把菜肴中早先淡而无味的小绵羊、山羊肉和野味变成了一道道味道丰富且香气四溢的肉类主食。最重要的是，即使肉入嘴即化，食肉依旧被武士和平民认为是十分有男子气概的行为。为了在饱餐之后增加一丝甜味，他们还建立了制作甜食的传统，这在西班牙是前所未见的。这些甜食是用薄薄的油酥面团，加上果干、坚果和当地寻得的数千种花制成的蜂蜜做成的。在农民、职业厨师和生意人日复一日的通力合作之下，独具伊斯兰风味的安达卢西亚饮食诞生了，菜品和烹调技术取之不尽又个性纷呈。甘蔗的到来将会改变且改善伊比利亚半岛——乃至后来美洲的甜品和前菜的制作。

在阿拉伯人占领伊比利亚半岛之前，中东和非洲之间的贸易往来已经十分兴盛。穆斯林商人利用的陆路和海上航线极大地促进了贸易。他们使用指南针和三角帆船，穿过波斯湾、红海、阿拉伯海和印度洋。他们甚至打通了斯堪的纳维亚半岛和俄罗斯之间新的贸易航线。他们接着驶向东非和西非，从那里获取金子、盐和奴隶，进一步丰盈了他们的金库。他们也会利用陆路运输，用车队载着这些异域商品和香料，穿过南北撒哈拉沙漠，前往蕴藏着大量金矿的西非各王国。奴隶们从大石块中获得的岩盐也变成了另一种财富之源。在西班牙南部和东部，有比开采盐矿更省力的盐田，自腓尼基时代乃至更早就已经开始招揽贸易了。于是，伊比利亚半岛的东部和南部变成了手工制造业和贸易的中心，像玻璃、丝绸、陶器和金饰这样的商品应有尽有，为地中海两岸的商人们所青睐。阿拉伯人在安达卢斯不仅仅从事贸易活动，还开垦土地，种植蔬菜、水果和花卉，好让他们的生活和餐饮更为丰富。这项工作对他们来说并非难事。他们发现西班牙的地中海气候与摩洛哥和黎巴嫩沿岸的气候，以及美索不达米亚新月沃土的气候十分类似。此外，希腊人和罗马人早就在此发展过农业了。阿拉伯和叙利亚的农业工程师很快就在这片新占领的土地上着手工作：安达卢西亚即将受惠于当时中东地区正在进行的农业改革。这些农业工程师仔细地分析了不同的土壤，好种植他们想引进的作物，比如硬质小麦、大米、柑橘类水果以及甘蔗。

　　阿拉伯人还了解如何更有效、更节约地灌溉作物。在西班牙，这项工作有近一半都已被罗马人完成了，虽然这些土地在西哥特人的治下都变成了荒地，有些甚至是从未被开垦过的处女地，但随着阿拉伯人的到来，水井、沟渠和水泵都各就其位，把半岛的大部分领土都变成了肥沃的园地。小麦以及新的、传统的作物遍野即是，乡村里遍布着果园，各地都售卖着新鲜的果蔬。除了那些 15 世纪末期来源于美洲的食品之外，我们今天食用的果蔬、野菜和香料都是以前摩尔人的日常饮食。他们还重新引入了那时几乎绝迹了的蔬菜品种，比如犹太人钟爱的茄子，据说在公元 1 世纪就在西班牙开始种植了；还有早在古代就已为人所知的蔬菜，例如生菜。像如今的西班牙人一般，摩尔人喜爱莙荙菜、刺棘蓟、洋蓟和菠菜，罗马人和犹太人也大同小异。

摩尔人种植柠檬和酸橙树，好把它们的汁水用作调味料；他们也会种植花香四溢的苦橙树，用来烹饪或者在冬天装饰街道。他们还种些甜橙品种，虽然也许要等上数个世纪才能收回投资成本。此外还有甜瓜、香蕉、无花果和石榴，后者还在 15 世纪的时候被天主教女王伊莎贝拉用作王权的象征。这些水果在秋天和青葡萄、黑葡萄一块儿，被盛放在手工雕刻的金属或玻璃碗中，为菜贩子、商贩和贵族们的居所增光添色。摩尔人的宗教不允许饮酒，但是葡萄酒却引燃了新的热情。夏末时节，葡萄会被新鲜出售，或是在太阳下晒干，做成白葡萄干和苏丹娜葡萄干。青汁（verjus）或被称为"阿格拉斯"（agraz）是用未成熟的青葡萄加工而成的果汁，很受厨师们的欢迎，它的酸度很高，经常会被用在传统的甜食和酸味的菜肴中。葡萄也被用来制作一些无酒精的

苦橙

饮料，大多都是甜饮，就好像蜂蜜水和蜂蜜酒一般。当然，葡萄
也被用来制作发酵酒，被称为"私酒"。酒精在穆斯林治下的西
班牙从未被真正地禁止过，这在阿拉伯诗人们留下的大量诗篇中
可见一斑，尤其是在后来的泰法国（位于安达卢斯的穆斯林独立
王国）。

　　穆斯林治下的西班牙，社会结构复杂，尤以大城市为最。阿
拉伯人多是军人及有领地的贵族。次一等级是柏柏尔人和穆瓦
莱敦（Muwalladun，在中世纪的安达卢斯出生的穆斯林，或者
是柏柏尔人、阿拉伯人和伊比利亚人的混血后裔），他们一般从
事商业或艺术活动，或者在乡下从事农业和畜牧业，后者以柏
柏尔人最为典型。虽然都得交税，但是在穆斯林统治下的前几个
世纪，穆扎拉布人（Mozárabes，留在安达卢斯的基督教徒）和
犹太人几乎是被一视同仁的。获利丰厚的奴隶贸易，还有在医

学、哲学和金融领域的成功，使一部分犹太家庭的地位获得了提升，这不是在穆斯林统治区特有的现象。在社会等级的下层，奴隶们在统治阶层的宅邸里担任用人和厨师。这样的体系带来了极大的包容性和文化认同，建构起了一个独特的社会，它拥有复杂的民事组织和先进的文化，令欧洲的其他国家望尘莫及。假若各个阶层之间没有包容和妥协，那么这个难能可贵的世界也无以为继。总体来说，社会经济条件得到了显著改善，私有制第一次受到了鼓励。农业和建筑业都得到了发展，艺术和科学变成了经济的支柱。尽管战争不断，但在埃米尔公国和之后的科尔多瓦哈里发国，绝大多数人第一次领略到了美感、内在的平静和愉悦。《一千零一夜》中描述的美食通过精英阶层的厨房，到达了安达卢斯。

　　尽管摩尔人都有共同的宗教和文化追求，而且从理论上来说，在真主和法律面前人人平等，但实际上他们历来就被分为若干个种族。他们之间争斗不断，擦枪走火乃至爆发战争，加速了穆斯林在半岛统治的终结。伊斯兰团体之间的实力不均以及内耗促使那些位于半岛北面的、新成立的基督教王国越过双方设立的势力边界。本想耕种土地或是寻找放牧之地的成千上万的柏柏尔人，如今只能被迫逃亡南部，或者回归非洲。托莱多本是西哥特人的旧都，在摩尔人侵略之初就已沦陷，如今对于基督教徒来说，已经是唾手可得的了。当阿拉伯世界发生叛乱，从而改变了一位倭马亚王子的命运之后，之前所述都变成了现实。

阿拉伯王子到达阿尔姆尼卡

公元 750 年，阿拔斯王朝推翻了由大马士革哈里发统治的倭马亚王朝，为伊比利亚的历史翻开了新的篇章。一位年轻的倭马亚王朝的王子，成功地逃脱了灭族之灾，到达了伊比利亚半岛的海岸。他善于演说，风格细腻而文雅，喜爱诗歌又英勇善战。他意志坚定且野心十足，从未让他人有可乘之机。

阿拔斯王朝的统治者们本以为这位王子已经身亡，但是关于他的传闻像野火燎原一般传遍了整个伊斯兰世界。他带着一支母系的柏柏尔人亲族，穿过非洲，到达了格拉纳达的阿尔姆尼卡。这位将来的阿卜杜拉赫曼一世，在西班牙也被称为"外来的统治者"（El Inmigrado），在六年之后攻占了科尔多瓦，他自称是巴格达哈里发帝国的安达卢斯埃米尔。自此，伊比利亚半岛不仅为阿拉伯人、柏柏尔人、信仰基督教的西哥特人以及在西班牙出生的罗马人后裔和犹太人提供了家园，还成为少数寻找新领地的倭马亚王朝的幸存者，以及一些与阿拔斯工朝政见不合者的庇护所。但对于这位年轻的、战无不胜的埃米尔的政敌来说，半岛绝不是一个好去处。阿拔斯王朝的新统治者将伊斯兰世界的首都从大马士革搬到了巴格达。他本以为被彻底歼灭了的倭马亚敌军又死灰复燃了。171 年之后，"外来的统治者"的后代，也就是阿卜杜拉赫曼三世彻底斩断了与东方的联系，在西班牙建立了独立的科尔多瓦哈里发国。在那时，从首都市中心的主教堂——科尔多

阿卜杜拉赫曼一世到达西班牙的一千二百年之后，到达阿尔姆尼卡海滩的难民

瓦清真寺（Mezquita）每日都会传来召唤祷告的声音。

　　人们都说西班牙最美的女人来自科尔多瓦，当它还是科尔多瓦哈里发国的首都时，科尔多瓦与巴格达一样闻名世界。那时的科尔多瓦不仅繁荣而且井井有条，生意人、投资者、文人和艺术家纷至沓来。这座城市是由迦太基人建立起来的，罗马人随后又在此架起了一座令人叹为观止的桥梁。公元 756 年，当年轻的王子、"外来的统治者"阿卜杜拉赫曼一世到达科尔多瓦城的时候，他随即就被这座别具一格的城市所吸引了，后来他把科尔多瓦作为哈里发国的首都，将之推向辉煌。

在科尔多瓦清真寺附近有许多售卖食
物和其他商品的市场

城市生活

  在科尔多瓦清真寺的庭院中，橙树每年按时结果，果子色彩
明艳，甜中带苦，不禁令人想起过往的伊斯兰世界。如今的清真
寺依旧矗立着，守卫着那个历经战乱与和平、成功统治了安达卢
斯近两百年的叙利亚王朝的回忆。这座清真寺是在安达卢斯的地
域上留存下来的最古老的建筑之一，它建立在曾经的罗马神庙之
上，后又被改造成了西哥特式教堂。随着穆斯林的到来，教堂被
改造成了一座简易的清真寺，后来才被倭马亚王朝的埃米尔们修

建成世界一大建筑奇迹。阿卜杜拉赫曼一世在公元786年下令开始这项工程，作为王国整体修建工程的一部分。在穆斯林统治西班牙的两百年间，倭马亚王朝的统治者们数代耕耘，不断地对其进行扩建。

过去的苦橙

自古以来，苦橙树点缀着安达卢西亚的大街小巷，装饰着重要的伊斯兰建筑的庭院。在科尔多瓦的清真寺、塞维利亚大教堂和位于加的斯省的赫雷斯－德拉弗龙特拉，苦橙树随处可见。阿拉伯人在安达卢斯种植了苦橙，它也被称为广橘，属于酸橙的一种（Citrus aurantium）。据说，酸橙起源于西印度、中国和缅甸，通过美索不达米亚，到达了罗马，后来随着阿拉伯世界的扩张，在地中海地区被广泛种植。源自波斯和美索不达米亚的苦橙到达叙利亚，之后在穆斯林统治时期到达西班牙。苦橙树花香四溢，果实的色彩明艳，因此总被用来装点街道和庭院。它们的果汁，乃至果皮，都在安达卢西亚的厨房中，和蔗糖一道被加工成甜品。有人说，苦橙是伊斯兰文明在欧洲最纯粹，也是最鲜活的历史遗存。后来的基督教徒们不甚考究地改造了伊斯兰建筑，有些建筑甚至在中世纪被摧毁，但是与之命运不同的是，这些装饰性的果树并没有随着安达

安达卢西亚的塞维利亚大教堂中的橙树

卢斯的政权变更而被连根拔起。

事实上，西班牙有两种不同品种的苦橙。塞维利亚的橙子品种是由北非传至此处的，这类就是在西班牙的庭院和街道上随处可见的品种。略带甜味的苦橙则是两百年后，由十字军从圣地征战回归时带来的另一品种，现如今能在南美洲国家找见。

在西班牙的地方厨房中，只有安达卢西亚地区的一些菜谱使用了苦橙。最出名的莫过于一道有着古怪名字、被称为"狗汤"（caldillo de perro）的鱼肉汤。还有一道美味的炖鱼，被称为"苦橙味儿的鳐鱼"（raya a la naranja amarga）。这两道菜都属于加的斯饮食的一部分，它们与规模不大，但历史悠久的桑卢卡尔－德巴拉梅达港口以及圣玛利亚港口有着密切的联系。人们常说，"狗汤"中的"狗"字，是穆扎拉布人给摩尔人取的贬称，但这道菜却在安达卢斯久负盛名。这些菜肴流传了数个世纪，但现如今却和苦橙汁以及其他一些配料一样不再是人们喜欢的口味了，几近消亡。这些菜肴的加工过程十分简易：把切成碎丁的洋葱和大蒜用橄榄油在深口锅中煎软。接着，在由此做成的索夫利特酱（sofrito）中倒入足够的水，加一些盐，然后开始水煮。加入白色鱼肉，人们一般使用的是中等大小的无须鳕鱼，这种鱼在安达卢西亚被称为"pescada"。把鱼肉和配料放在一起煮到肉质变软。最后，在上桌前倒上苦橙汁，这为鱼汤和鱼肉增加了一种不同的风味。这道菜一般会配上油炸面包片（mollete）一起食用，这是一小片椭圆形的、半烘焙的手工软面包。一些历史学家认为是阿拉伯人把这种面包引进西班牙的，另有一些人则认为它是从犹太人的未发酵面包演变而来的。苏格兰的伟大发明之———邓迪橙子果酱就是用在西班牙种植的苦橙制作而成的。

在安达卢斯主要城市的市中心（medina），高耸的石墙和几道夜间关闭的坚固铁门保护着城市里的有序生活。在这些城市中，街道蜿蜒逼仄，一座座广场、花园、清真寺和商业市场建立在了原先的罗马和西哥特遗址之上。为了适应人口增长，阿拉伯人在城墙的外面建起了郊区地带，被称为"阿拉巴尔"（arrabales）。这里主要居住着手工艺人、店主和农民等一些特定的群体，他们带着商货和鲜货每日穿过市中心的铁门，前往市场——他们称之为"苏克"（suq）或"叟蔻"（zoco）的地方。所有想得到的东西，包括各种食物和服务都在此处买卖和交换。人们可以在此处理发，剪裁服装，雇佣建筑工，兑换钱财，缔结婚姻，买卖金银，购置土地，凡此种种，但所有的活动都是在市场监管员（Muhtasib）的看顾之下开展的。在集市里，劳动者们在大街小巷里来往穿梭，可以从商贩和小餐馆处购买美味的食物：香气四溢的羊肉串、炸鱼、香肠、烤羊头和传统的香菜鸡蛋丸子（albóndigas）。集市还是甜品的王国。那里有热气腾腾的油炸馅饼，还有用面粉、水、牛奶、酵母、奶酪、橄榄油、蜂蜜、肉桂和胡椒做的美味的阿尔穆亚巴巴纳奶酪饼（Al-Muyabbana）。用来做奶酪饼的面团和用来做油煎团子（buñuelo，一种泡芙类的甜食）的面团的黏稠度相同。

虽然集市已经消亡，但被诗人拉齐（Razi）赞扬为"万城之母"的科尔多瓦，与生活在其中的女人相得益彰，神秘而有趣，它守卫着那些拒绝被现代社会吞噬的伊比利亚、古罗马和伊斯兰记忆。

除了"外来的统治者"的外孙哈克木一世崇尚武力以外，西班牙倭马亚王朝其他统治者都像阿卜杜拉赫曼二世和哈克木二世一般追求和谐与美。音乐、诗歌和美食，乃至那被禁止的制酒水果都是他们生活中不可或缺的东西。走在如今的科尔多瓦老城区，不难想象9、10世纪城市生活的样貌。那一道道矗立在清真寺四周、保护着城市生活秩序的围墙早已坍塌，女人们用来烹饪的炉灶也早已毁坏，但是许多事物依旧留存了下来：对于鲜花的喜爱，色彩明丽的、凉爽的庭院，喷泉的潺潺流水声，乃至对于阿拉伯马的钟爱，一直都印刻在安达卢西亚人的血脉之中。

在西班牙语中，一共有 8 000 个单词和约 2 300 个地名来源于阿拉伯语，许多词都与农业和烹饪相关。除了拉丁语以外，西班牙语受阿拉伯语的影响最深。在科尔多瓦，阿拉伯语书籍和被翻译成阿拉伯语、希伯来语和拉丁语的古希腊书籍堆满了图书馆的书架，这些图书馆散布在城市各地。阿卜杜拉赫曼三世的儿子哈克木二世在他的图书馆中收藏了 40 多万卷书籍，在哈里发国覆灭之时，也不幸被付之一炬。随着哈里发国的灭亡，收藏于科尔多瓦各处以及阿尔扎哈拉宫殿中的书籍都毁于柏柏尔叛乱者之手。除了这场灾难之外，基督教徒在攻城略地之时，以十字架之名焚毁了无数书籍。假如一些著作没有被誊抄并被译成拉丁语的话，这些闪烁着智慧之光的、照亮了西班牙中世纪早期文化的书籍就会化为尘埃。当时的人们认为烹饪不及农业、医学和营养学重要，因此大部分的烹饪书籍都没有被翻译成别国语言，很多关于烹饪的手稿也随之被销毁了。兴许有一日，一些被修士、修女们私藏了的阿拉伯烹饪书籍会从修道院或寺院的某个阴暗的图书馆中被发现。

齐亚卜（Ziryab）是中世纪最伟大的文化图标之一，曾被哈克木一世请去科尔多瓦的王宫。齐亚卜具有波斯和库尔德人的血统，因被他的音乐老师所嫉恨，只能逃离居住地，逃出巴格达的阿拔斯哈里发阿尔马蒙的势力范围。安达卢斯是齐亚卜理想的藏身之所。当他到达科尔多瓦之时，哈克木一世已然去世。这令齐

亚卜不由得感到惊慌失措，但他随即发现阿卜杜拉赫曼二世竟能
成为他最可靠的保护人。齐亚卜是一位极具天赋的音乐家和歌
唱家，他那庄严肃穆的嗓音使科尔多瓦为之沉醉，也给这个首都
城市带来了那时只有在东方才能寻得的精致细腻。单凭他一己之
力，就足以左右人们的观念：该如何修剪头发以及男人应该如何
化妆，这在以前都是亘古未闻的。他最大的贡献莫过于对于饮食
和餐桌礼仪的改进。他不喜欢创造新的食谱，于是对已有的食谱
在风格和内容上进行了改造，调整了上菜顺序。[5] 在此之前，无
论是甜食还是咸食、热食还是冷菜，都会随意地摆桌，这种习惯
在半岛北部的基督教厨房中一直持续到中世纪末。齐亚卜制定的
新的用餐顺序将具有共同特性的菜品分门别类：冷盘（开胃菜）
应该在古斯古斯面、汤品和馅饼之前上菜。像鱼肉等略微加工的
菜品应先上菜，而那些略微复杂的，比如加了蒜或醋调味的红肉
或禽肉菜应该后上。用杏仁和玫瑰花露做成的美味甜品应放在一
边的茶几上，上面罩上绸质的或由上等棉料制成的桌布。

新的种子、植物和香料被商人们从非洲、中东和东亚运送至
伊比利亚半岛。人们对这些食材的需求量极大，因为厨师们都尝
试着复制中东和北非那里他们先祖的菜谱，例如腌制过的鸡肉和
西梅塔吉，山鹑配榅桲和苹果，小的茄子蛋包，菠菜芦笋，新鲜
的奶酪和被称为“米尔卡”（mirkas）的加了水果碎的肉肠，还
有被称为“巴尔马基亚”（barmakiya）的馅饼（它是用鸡肉和洋
葱作为原料，加入黑胡椒、芫荽籽、生姜和藏红花调制而成的）。
藏红花给饭食增添了独特的色彩和口味。自 10 世纪开始，稻田

在广袤的西班牙乡村绘制了一幅幅东方风格的画作。也许拜占庭人早在 6 世纪时就把大米引进了伊比利亚半岛，但却是后来的阿拉伯人令大米变成西班牙饮食传统中重要的组成部分。

除了新近在埃斯特雷马杜拉省种植的数顷稻田外，在西班牙其他区域种植的稻田还是阿拉伯的农学家在 11 个世纪以前就选定的：在瓜达尔基维尔河、安达卢西亚的瓜迪亚纳河和加泰罗尼亚的埃布罗河的三角洲地带，瓦伦西亚的阿尔布费拉湖区，以及穆尔西亚的内陆地带。就像安达卢斯农学家、作家阿布·扎卡里亚（Abu Zacariya）在 12 世纪记录的那样，阿拉伯的农业专家从巴勒斯坦南部和约旦的纳巴泰人那里学会了水稻种植技术，随即便在西班牙的这些区域引种。阿布·扎卡里亚借鉴了早期阿拉伯农学家在西班牙的著述和中东的古文献。阿拉伯农民发现不仅可以利用沼泽地来大面积地种植水稻，就连罗马人建立了灌溉系统的干燥地区也可以种植水稻，尽管罗马人从未如此实践过。罗马人从叙利亚和埃及进口大米，通常把它们做成泡饭来治病。阿布·扎卡里亚在他的一部介绍农业的书籍中，大量记载了应当如何、何时以及在何地种植水稻。他还提到了制作大米面包、米布丁和米醋的方法。

厨房、市集和水法庭

普通家庭的家常饮食和齐亚卜在宫廷里创造的那一套有着天

壤之别，只有中产阶级偶尔会实践一下齐亚卜的菜谱。家常饭菜中可能不会放七八种香料，只是加入一两种，食用的肉也是牲畜身上不那么贵重的部位。在普通人家，厨房就建在一楼，面积不大，可以从房屋中心的庭院直接进入。庭院里有小的喷泉或水井，还有葡萄架，为人们在炎炎夏日的夜晚，提供一处仰望星空的凉爽去处。厨房里，用黏土堆砌的炉灶烧着炭火，一旁会有一个砖灶用来烤制面包。但大多数时候，用人们一大早便会把在家中做好的生面团拿去当地专门的面包店加工，面包师傅会收取一部分的面团作为加工服务费。直到20世纪60年代，在西班牙的一些小镇上，人们依旧沿袭着把自家的面包、鱼肉和米饭拿去公共烤炉烧烤的习俗。

在中世纪的安达卢斯，女人们在厨房中准备午饭和晚餐，男人们则把白天的时间用来工作、在清真寺里祷告和社交，或在集市中闲逛。他们会在集市中购买甜薄荷茶和食物。在伊斯兰治下的西班牙，男人们不仅掌管食品储藏室的钥匙，还负责为家庭采购食品。

藏红花

2002 年 6 月，"慢食运动"的奠基人——卡尔洛·佩特里尼（Carlo Petrini）提出，藏红花是他唯一认可的可以掺入饮食的药物，它可以促进食欲，

让身体变得更美丽，还可以起到镇定安眠和生津益
气的作用。在曾经的安达卢斯，人们也普遍都是这
么认为的。

藏红花是世界上最贵的香料，西班牙早在 10 世
纪乃至更早的时候就已经开始种植了。一些历史学
家认为它起源于克里特岛和小亚细亚；另一些学者
则考证更为精确，认为藏红花来源于伊朗境内的扎
格罗斯山区。柏柏尔人在拉曼恰、瓦伦西亚和更北
面一些的阿拉贡地区种植藏红花。西班牙语中的
藏红花"azafrán"一词来源于安达卢斯地区的阿
拉伯词语"al-zafaran"，而后者又来源于阿拉伯语
"za'faran"一词。它最早被安达卢斯的上层阶级所
垄断，用于自己的私厨，或把它作为一种收入可观的
商品来进行买卖。许久之后，藏红花才被种植到各地
的蔬菜果园中，成为社会各个阶层的烹饪用料。

藏红花与人类文明一般古老，它被用于制作药
物，用于烹饪，还被用来制作饮品和化妆品。在埃及的
古代医书、希腊的诗歌和罗马的《论厨艺》一书中，都
能找到关于藏红花的记载。因此，很有可能在罗马时期
的西班牙，厨师们就用藏红花这一香料来进行烹饪了。

在 13 世纪的手稿《安达卢斯的无名氏》（*Anónimo
Andaluz*）、14 世纪的手稿《圣萨尔维奥》（*Sent
Sovi*）以及《烹饪书》（*Llibre de Coch*）中，都能
找到和藏红花相关的食谱。在 7 世纪初，《烹饪的艺
术》（*Arte de cocina*）一书的作者——多明戈·埃
尔南德斯·德·马塞拉斯（Domingo Hernández de

藏红花田，自 10 世纪以来一直保持原貌

　　Maceras）提到过在炖肉和饭食中加入藏红花，比如为了那些不能喝奶的人而备的油饭（Arroz de azeyte）——是用橄榄油或猪油和米饭一道做成的。

　　加泰罗尼亚作家安东尼奥·坎帕尼·伊德·蒙特帕朗（Antonio Campany y de Montpalau）在《关于巴塞罗那老城海洋贸易、商业和艺术的历史记忆》（*Memorias históricas sobre comercio marítima, comercio y artes de la antigua ciudad de Barcelona*）一书中提到，1427 年，西班牙向德国和萨伏依地区出口了 3 060 公斤的藏红花，次年出口数量增加到了 3 508 公斤，其中一大部分都来自阿拉贡。

　　如今的阿拉贡地区几乎不再生产藏红花了，但在阿拉贡王室势力扩张的时期，藏红花的重要作用

被 17、18 世纪的两位西班牙作家安东尼奥·库贝
罗（Antonio Cubero）和塞巴斯蒂安·德·埃尔弗
拉斯诺（Sebastian de El Frasno）详细记载在了他
们的著作中。他们提供了大量关于西班牙在 16 世
纪向欧洲的其他国家和拉丁美洲国家出口商品的信
息：真丝、橄榄油、白葡萄酒和红葡萄酒、陶器、铁和
藏红花。在拉丁美洲的西班牙殖民地，贸易一般用雷阿
尔币和马拉维迪币进行支付。马拉维迪币来源于第纳尔

"Anafe" ——10 世纪的一种用
橘色陶土制作的可携带炉灶

金币，是阿卜杜拉赫曼三世统治时期在安达卢斯发行的金币。

与拉曼恰相比，阿拉贡注定会成为西班牙藏红花的主产区，也是世界上藏红花质量最上乘的产区。现如今，人们还经常会把藏红花和摩尔人、拉曼恰等词语关联在一起，或和在西班牙莱万特地区制作的饭食联系在一起，比如海鲜饭。由于藏红花种植面积的减少以及来自其他国家的竞争，西班牙已经丧失了其在世界市场中的主导地位。

瓦伦西亚的中央市场被认为是当今地中海区域最好的市场之一，原因很简单：该城市周边的土地十分肥沃。自罗马时期开始，人们就开始用井水灌溉这片土地，农民们从那些在中世纪早期就定居在西班牙的叙利亚人、柏柏尔人和阿拉伯人那里取了经，数代耕耘着这块土地。那些时日，从周一到周六，每日自早上11时许开始，瓦伦西亚老城逼仄的街道上就变得热闹非凡起来。在摩尔人统治时期，犹太人和基督教徒，贵族和学者构成了社会的大部分成员，阿拉伯语已不再是大多数人的语言了。在农事方面，地方法庭会把阿拉伯语当作工作语言，例如举足轻重的水法庭（Tribunal de Aguas）。在中世纪时期的瓦伦西亚，土地持有者为了保障他们作物的种植和饮食的供给，会向这个权威法庭提出诉讼来捍卫自己领地的灌溉权。

在穆斯林统治时期，瓦伦西亚设立了水法庭，这个机构控制着西班牙莱万特地区的肥沃土地的灌溉用水，它被认为是欧洲最

2006 年的瓦伦西亚平原水法庭——关于农业用水的诉讼自 10 世纪起就在此裁决

古老的民主机构。如今这个法庭依旧起到了举足轻重的作用，职能与千年以前大同小异。每周四中午，水法庭就在瓦伦西亚主教堂的使徒门外面开庭。法官都是从当地农民中被选举出来的，他们坐在华美的环形铁栏之后，观众则就近站在围栏之外。这个法庭的任务是管理灌溉系统，解决这方面的纠纷，其判决受到西班牙法律的承认。案件都由当事人口头陈述，法官做最后的判决。这是在公共财产处置方面，为数不多的能留存现世的古老仲裁实践。

阿尔扎哈拉

阿卜杜拉赫曼三世红发碧眼，为科尔多瓦埃米尔和一位巴斯克女佣所生。他与"外来的统治者"一样野心勃勃，于912年在科尔多瓦的大清真寺里自封为哈里发。自此，半岛上的政治版图发生了改变。在安达卢斯的北面，基督教徒占据了阿斯图里亚斯的一小块飞地，成功地抵抗了摩尔人的进攻，并且在半岛的北部和东部建立了若干个王国。阿卜杜拉赫曼三世当时21岁，深知统一安达卢斯是重中之重。在酋长国的后期，伊斯兰各派别之间的内部分歧和此起彼伏的起义让其在半岛的统治岌岌可危。对于他来说，摆脱巴格达的控制是唯一的出路，如此不仅可以激发团结，还可以应对新的威胁：在非洲兴起的新的敌对王朝。非洲的法蒂玛王朝正在埃及伺机以待。阿卜杜拉赫曼三世需要完全掌权，他也如此成功地实践了。他亲手打造的一个新的哈里发国——科尔多瓦哈里发国诞生了。

　　阿卜杜拉赫曼三世命人在科尔多瓦附近建造了一座恢宏的宫城，将之命名为阿尔扎哈拉，难道只是为了将之献给他最宠爱的、名为扎哈拉的妃子吗？也许未必如此。历史学家们认为这位年轻的哈里发借此做出了一个庄严的政治声明。他需要建造一座新的城市宫殿作为他权力的象征并且超越法蒂玛王朝。白色的阿尔扎哈拉宫熠熠生辉，与科尔多瓦竞相争辉，它不仅是一座坚固而宽敞的宫殿，还是伊斯兰治下西班牙的外交、文化和饮食中心。这座坚固的宫殿设计精美，充满欢欣。在这里，食物和红酒是公共活动和外交活动的重要组成部分。奢靡的宴会和阿拉伯传统样式的娱乐活动不仅令外国的游客流连忘返，也令哈里发的皇室成员乐而忘忧。也许在阿尔扎哈拉宫殿的厨房和宴会厅，厨

科尔多瓦附近的阿尔扎哈拉宫——阿卜杜拉赫曼三世的理想宫殿

师、管家和女仆们都会遵循齐亚卜的主张。

　　短短 80 年之内，西班牙的伊斯兰文明及其哈里发国将会发出最后的震颤。尽管阿卜杜拉赫曼三世控制住了内战，但是这位西方霸主所钟爱的阿尔扎哈拉宫却未能逃过兵燹之祸。不远之处的科尔多瓦大清真寺虽然也遭受了连年的战火，却一直留存了下来。

　　在哈里发国即将覆灭之时，艺术、排场和美食美酒在伊斯兰世界中的地位依旧，但是安达卢斯的政治生活却被彻底地改变了。1031 年，伊斯兰治下的西班牙分裂成了 24 个独立的王国，它们被称为泰法（taifas），地域范围包括塞维利亚、托莱多、科尔多瓦、瓦伦西亚、萨拉戈萨和巴达霍斯。这些王国的统治者也

被称为泰法（Taifas），一般都由受过教育的年轻人担任，他们在
科尔多瓦哈里发国覆灭之后，依然将安达卢斯的多民族共存状态
维持了一段时间。

　　虽然不同的伊斯兰派别之间纷争不断，最后将他们一一拖
垮，令他们以悲剧收场，但是泰法们重新唤起了人们对艺术与科
学的热爱。时至今日，人们依旧用"一个泰法王国"（un reino
de Taifas）这种说法来形容分裂和权力的丧失。来自北非的军事
力量试图援助泰法们对抗来自卡斯蒂利亚和莱昂的基督教军队
的进攻，却使得政局进一步恶化，基督教军队得以一路沿着杜

阿卜杜拉赫曼三世接见使节并与之共饮。迪奥尼西奥·拜塞拉斯·贝达格尔（Dionisio
Baixeras Verdaguer, 1876—1943）的画作

阿尔扎哈拉宫的阿拉伯式炉灶

罗河南下。

　　1085 年，卡斯蒂利亚的阿方索六世攻占托莱多的意图已经昭然若揭了。托莱多曾是西哥特人治下西班牙的旧都，历史悠久，也承袭着伊斯兰的文化和烹饪技术，其甜食加工尤为突出。阿方索六世实力惊人，必须要让他收住脚步。泰法们只能向北非求助。狂热的宗教分子，浑身包裹着黑色布匹，骑着马匹穿过海格力斯之柱，踏上了西班牙的白色沙滩。于是，西班牙历史的这一页华章也随之告终。阿尔摩拉维德人和阿尔摩哈德人相继到来，这些浑身漆黑的激进分子将半岛搅得鸡犬不宁，成千上万拒绝叛教的犹太人和基督教信徒不是英勇就义，就是逃亡北方。

同时，在厨房中……

在西班牙的地中海沿岸，自古便闻各式各样的捣臼声，或是瓷制的，或是木制和金属制的。不同大小的铜制臼，也被称为"阿尔米雷斯"（almirez），听起来又像是阿拉伯语词，至今还被用来研磨藏红花、孜然、胡椒、茴香籽、干果、面包和大蒜。铜臼不仅在厨房中有用武之地，还总是被用于另一项用途。每逢节庆日，西班牙人就把金属制的杵、臼和勺，花哨的玻璃杯，还有木制的或金属制的洗衣板都用来作为临时的乐器。用来打磨食材的、上过黄绿釉色的瓷臼比木杵略便宜些，至今在市集外围的小店还能买到这些东西。在安达卢西亚地区，人们用杏仁、蒜、面包、橄榄油和水，并用红酒、醋调味，做成爽口的汤品，为那些辛勤看护作物并在夏季采摘葡萄和橄榄的采摘者们补充能量。北非有一种名为"harissa"的红辣椒酱，但不能和《安达卢斯的无名氏》中提到的"harisa"这个菜相混淆。《安达卢斯的无名氏》成书于13世纪，作者不详，是一部在斋月期间马格里布和安达卢斯饮食的汇编集。"harisa"这道菜在西班牙被称为"白面包屑做的哈里萨"（harisa a las migas de pan blanco），它的加工过程很简易：把白面包和杜兰小麦面包在臼中碾碎，加入水使之变软，曝晒使之变干并发酵，然后把它放在锅中。由于这道菜只能使用羊肉和羊油，所以可以在锅中放入羊肉末、羊腿或羊肩肉。接着倒入足量的水，将肉炖烂，待它和面包屑混合在一起，加入骨髓和剩余的面包屑，把它们揉成一个面团，浇上一些热羊油并在上面撒上肉桂粉。

除了臼以外，如今在西班牙十分常见的卡苏埃拉陶锅（cazuelas）曾在伊斯兰治下的西班牙被用来放在烤炉中准备饭食，或被置于炉灶上做鱼肉面。古斯古斯是一种谷物，而在马格里布地区，人们用摩洛哥或突尼斯式的陶制塔吉锅来烹饪硬质小麦，这道菜同样被称为古斯古斯，也就是安达卢斯所谓的"阿尔古斯古斯"（alcuzcuz）。这些锅碗菜碟，乃至炉灶，后来都从安达卢斯漂洋过海到达了美洲。

> "anafe"（炉灶）和"albóndiga"（肉丸子）这两个词的迁移现象十分有意思。它们从非洲北部的地中海沿岸地区向西出发，来到西班牙。它们被引入卡斯蒂利亚语中，被基督教化，然后向着美洲扬帆起航。它们横越大洋，在美洲的各个村庄扎根。它们越过高峰，穿过密林，如今在这个大洲最遥远角落里的棚屋中，都能听到阿兹特克人的后裔使用这两个词。[6]

阿拉伯词语"annáfih"在西班牙语中的对应词为"anafe"，或也被称为"hornillo"，是指在安达卢斯使用的便携黏土炉灶，这种炉灶一直沿用到二三十年前。"albóndiga"是用碎肉做的肉丸子，自罗马时期便十分流行。在中世纪关于西班牙饮食的阿拉伯文献中，能找到这两道菜的许多种不同的做法。

一些西班牙学者否认西班牙的饮食受到过伊斯兰文化的影响，这个观点未免有些片面，但如果认为西班牙与天主教的联系更为紧密的话，那也就不难理解这些学者的观点了。在西班牙饮食的发展过程中，有些在安达卢斯曾被广泛使用的食材一直沿用至今，另一些则被彻底遗忘，这样的演变过程耐人寻味。为何古斯古斯会消失，而几乎同时被引入半岛的米饭以及意面和天使细面等面食却留存了下来？为何香菜只被用于安达卢西亚地区的几道菜之中，而在其他地区则鲜少使用？为何除了藏红花、肉桂、茴香、八角以外，西班牙传统的地域性饮食很少使用香料？为何羊肉在卡斯蒂利亚和阿拉贡地区深受欢迎，但在离塞维利亚不远之处，位于莫雷纳山脉中心的阿拉塞纳城中，羊肉几乎绝迹呢？有些问题是可以被完美解答的，但有些问题就只能用宗教强加的偏见来解释。这种偏见，或者说是对摩尔人和犹太人饮食文化的缺乏了解，尤其是对从穆斯林统治时期到后来摩里斯科人（改信了天主教的穆斯林）离开西班牙的这段时期的了解匮乏，对西班牙的地域性饮食文化传统以及现代烹饪产生了至关重要的影响。

　　西班牙人毫不掩饰对甜食的热情。糖是一种神奇的调料，自10世纪起就被阿拉伯人不断地改良，从而改变了中世纪时期西班牙咸食和甜食的面貌。阿拉伯人的许多菜肴都要用到糖。他们定居在半岛之后，就开始在格拉纳达王国和瓦伦西亚地区种植甘蔗。制糖作坊（trapiches）很快就开足马力生产。他们会先将甘蔗砍倒，给根部施加肥料。在11月的时候，他们会把甘蔗泡在水中，待来年1月份将甘蔗碾碎，把其中宝贵的汁水榨出，倒入大锅之中煮沸，直到汁水变得清澈。接着，他们会继续煮甘蔗汁，令其水分蒸发，再待它结成略显粗糙的固体，可以立即使用，也可以把它们继续加工成想要的品质。自此，不仅在被穆斯林攻占的城镇中的厨房、烘焙店和甜品店可以找到糖，随着基督教军队向南推进，在他们的攻占区也开始使用糖。在最初和随后很长的一段时间之内，糖都是十分贵重的产品，只有富人才能买得起。[7]

托莱多的杏仁糖糕

在类似圣诞节的宗教和国家节日，西班牙人会遵循不同地区的饮食文化传统来庆祝佳节，但基本上没有吃火鸡的习惯。贝类和伊比利亚火腿，汤品和烤鱼或烤羊肉，都是圣诞节家庭聚餐中的主菜。在节庆日，人们会准备果仁糖（turrón）和糖渍水果、松子和各式各样制作精美的杏仁糖糕。

尽管关于杏仁糖糕的起源有诸多理论，但是历史学家至今还没有掌握确凿的证据来证明这些理论，而杏仁糖糕的制作方法却历经千年都未改变。我们从历史和传说中可以找到许多不同的理论。《一千零一夜》将杏仁糖糕追溯到中东和古老的时代。托莱多的一个教派和西西里岛的一个糖果店都在申请发明杏仁糖糕的"专利"，除此以外，希腊、塞浦路斯、巴格达还有与中东开展贸易的中心——威尼斯也同样在申请。吕贝克建立于 12 世纪早期，是

形状各异的杏仁糖糕

德国中世纪时期一座非常重要的城市，它在将杏仁糖糕推广到欧洲北部的过程中起到了至关重要的作用。在威尼斯，杏仁糖糕被称作"marzipane"，是从"massapan"一词演变而来的，而这个词又来源于"mawthaban"，是阿拉伯人对一种拜占庭的钱币的称呼，它十分之一的币值等同于威尼斯人称为"massapan"的钱币的价值。

在西班牙，托莱多这个城市总是和"mazapán"一词联系在一起，也就是杏仁糖糕的西班牙语名称。和威尼斯与吕贝克一样，杏仁糖糕最初在托莱多不是与快乐联系在一起，而是与饥饿相联系。在西班牙的传说中，杏仁糖糕与1212年对抗摩尔人的拉斯纳瓦斯－德－托洛萨战役紧密相关。在该战役期间，托莱多城里的面包紧缺，当地的修女想到了一个解决方案。她们想到了这个城里的"甜面包"，它不含面粉，而是用杏仁和蜂蜜做成的。托莱多的圣克莱门特修道院物资丰富，储备了许多杏仁和糖，于是修女们就开始用糖来取代蜂蜜，和杏仁一起做成"甜面包"。在修道院的厨房中，修女们用槌子（maza）把杏仁和糖碾成粉来做面包（pan）。修女们用杏仁糖糕帮助了不少市民。在托莱多，人们依旧用着百年前的古法，用瓦伦西亚的杏仁、白糖、蛋黄、蛋白、些许水、肉桂和柠檬皮（两者可选）来做杏仁糖糕。

犹太区的饮食

如果他会遵守摩西律法来纪念安息日：身穿清洁的衬衫和比平日里更庄重的服装，在餐桌上铺上整洁的桌布，不在家里升火并从周五晚上停止工作。

如果他把食物中的板油和油脂除去，用水把血洗去，将肉食清洁干净，或是将公羊腿中或其他死物身体里的腺体除去。

如果他会在杀死动物之前检查刀片的损耗，用刀切开用来食用的公羊或者禽类的喉咙，并一面用犹太语祈祷、一面用土将血掩埋。

如果他在大斋节或其他被圣母教堂（Santa Madre

Iglesia）规定不得食肉的节日食肉，而他本身并非必须如此做，且认为这等行为不是罪过。假如他在主要的斋戒日——赎罪日进食……

如果他以犹太礼节在进食前祈求祝福；如果他喝了由犹太人准备的，名为"caser"（这个词来源于"caxer"一词，意为"合法的"）的酒；如果他在端起酒杯之前，说了"bahara"或其他祝福语，而且在他把酒杯递给别人之前，说了一些特定的话语；如果他吃了犹太人处理的动物；如果他背诵了大卫的《赞美诗》，而没有重复最后的《荣耀颂》；如果他为自己的儿子取一个犹太人用的希伯来语名字；如果他将自己出生七日的儿子放入一个装有水、金银、小珍珠、小麦、大麦和其他东西的盆中……[8]

这些文字是历史学家胡安·安东尼奥·略伦特（Juan Antonio Llorente，1756—1823）用来描述在 1492 年宗教裁判所建立之后，西班牙改宗者私下保留的身份标志和遵循的宗教仪式。这些传统与在此之前整整 8 个世纪的时间之内，犹太人群体与基督教徒、摩尔人共同生活在安达卢斯时所遵循的如出一辙。

前去参观科尔多瓦大教堂和塞维利亚皇家阿尔卡萨宫的游客们，一定都会前往犹太区逼仄而神秘的小道漫步，这些街区在中世纪的西班牙就被称作"las juderías"，意指犹太人的聚居区。除了安达卢西亚地区以外，在托莱多、格拉纳达、瓦伦西亚、萨拉戈萨和巴塞罗那等城市也能找到犹太区。犹太人自从到达伊比利亚半岛之后，就在大大小小的乡镇定居，他们在烹饪中用到的药草和香料的气味弥漫在大街小巷。

假如约拿书想要躲开上帝的塔什什真的就是西班牙，那么西班牙和犹太人的关联至少可以追溯到所罗门时期。无论是否能找到切实的证据来证明这个推论，但自罗马时期开始，尤其是 2 世纪之后，就有大量的犹太人群体生活在西班牙。最初，犹太人作为罗马公民，在希斯帕尼亚从事各式各样的工作。在乡下，他们以务农而生；在城镇中，他们贩卖商品和奴隶，从事手工业或金融业，他们的职业生活融入了社会的各个方面。随着基督教时代的到来，情况发生了变化。天主教教会开始关注犹太人的习俗，包括他们饮食律令的特殊性，开始显现出反犹太主义的苗头。在 4 世纪召开的厄尔维拉主教会议最终下达了诏令，犹太人不能再从事农业，也不能蓄奴，不能与基督教徒通婚（基督教徒与犹太人通奸将被放逐），不能占有或分享基督教徒的粮食。5 世纪末的时候，希斯帕尼亚被西哥特人所统治。随着西哥特人成为基督教徒，情况越来越严峻，西班牙颁布了第一道驱逐犹太人的法令。犹太人只能改信天主教或者选择离开，此外别无他选。一些人改了宗，另一些人只能穿过比利牛斯山脉或者前往非洲。在 7 世纪上半叶，西哥特国王辛提拉放松了政策，许多改了宗的犹太人又恢复了信仰，但这种情况只是昙花一现。633 年，托莱多公会又旧事重提。如果被人发现改宗者依旧在坚持犹太传统，那么他们的孩子就会被送入修道院抚养。

711 年，随着摩尔人的入侵，情况发生了变化。在随后的三个世纪中，犹太人经常为统治者提供服务，并在政治和金融问题上扮演重要的角色。医学、银行业和征税是他们最擅长的行当。在伊斯兰治下的最初几百年，政策的包容性较强，三个宗教得以在和谐共存的氛围下各自发展。但是，犹太人群体有自己的生活方式，由犹太人内部来管理，虽然说着阿拉伯语，和摩尔人共同生活，但从未完全融入他们。在安达卢斯的大部分地区，不同的

托莱多白色圣玛利亚犹太教堂（1180）——西班牙仅存的犹太教堂之一

信众之间是相对和谐而包容的，这种情况一直维持到 11 世纪科尔多瓦哈里发国解体。哈里发国解体之后形成的泰法王国受到了来自基督教军队的强大威胁，于是泰法们决定向穆斯林寻求帮助，待他们穿过直布罗陀海峡前来救援。于是，阿尔摩拉维德人先到达了半岛，野蛮血腥的阿尔摩哈德人也随后到达，他们完全控制了安达卢斯，让半岛上居民的生活陷入水深火热之中。犹太人群体受到了威胁，决定冒险北上，穿过基督教和伊斯兰教治下的西班牙的分界线，好找个地方重新开始生活，他们尤其青睐像托莱多这样古老的帝都，他们自然也不忘带上自己的烹饪传统。在那里，他们又能每周六去犹太教堂祷告，然后安全地回到家，准备炖菜"adafina"食用。他们可以制衣、写书，也可以从事医学。可悲的是，正是他们作为生意人和税收人所取得的成功，导致他们成为一些反对人士和教会的目标。日复一日，基督教徒的军力锐不可当地向摩尔人的格拉纳达王国推进，不断地占领新的土地。到 14 世纪末，居住在西班牙的犹太人所享受到的这些快乐时光变成了甜美的回忆。

一切起始于塞维利亚，这个已被基督教徒接管了的城市。1391 年 6 月 6 日，在埃西哈会吏长费兰德·马丁内斯（Ferrand Martínez）的鼓动下，暴民们向位于河边的犹太区展开了进攻，点燃了仇恨的火把。同时期，巴塞罗那有 400 年历史之久的犹太区也被彻底摧毁，超过 1 万多人不幸罹难，许多人被迫改宗。数日之内，生活在瓦伦西亚、马略卡，乃至托莱多的犹太人也遭受了相同的命运。历史学家估算，在 1492 年基督教会开始驱逐犹

用大锅供餐（西班牙摩尔人的
《哈加达》，卡斯蒂利亚，1320）

太人以前，有近25万犹太人生活在西班牙，8万犹太人生活在葡
萄牙。

自有记载以来到随后的数个世纪，犹太人无论身处何方，都
一直遵循严格的饮食规定，原因很简单：犹太律法《托拉》（the
Torah）为他们制定了行为规范。当他们于15世纪离开西班牙时，
也带走了他们的特色饮食，这些食物都是他们用市场里可以买到
的食材，根据自己的传统和饮食律令来挑选和烹调的。现如今，
在许多西班牙系的塞法迪犹太人迁出西班牙之后的定居国，人们
都能找到许多记载他们饮食文化的书籍。食物历史学家认为，关

于西班牙系犹太人在离开伊比利亚半岛之前的饮食传统很少有书面记载。

　　尽管如此，有些记载能帮助我们重塑西班牙系的塞法迪犹太人在 1492 年被驱逐的前后时期他们的生活和饮食画卷。这些记载来源于那些逃往意大利、希腊、土耳其和北非的成千上万的犹太人，这些地区的共性在于它们都位于地中海沿岸，而且在历史上的某段时期都被穆斯林攻占过。基于对过去的回忆，土耳其的塞法迪人做的饭菜和中世纪的犹太人在塞法迪做的饭菜十分相似，而"塞法迪"一词正是犹太人以前对西班牙的称呼。

　　就像塞法迪犹太人在离开半岛之前一般，如今生活在安达卢西亚郊区的妇女们依旧会把杏子、桃子和李子放在阳光下晒干，还会把水果用糖水（almíbar）腌制。随着冬季的到来，她们会腌制橄榄，做甜品或榅桲糕（carne de membrillo），然后把它们贮藏在干燥的地方以备四季享用。现如今，西班牙的许多地方依旧会在 11 月和来年 2 月之间制作榅桲糕。这道甜点工序并不复杂，只是要花费些时间：先洗四五个榅桲，把它们放在大锅中，用水煮烂，然后把它们从水中捞出，让它们冷却。接着削皮、去核，把它们切成小块，并将它们称重，放回锅中，倒入等同于其重量 80% 的糖。慢炖一小时，不停地用木勺舀，待糖与榅桲完全融合。

　　在马略卡，塞法迪犹太人的传统留存至今，商店里依旧出售色彩鲜艳的番茄串（tomates de ramillete），人们用绳线把新鲜的番茄串起来，一直挂到圣诞节。在被驱逐出境之前，塞法迪犹太人会把甜瓜和葡萄终年挂在凉爽的贮藏室之中。时至今日，生活在土耳其和希腊的塞法迪犹太人群体依旧说着一种脱胎于古西班牙语或拉丁语的罗曼语。在西班牙，用茄子、南瓜、甜菜、小扁豆和鹰嘴豆做的蔬菜食谱似乎与西班牙系犹太人的饮食有着千丝万缕的联系。在基督教文化的影响下，人们会在这些素菜中加入小块的火腿来调味。猪肉是基督教徒不可或缺的食物，那些改了宗的犹太人很有可能会食用猪肉来避免与宗教裁判所打交道。

人们提起"almodrote"（奶酪蒜油）一词，总会想起塞法迪犹太人的传统以及奶酪。这个词来源于阿拉伯词语"matrup"，意为"被碾碎的"。它可以做成酱料，也可以做成一道菜，用来庆祝安息日。在中世纪的加泰罗尼亚地区，人们用大蒜、鸡蛋和奶酪做成味道浓烈的酱料，并将它称为"almodroc"，一般用作蘸野味的调料。塞法迪犹太人将一系列的菜谱统称为"kosas d'omo"（拉丁语中意为"用烤箱略微烹调的美味"），奶酪蒜油茄子（almodrote de berenjenas）就属其中一种，它是一种用茄子泥、奶酪和鸡蛋做的焗菜。另一种制作奶酪蒜油的配方在《茄子之歌》（*Cantiga de las Merenjenas*）中有记载：

> 第三种制作方式是何亚·德阿克索特（Joya de Aksote）女士创造的：她先将茄子的茎叶除去，然后先煮再煎，加入大量的奶酪和油，就像在《茄子之歌》中听到的那样，她把这道菜称为"阿尔莫德罗特"（almodrote）。[9]

在中世纪的阿拉贡地区居住着大量的犹太人团体，他们会把羊肉、大蒜、橄榄油和百里香放在一起慢慢地炖，做成他们钟爱的羊肉锅（ternasco en cazuela）。他们的日常饮食主要是面包、生菜、芹菜、卷心菜和用橄榄油炸的食物，配以醋、柠檬汁、苦橙和青苹果作为调料，再搭配红酒。他们把茄子和其他蔬菜一起炖着吃，或者加上肉馅和香料。

油炸南瓜、菠菜和韭葱也是12世纪时塞法迪犹太人餐桌上的常备食物。他们一般用烧烤的方式来做鸡肉，或和其他配料一起炖，像鸡蛋一般煮着吃，或做成蛋饼。阿拉贡地区离海较远，在那里犹太人不经常食用鱼肉，而是按照他们饮食的规定和律法来制作成年羊、幼羊和牛犊肉。小卡苏埃拉砂锅（cazuelo chico）是用牛肉和卷心菜，再加一个鸡蛋做成的。在逾越节时，犹太人吃苦菜花、未发酵的面包来比拟他们曾遭受的奴役之苦，用萝卜、碎核桃肉、苹果和红酒来纪念他们出埃及时的伤情。他们也会把橄榄放入水中腌制来食用，还会让孩童用小锤子敲砸橄榄，好缩短腌制的过程。小扁豆配大米，还有用他们钟爱的洋蓟做的各种菜肴，也属于日常饮食的一部分。在地中海沿岸的西班牙，犹太人吃鱼肉多于其他肉类，他们也会搭配面包、鸡蛋和汤，还会在汤中略放入些藏红花。

令人垂涎欲滴的奶酪馅饼（"borrecas"或"empanadilla"）也是属于"kosas d'omo"系列的食物，但也可以油炸食用。美味的烙饼，在西班牙被称为"bulemas"，在土耳其则被称为"premesas"，与加利西亚和阿斯图里亚的"filloas"大同小异。

　　伊斯兰教和犹太教严苛而复杂的膳食规定有着相似之处，而与这两者大为不同的是，罗马天主教会几乎不存在任何膳食规定。教会唯一的膳食禁令就是在大斋节、每周五和一些特殊的宗教节日不允许食肉。除了猪肉（犹太人和阿拉伯人不得食用）以外，阿拉伯人、基督教徒和犹太人都食用羊肉、鱼肉、新鲜的面包、蔬菜、水果和蜂蜜。尽管犹太人和阿拉伯人的膳食禁令有很多相似的地方，但他们之间最为显著的区别就是犹太人在生活的方方面面都受到严格的法令的管控。一些食物是被允许的，另一些食物是被禁止食用的，还有一些食物是必须用特定的方式来准备的；此外，在每年的固定时节，有许多古老的规范和仪式需要遵循。食物与古老的过去，与快乐、悲伤和被放逐的时光，与逾越节、住棚节、普林节和赎罪日都息息相关。正统的犹太教徒只能食用按照他们的传统方式宰杀并受到拉比祝福的动物肉；按照《托拉》的规定，一些动物是可以被食用的，另一些则是被禁止食用的，尤其是猪肉、猪油、家兔、野兔、贝类和无鳞无鳍的鱼类。犹太教徒不能把肉和牛奶混在一起，也不能用动物凝乳做奶酪，这也许就是为何在如今的西班牙，人们还用野生洋蓟丝来做奶酪的原因。至于水果类的食品，有意思的是像红酒这类的葡萄加工品假如不是出自犹太教徒之手，那么也是被禁止饮用的。现如今，西班牙依旧生产蔻修酒，这种红酒在加工过程中，必须由犹太裔的制酒师来封存酿造桶，并受到聘请的或是当地的拉比的严密监管。他们在厨房中使用的工具也必须是合礼或清洁的，特定的工具只能用来处理一些特定的食物。在一些犹太家庭的厨房中，用具的分工在过去与现在一样泾渭分明：一些被用来处理肉类，另一些则被用来处理牛奶。自有史以来，无论出身于何地，所有的犹太人都认为每周的第七日（被称为"Sabbath"或"Shabat"）是献给上帝的休息日，一切的体力劳动都应被禁止，烧饭做菜也不例外。"adafina"是犹太人在安息日食用的传统午餐，它必须在周五日落之前准备完毕。它的配方各式各样，也被称为"hamin"，在希伯来语中意为"热的"。最简单的做法是以橄榄油、水、蔬菜、谷物、以鹰嘴豆为主的豆类，以及西班牙系犹太人称为"haminado"的鸡蛋为食材；更复杂些的版本则会添加小绵羊肉和小山羊肉。他们会在周五晚上把用来盛放安息日午餐的陶锅放到炉灶上保温，炉灶里添置烧热了的煤炭，上面用盖子和陶锅隔开。一些历史学家认为，在西班牙十分普遍的杂烩（cocido）就来源于犹太人的安息日午餐，尽管两者之间有明显的区别。

　　西班牙各地的杂烩一般都会把猪肉作为食材。如前所述，在中世纪时期，正是猪肉将基督教徒和犹太人区分开来。在当今的西班牙，每日都有上百份的杂烩被烹制。然而，那被西班牙系犹太人在安息日午餐中加入的被称为"haminado"的鸡蛋的秘方，则在他们被驱逐之时，被带离了西班牙。

　　"haminado"一词，指的是西班牙系犹太人放在安息日午餐中的带壳鸡蛋。通过长时间的烹调，蛋清变白，蛋黄则变为浅褐色，给人一种美味的奶油般的口感。烹饪科学家哈罗德·麦吉（Harold McGee）大量描述了把鸡蛋加工成"haminado"或被称为"褐色鸡蛋"的烹饪过程：

> 长时间在碱性环境中受热，蛋清中 0.25 克的葡萄糖会和蛋黄蛋白质发生作用，产生褐色系食物特有的口味和色素。只要烹调温度严格控制在 160～165 华氏度之间，蛋白就会变得很柔软，蛋黄则会变得口感细腻。[10]

基督教徒在周五吃鱼的习惯许是受到了犹太人的影响。在中世纪的西班牙，塞法迪商人们会在市场上售卖各式各样的鱼类。每当周五，基督教徒们也好，犹太教徒们也罢，都会争先恐后地抢购鲜鱼，甚至不放过腌制鱼类。鲜鱼只能在沿海地区购得。塞法迪厨师会将鲜鱼油炸，或者用橄榄油和醋调制成的"escabeche"把鱼腌制起来，或将其烟熏，或用盐和水调制成的"salmuera"腌制。鱼肉派也是一道美味，塞法迪犹太人们经常在安息日前夜享用。

塞法迪犹太人的口历上总是活动纷呈，每逢庆典和宗教节日，他们总免不了准备甜食和蛋糕。这些食谱会用到面粉、无酵饼、粗谷粉、蜂蜜、糖和橙皮或柠檬皮。一些食物会被用来烧烤，另一些则用橄榄油油炸，比如当今在西班牙大斋节经常吃的油炸蛋皮牛奶面包片（torrijas）。这种食物在西班牙也被称为"rebanadas"（面包片）或"fritas de parida"（分娩女人的油炸食物），这是因为塞法迪犹太人会在庆祝孩子出生时准备这种食物，尤其是当孩子是个男孩的时候。如今，人们在做"torrijas"时，依旧会把面包片在牛奶中浸泡一下，裹上一层蛋液，然后用橄榄油油炸，蘸上糖浆或蜂蜜，撒上些肉桂来食用。如今在瓦伦西亚的大街小巷，人们依旧会把面团油炸，做成小小的油酥团子，然后蘸上蜂蜜或糖浆，再配上一杯热巧克力一起食用。在加泰罗尼亚地区，这种食物被称为"bunyols"；而在卡斯蒂利亚地区，这种食物则被称为泡芙炸甜甜圈（buñuelos de viento）。

　　塞法迪犹太人钟爱的面包，无论是发酵的还是未发酵的，都对甜食的制作起到关键作用。吉尔·马克斯（Gil Marks）在他的《犹太饮食百科》（*Encyclopedia of Jewish Food*）一书中提到一种塞法迪犹太人烘焙面包的食谱，这种面包被称为"西班牙面包"，也被称为"海绵面包"（pan esponjado）或"甜面包"。[11]如今的西班牙人无论身处何方，依旧会做这种糕点，他们把它称为"bizcocho"。在土耳其的士麦那，一些食物贩卖商也会售卖类似的糕点。一些膳食专家认为，加利西亚人用杏仁做的圣地亚哥蛋糕（tarta de Santiago），还有瓦伦西亚人用杏仁和蛋白，而不是用面粉做的橘子杏仁糕（tarta de naranja y almendra），都脱胎于犹太人留下的面包制作方法。塞法迪犹太人在庆祝佳节时，还会用杏仁做"阿鲁加该"（arrucaques）和美味的"德拉瓦多"（travados，生活在罗德岛上的犹太人经常会做的油炸酥皮糕点）。他们也会做被称为"hormigos"和"mustachudos"的甜汤，这些原本都是在庆祝普林节时，人们用榛子、鸡蛋、柠檬皮、肉桂、丁香、蜂蜜和糖做的甜品。学者们对加利西亚和马略卡的饮食进行了更深入的研究，让人们更多地了解了塞法迪犹太人做的甜食。阿拉贡地区的犹太人也热衷甜食，他们是制作牛轧糖和糖渍水果的专家，也十分善于在逾越节时加工未发酵的面包（tortas de pan cenceno），来纪念以色列人渡过红海时，孩子们扛在肩膀上的扁平状的糕点。人们认为，许多西班牙的糕点都与塞法迪犹太人的节庆日有关联："mogados de almendra"（杏仁蛋糕）与犹太新年有关，而用橄榄油油炸，然后蘸糖浆或蜂蜜食用的油炸薄片"hojuela"则与赎罪日相关。面包圈（roscas）原本是用来庆祝住棚节的，油酥团子和葡萄干蛋糕（bizcochos de pasas，带有葡萄干的海绵蛋糕）则和光明节相关。在逾越节时，塞法迪犹太人还会享用美味的核桃酱（pasta de nuez）。[12]

在宗教裁判所（1478—1834）对改信天主教的犹太教徒进行审判的时期，从一些被裁判所胁迫或出于对它的恐惧而写就的文章中，可以找到生活在西班牙的犹太人的相关信息。随着天主教国王掌握政权，包容和现代所谓的和谐共存都宣告终结，毕竟双方之间的关系向来是不平等的。基督教徒成了胜利方，而剩下的人口，包括那些改了宗却依旧坚持原本的宗教习俗的人，都是失败方。

有一件事是确定无疑的：葡萄牙和西班牙的塞法迪犹太人和穆斯林一样，都十分钟爱甜品、水果和坚果，尤其喜欢玫瑰水的香气和味道。在度过严格进食和深刻忏悔的赎罪节之后，居住在西班牙的犹太人会举办盛宴，把无花果、枣、坚果、石榴和其他水果一道蘸蜂蜜食用。1581 年，在开始驱逐犹太人之后的一个世纪，国王费利佩二世在瓦伦西亚举办了一场宴会，最先提供的食物便是西梅、无籽葡萄、糖渍橘子和桃干。

　　这些源自阿拉伯和犹太传统的糕点和甜食在如今的西班牙依旧广受欢迎，天主教修女们经常会把这些糕点和甜食作为买卖的附赠品。一些食谱已经被公开出版，另一些更有特色的则一直成谜。通常情况下，精确的配比和正确的做法一直都是在主厨们之间口口相传的。

卡斯蒂利亚

　　11 世纪末，卡斯蒂利亚的国王阿方索六世面临着一个两难的抉择：是继续利用从托莱多泰法王国征收的钱财来充实本国的金库，还是直接攻占这座城池。假若选择后者，不仅卡斯蒂利亚会失去纳贡，而且，托莱多作为西方世界重要的城市之一，四周依旧强敌环绕，不得不付出高昂的代价以保卫自己的安全。阿方索六世急于求名，禁不住选择了后者。一支坚不可摧的基督教军队从卡斯蒂利亚出发，向托莱多这座前西哥特人的首都、后伊斯兰治下的明珠一路进发。

　　随着"收复失地运动"风头正劲，基督教军力不断增强，泰法们不断地受到来自基督教士兵的威胁，而且国家内部分歧加剧，导致安达卢斯的政局动荡不安。他们只能向不同的阵营求援。基督教雇佣兵乘此机会，漫天要价，例如著名的熙德，也就是罗德里高·迪亚兹·德·维瓦尔（Rodrigo Díaz de Vivar），乃至被其父亲费尔南多一世带入门的阿方索六世。费尔南多一世将基督教国家的边境推进到了杜罗河南岸，这个地区之前经常遭到摩尔人和基督教士兵的劫掠。他和其他基督教国王开始向巴达霍斯、塞维利亚、托莱多、格拉纳达、马拉加、德尼那、萨拉戈萨、瓦伦西亚和巴利阿里群岛的泰法们收取纳贡，不然就攻占他们的城池和领地。纳贡价值不菲，必须以金银结算。后来直到穆斯林被彻底赶出西班牙之时，托莱多这座历史悠久的城市一直被基督教徒牢牢掌控在手中。半岛上军事政治力量的天平似乎倾向了基督教世界，但这最初只是幻想。

按照犹太人的配方做的"vizcocho"蛋糕

伊斯兰治下的托莱多，成为了一个文化中心、一个极具包容性的城市，三种不同的宗教都在此和谐共存并发展得欣欣向荣，就像它们曾在科尔多瓦和塞维利亚取得的成功一般。在托莱多，古希腊罗马和阿拉伯的手稿被大量地翻译，犹太教堂、清真寺和基督教堂竞相争辉，商铺里出售着最美味的杏仁糕（和如今小块的、半月形的，以及大块的、鳗鱼状的杏仁糕十分相似，但如今这些糕点总是和圣诞节联系在一起）。

随着阿方索国王攻占托莱多，泰法们终于意识到他们的基督教敌人势不可当。他们需要寻求非洲的援助，尽管他们知道此举有可能引火烧身。

生活在撒哈拉的柏柏尔人在过去的 50 年中一直追随着阿尔摩拉维德人，他们是一支长期备战的军事力量。他们的宗法不允许任何的懈怠，因为这违背他们的信仰，但在文化多元而丰富的安达卢斯，轻松惬意的生活是被允许的。当阿尔摩拉维德人黑纱蒙面，于 1086 年 6 月登陆半岛之时，居住在沙滩、山岭和山谷的穆扎拉布人（居住在伊比利亚半岛上，受到摩尔人管辖的基督教徒）、摩里斯科人（moriscos，皈依了基督教的穆斯林）、犹太人和摩尔人（居住在马格里布、伊比利亚、西西里岛和马耳他岛的穆斯林居民）都不禁感到心惊胆战。泰法王国终于一个个都被判了死刑。阿尔摩拉维德军队一路烧杀劫掠，横穿瓜达尔基维尔和瓜迪亚纳河。冬季未到之时，阿方索国王在萨拉卡战役中失利，战败于巴达霍斯北部。泰法国被彻底地摧毁了，但是基督教势力才占上风不久，就受到了压制。阿尔摩拉维德人很快占领了塞维利亚、科尔多瓦、格拉纳达、马拉加和穆尔西亚，他们指控西班牙的泰法们道德败坏，是对基督教徒卑躬屈膝之辈，将他们一一废黜。独立的萨拉戈萨和瓦伦西亚王国也很快缴械投降。基督教军队意识到他们只能从头再来。

　　11 世纪时，基督教治下的西班牙与中世纪的欧洲以及教皇建立了新的联系。圣地亚哥之路吸引着朝圣者、修道士和途经的十字军战士，一些人是为了寻找救赎，另一些人则是为了找一处地方开始新的生活。带有阿拉伯风格的西班牙烹饪通过半岛，向比利牛斯山脉的另一面跃进，而其他地区的烹饪也对西班牙各个地区的风味产生了影响。

　　12 世纪时，阿尔摩哈德人从阿尔摩拉维德人手中接管了权力，对托莱多和整个塔霍河河谷地区都构成了严重的威胁，成为阿方索八世的劲敌。阿方索八世是西班牙中世纪时期最伟大的国王之一，逝世于 1214 年 10 月 6 日，他在生前将基督教的势力范围扩展到了瓜迪亚纳河更南面的地方。阿方索八世精明能干且野心勃勃，是 位富有争议的历史人物，他对"收复失地运动"的最终成败起到了关键性作用。他在阿拉科斯战役中败北，痛定思痛，发誓这将是基督教军队面对伊斯兰军队的最后一次失败。在对"收复失地运动"满怀热情的教皇的支持下，阿方索率领着来自法国的红十字军强援以及其他的西班牙基督教军队，在拉斯纳瓦斯－德－托洛萨战役中阻止了阿尔摩哈德人北进。随着塞维利亚和科尔多瓦落入基督教徒之手，伊斯兰的西班牙的终章即将落幕。

文字记载

阿尔摩哈德时期保存下来的两部食谱手稿，描绘了居住在安达卢斯城市里的社会精英的厨房中的菜肴，自 20 世纪 60 年代以来，它们引起了学界的广泛关注。这两部手稿对西班牙的烹饪史及其发展起到了重要的作用。

伊本·拉赞·图伊比（Ibn Razin al-Tuyibi）出生于 13 世纪初的穆尔西亚，是一位有学识的法学家和诗人，对食物和烹饪抱有极大的热情。食物和饮品、性、服装、香味以及温柔的水声一样，在伊斯兰世界里扮演着重要的角色。这段时期最早的手稿——《餐桌上的美味和最精致的菜肴》（*Fudālat al-hiwan fi tayibat al-ta'ā*m *wa-i-awan*）就是伊本·拉赞的作品。这是一部早期文献的汇编，这些文献或可追溯到 9 世纪末或 10 世纪初，由伊本·拉赞在 1243 年到 1328 年之间编纂。这位作者的生平事迹不详，他似乎在 1243 年基督教徒攻占穆尔西亚时，先逃往了休达，在那里生活了数年，后前往阿尔及利亚定居，在那里成了家，生儿育女，并与当时知识界的名流交往密切。这部手稿参考了其他在巴格达流行的中世纪时期的阿拉伯书籍，结构安排合理，汇编了 400 多道食谱，主体部分共 11 章，另加一章介绍香皂和香水。关于食物的章节包括面包和其他用谷物、禽肉类、鱼类、鸡蛋、乳制品、蔬菜、豆类、甜品、泡菜、腌制食品、油、蝗虫、虾和蜗牛做成的菜肴。手稿中介绍最多的是面包和其他用谷物加工的食物，紧随其后的是肉类和蔬菜的相关食谱，其中茄子的使用率很高。书中糕点的制作十分贴近安达卢斯的烹饪传统，作者在手稿中也如此描述过，而且他经常将北非的饮食和西班牙南部地区的饮食进行对比，他本人更偏爱后者。一些食谱十分简易，另一些则需要些专业技术。手稿里的一些菜谱有两个不同的版本，其中一个属于高规格的，另一个则更偏家常，区别在于是否选用品质更优良的肉，或是使用更多的香料。手稿不仅仅是一部烹饪用书，作者还用许多篇幅介绍了上菜的顺序，还不时提点人们厨房卫生的重要性。

第二部留存下来的阿拉伯手稿名为《安达卢斯无名氏作烹饪书》（*Anonymous Andalusian Cookbook*）或《安达卢斯的无名氏》，吸引了许多研究阿拉伯文献的历史学家的关注。该手稿结构松散，收集了近500种食谱，为人们介绍了安达卢斯在穆斯林统治时代后期的各色饮食。

这部手稿记载了伊斯兰治下的西班牙的风俗和烹饪传统，是十分宝贵的资料。手稿中描述了西班牙的不同地域特色，使用的器具，还有推荐菜品，甚至介绍了为病人准备的食物，这些比菜谱本身更重要。除了普通大众的日常菜谱以外，从这部手稿里还能找到许多犹太人的食谱，关于这些生活在西班牙的犹太人的饮食习惯向来鲜有记载，因此该手稿尤为珍贵。尽管犹太人团体在总人口中占比不高，但该手稿极具历史研究价值。从这部手稿中的犹太人食谱可以看出，他们的饮食已经根据大众的烹饪习惯进行了改变，尤其体现在食材的选用和饭菜的风格方面，尽管他们依旧毫不懈怠地遵守着膳食条令。犹太人十分钟爱石榴、茄子、洋蓟和椵椇。[13]

要想了解西班牙的伊斯兰甜品，这两篇手稿可以说是唯一的材料。"Dulcería"（甜点）是一个概括性的词语，用来泛指所有需要大量用糖来做的食物，比如糕点、蜜饯、糖果，乃至一些咸食。自从西班牙有了糖，职业厨师们就用糖替代了食谱中原本使用的蜂蜜。有些食谱需要用到许多材料，比如黄油、玫瑰水、酵母、牛奶、奶酪、杏仁、榛子、核桃，自然还有蜂蜜。有时候，厨师们会用到整个鸡蛋或只用蛋白，然后添加香料来增加口味。他们会选用薰衣草、丁香、肉桂、藏红花和黑胡椒等香料。他们也会在一些特定的菜品上撒上糖。通常情况下，厨师们会把面团做的食物用橄榄油油炸，然后蘸上蜂蜜，有时也会把它们拿来烘烤。许多菜谱都已经失传，这不禁令人惋惜，但是也有一些按照基督教的文化，被冠以圣人或城镇的名字，得以留存现世。

将不愿意改宗的犹太人从西班牙驱逐出境，这等可悲的历史事件发生于 1492 年 3 月。这些犹太人是农民、裁缝、商人、医生、学者、管理者或银行家，他们抹除了生活痕迹，带走了食谱，只留下了在西班牙随处可见的个性鲜明的建筑和文化遗迹。他们还留下了自己的烹饪风格，被那些被迫改信了天主教而得以留下来的犹太人千方百计地传承了下来。犹太教的饮食教规（Kashrut）规定了犹太人在漫长的迁徙路途中的饮食，随着基督教控制了整个西班牙，这些教规使那些改了宗的犹太人的人身安全受到了威胁。

改了宗的犹太人虽然在公共场合吃猪肉，但依旧会吃安息日的传统美食"adafina"。他们不用猪油做菜，家里会飘出用橄榄油做的鱼肉香味，还夹杂着大蒜和洋葱的香味。基督教徒们则不喜欢这样的烹饪方式。安德烈斯·贝纳尔德斯（Andres Bernáldez，1450—1513）是一位宗教裁判官的牧师，他在自己的回忆录中描述了那些生活在卡斯蒂利亚王国的改了宗的犹太人的饮食习惯，还对他们的烹饪风格进行了一番挖苦：

> 他们依旧吃着"adafina"，按照犹太人的传统方式油炸大蒜和洋葱。他们用橄榄油做肉食，避免使用猪油，不食肥猪肉。用橄榄油做的肉和他们做的其他饭菜，令他们有严重的口气，让他们的房间和门户变得臭气熏天……他们只有在被逼无奈的时候，才会食用猪肉。他们在大斋节和该禁食禁欲的日子私下食肉。在犹太传统节日，他们吃未发酵的面包和按照犹太饮食教规做的肉食。[14]

正统的犹太教徒认为食物不只是用来果腹的，吃本身就是一项应当遵循传统的仪式，有利于精神和肉体的和谐统一。他们严格遵循独特的烹饪模式，按照宗教日历来安排自己的生活。在1492年被驱逐之后，一些中世纪的犹太人移居到了西班牙的某些地区，例如巴利阿里群岛中的马略卡岛和瓦伦西亚，这些传统在他们身上依旧清晰可见。从关于西班牙系犹太人饮食的记载中，我们可以看出他们改了宗之后的生活的艰辛，假如他们想要保证自身安全，就坚决不能吃某些食物。豪梅·罗伊格（Jaume Roig）是 15 世纪早期的一位医生，也是一位有影响力的作家，他写的《镜子》（Spill）也被称为《妇女之书》（Llibre de les dones），谈及生活在瓦伦西亚商业区的犹太妇女，说她们用煮烂了的豆子、洋葱、大蒜和卡斯蒂利亚的干腌肉（tasajo，烟熏牛肉片）制作菜肴。[15]

那些用蚕豆、茄子、洋蓟、扁豆或鹰嘴豆做的菜肴，或多或少脱胎于犹太饮食，总会让西班牙的年轻人想起他们的母亲为他们做过的拿手菜，里面有洋葱、大蒜，可能还会加一片美味的香肠，如今已经没有任何宗教意义，只是为了增加些口味。除此以外，犹太人还为西班牙留下了他们的诗歌和音乐，它们被保存在了大量的诗集和缠绵的民歌辑录之中。

为阿尔罕布拉哭泣

在伊斯兰政权留存在伊比利亚半岛上的最后两个世纪期间，格拉纳达王国变成了欧洲的一个文化、时尚、贸易和美食中心。这是一块富饶的土地，位于内陆的高地和围绕着地中海的副热带海滩之间，在这里甘蔗可以茁壮地成长，先进的灌溉系统不断地上演着奇迹。13 世纪时，基督教军队不断向南推进到安达卢西亚地区，迫使格拉纳达苏丹和奈斯尔王朝的建立者穆罕默德·伊本·优素福·伊本·纳斯尔·阿迈尔（Muhammad Ibn Yusuf Ibn Nasr al-Ahmar）带着他的军队来到了赫尼尔河山谷的高处，此处地理位置绝佳，半岛的主要山脉之一——内华达山脉将其护卫周全，于是他们在此建造了阿尔罕布拉宫。

14世纪后半叶，格拉纳达王国的领土一直延展到直布罗陀海峡处，还包括马拉加和阿尔梅里亚重要的商业港口，成为摩尔人在西班牙最后的据点。直到那时，卡斯蒂利亚已经控制了半岛的北部和部分南方地区，不急于完成"收复失地运动"。格拉纳达王国每月都须高额纳贡，在财政上资助了野心勃勃的卡斯蒂利亚王室。天主教双王还考虑到，假如他们攻占了格拉纳达，就不得不着手解决另一桩随着"收复失地运动"接近尾声而产生的难题：在摩尔人和犹太人离开之后，半岛上的大片地区都变得荒无人烟。在伊莎贝拉和费尔南多时代的西班牙，定居半岛的人口非常少，尤其是在阿拉贡地区。此外，他们也缺少足够的人手去顶替从事原本由犹太人驾轻就熟的管理工作和其他脑力工作，大片的土地都将无人照料和耕种。在塞维利亚、科尔多瓦，以及萨拉戈萨和瓦伦西亚，大部分摩尔人和犹太人即便知道后果严重，也不愿意放弃自己的宗教信仰。在基督教统治下的西班牙，包容变成了过时的名词，格拉纳达的居民们知道即使他们改换了信仰，宗教裁判所也不会轻易放过他们。随着曾经阻止卡斯蒂利亚夺取格拉纳达的条件发生了变化，西班牙的伊斯兰世界最后一次面临严重的危机。在阿尔罕布拉宫内，政治斗争不断，人民对王

国的统治也日益不满，安达卢斯的最后一位国王——布阿卜迪勒
（Boabdil）于 1492 年 11 月 25 日签署了格拉纳达投降条款。根据
传说，当他泪流满面地离开格拉纳达时，他的母亲对他说："不
能像个男人那样守护你的王国，就像个女人一样哭泣吧。"不久
之后，数以千计痛哭流涕的摩里斯科农民也被驱逐，被迫前往其
他基督教的领土。他们知道，要离开的是自己曾经辛勤耕耘过的
伊比利亚半岛上最富饶的河谷地带。

Delicioso

A History of Food in Spain

第三章

城堡中的生活

一座座城堡自六、七个世纪以前就默默地矗立在伊比利亚半岛上，数量多得令人叹为观止。几个世纪以前，这些为了对抗摩尔人而建造的城堡最终创造了卡斯蒂利亚——中世纪时期欧洲最为强大的王国之一。如今，在这些沉默的见证者之中，有些只剩下些残碑断壁；有些只剩下对美味的烤肉的回忆；另一些则一直屹立于山顶，像哨兵一般眺望着田野里的大麦和小麦，欣赏着它们的颜色在四季的变迁。它们见证了过去的统治者们殊死搏斗、进行狩猎和举办宴会的盛景，这些统治者们以此度日并借此巩固自己的权威。他们是那时候少数能够享用珍馐美味的人，饮食也不过是些肉类、面包和红酒。

在那时的西班牙，医生们认为狩猎是一项健康的运动，也是中世纪时期最受欢迎的消遣方式之一。贵族通过这项活动为自己的厨房补充肉食，普通大众则禁止狩猎。偷猎之人会受到严厉的惩罚，乃至被判处死刑。狩猎除了能带来猎物和乐趣以外，国王和贵族们还能通过它来缔结友谊和震慑敌人。他们举办奢华的宴会，好打破日常生活的平淡，宴会通常会在基督教会活动之后举办。在中世纪的欧洲，教会规定了一系列的祷告活动，许多都直接脱胎于犹太人每日定时祈祷的习俗。第一顿通常在做完弥撒之后的第三到六个小时之内食用，第二顿则在日落之后的晚祷时，男主人、男性宾客和一些男仆会一道进食。贵族妇女一般分屋而食，她们偶尔会被请至宴会厅共同参宴，但必须从她们的丈夫的盘中取餐。那时，人们还未使用叉勺，只用小刀就餐，有时还得让宾客自带。饭桌上会使用被称为"escudilla"的浅碗和一些杯碟。加泰罗尼亚地区有一道美味的炖菜"escudella"，其名就来

科尔多瓦的阿尔莫多瓦城堡

源于"escudilla"这个词，这道菜是把意面和小的肉丸子一道放在菜肉汤里慢炖做成的。

在纳瓦尔和阿拉贡王国的宫宴上，男女按照法式的风俗相互穿插而坐，以此来彰显身份和品位。在这些社交礼仪方面，法国早就成为了流行的标杆。在餐桌上，蕾丝桌布和花哨的装饰陶瓷受到人们的追捧，还有来自马尼塞斯和帕特尔纳的穆德哈尔风格的陶器，这两座城市都离瓦伦西亚不远，当时属于地域辽阔的阿拉贡王国的一部分。在帕特尔纳，考古学家们找到了两处重要的制陶遗址。在那里发现的窑、磨木机浆坑和工具都反映出了12世纪早期到15世纪末期的制陶业情况。考古学家们发掘出了大量的蓝白釉陶器、虹彩陶，还有装饰有铜绿色和锰棕色的锡釉餐具。这些陶器都是在1238年基督教徒攻占瓦伦西亚之后，留在西班牙的穆斯林（穆德哈尔人）精心制作的。

在中世纪的西班牙基督教王国，在国王、贵族和上层教士的

圣保德里奥教堂中的猎兔图。该教堂位于索里亚市的卡斯蒂利亚斯·德·贝尔兰加

15 世纪传统的阿拉贡带耳浅盘

餐桌上，主要的菜肴包括大量的肉食、优质的白面包和红酒。在名门望族，肉类食物占了 50% 的食物消费支出，甚至在宗教规定禁食和禁欲的大斋节都是如此。在大斋节，人们总会避开家庭牧师的监管，以照顾老人和病人为名，采买些禽类食用。领主们也会略微吃些烤鸡腿和烤鸡胸肉，这原本都是被禁止的。

　　在卡斯蒂利亚，还有纳瓦尔和阿拉贡的皇家领地上，人们会饲养一些原本季节性迁徙的动物来充实贵族们的厨房。人们一般把羊羔和成年羊肉用来烧烤，猪肉和腌猪肉一般都被用来做炖菜。人们还会把猪肉、猪油和那时做菜常用到的香料一道做成各式的香肠，其中最常见的香料莫过于肉桂和胡椒了。医生和营养师会为病人推荐易消化的小鸡肉、阉鸡肉、鸭肉和鱼肉。人们一年会去几次当地的市场购买活家禽，把它们圈养在厨房附近。基督教国王和王室成员每年都要在领地内四处巡查，沿途购买肉类和活物，通常这些食物都是向当地农民强制征收的礼物。人们在就近的水域捕鱼，然后腌制或直接烹调食用。除了味道清淡的炖蔬菜和豆类，按照基督教会严格的饮食规定，鱼肉是人们在大斋节和其他许多禁肉的日子里唯一的选择。假如肉类是贵族的特权，那么面包和红酒就算是对穷人的馈赠了，尽管在不同阶层的餐桌上，饮食的质量和数量有着天壤之别：白色的硬粒面包是用卡斯蒂利亚最好的小麦制作而成的，仅供富人享用；灰面包是用质量良莠不齐的谷物做成的，它们是普通大众的日常饮食。在阿拉贡王国，穆德哈尔人负责耕种土地或修建精美的教堂，王室和当地权贵享用的面包也是他们上贡的。

那些屹立不倒的城堡和中世纪的修道院，有些依旧被早期的教派占用着，有些则被废弃，有些被改造成了现代酒店，它们成了历史的守护者，也是从前人们的生活日常包括烹饪传统的守护者。修道院一般都和文化、食物和红酒制作联系在一起，它们还和这个国家的政治和军事历史有着千丝万缕的联系，这个国家自西哥特人的统治时期开始，就内部纷争不断，又与其他欧洲国家时有摩擦。

在基督教刚创立的头几个世纪，半岛上就有人开始过上了修道生活。随着 11 世纪 "收复失地运动" 的展开，来自法国克吕尼修道院的多明我会来到西班牙，基督教文化不断地在半岛扩张和发展。随后，西斯特教会、加尔都西会、奥斯定会和嘉玛道理会，甚至一些军事修道会也接踵而来，他们在基督教王国和安达

卢斯的边境北面、杜罗河的北面以及通往圣地亚哥的路上建立起
了修道院。最终，随着被教会和教皇视作十字军征战的"收复失
地运动"的不断开展，他们把修道院修建到了西班牙的南部和东
部地区。修道院管理着西班牙最好的图书馆，收藏着最精美的、
带有插图的宗教书籍。修士们将他们的时间用来祷告、学习、照
料动物和种植果蔬。他们的果园中种植着各类水果和蔬菜，有些
是本地的，有些则是他们从其他地区和国家移植过来的，好让他
们的厨房能够喂饱教会成员以及穷人。修道院也会接收大片的土
地、楼房和其他财物，都是信众为了获得救赎券而捐赠的。在一
个将天主教信仰奉为圭臬、即将成为世界霸主的国家，教会的权
威在西班牙以及后来的西班牙帝国不可动摇。在许多修士团的帮
助下，修女们建起了许多女修道院，对西班牙烹饪技术的创新和
传承起到了重要的作用。修道院还几乎变为了葡萄种植和红酒等
酒精饮料加工的代名词。

向地中海迈进：阿拉贡王国与意大利的联系

　　卡斯蒂利亚王国深陷于进展缓慢的"收复失地运动"，社会和
政治架构几乎长期一成不变。但在西班牙的东部，情况则多有不
同。西班牙的地中海地区到 13 世纪时已驱逐了侵略者，它的文化
和烹饪发生了质的改变，封建主义受到了人们普遍的质疑。在这
片地区，随着农业生产用地的扩张，人们的膳食得到了改善，生

活质量普遍得到了提高，新兴的中产阶级力量随之提升，人口数量也随之增加。老城、新城和大学如雨后春笋般崛起，贸易变成了致富的捷径。

强大的阿拉贡王国是由阿拉贡和巴塞罗那伯国组成的联盟，后者还统治着法国西南的部分领土，它在 12 至 15 世纪之间变成了一个横跨地中海、远达希腊的帝国。贸易带来的财富为帝国在海军力量上的投入提供了现实支撑和资金来源。瓦伦西亚、巴利阿里群岛最先变为帝国的一部分，撒丁岛、西西里岛、那不勒斯岛紧随其后，雅典也短暂地归附过一段时间。随着帝国的扩张，商品和烹饪大师在各个地区流动，又为西班牙原本带有罗马和摩尔人风格的饮食增添了不同的风味。除了医生和营养师以外，厨师也随同王公贵族一齐出行，为他们的饮食提供周到服务。

在地中海地区，比萨和热那亚，尤其是威尼斯打破了穆斯林的贸易垄断，它们在意大利、西班牙和非洲的各个港口之间开辟了新的航线。巴塞罗那、托尔托萨、西西里岛、科西嘉岛、突尼斯、的黎波里和巴利阿里群岛（征服者海梅一世禁绝了穆斯林的海盗活动）都变成了重要的港口城市。来自意大利北部港口的投资，进一步促进了西班牙本土造船业的繁荣。一些船用于海上作战，另一些船则用于货物运输，将地中海沿岸的托尔托萨、瓦伦西亚、德尼亚和卡塔赫纳出口的谷物、橄榄油、无花果、上等的丝绸和精美的陶瓷运往各处。这些船会把香料、奴隶和先进的医学带回到西班牙的港口。从事医生和营养师的行业令人尊敬，变成了一条提高社会阶层的途径。

吃还是不吃？

加泰罗尼亚地区的有识之士和社会精英都热衷于饮食文化，他们从各个不同的角度对这个问题进行了探讨。一些人从道德伦理方面进行阐释，另一些人则探索食物的药用价值，研究如何制定因人而异的食谱，这甚至形成了一门学科，十分受那些有财力的人的追捧，这些人之中许多都是犹太人，能购得起名医的服务。

中世纪的西班牙战乱频繁，大多数人都必须向领主上贡动物和肉类、谷物和水果，导致农民们食不果腹。对于他们来说，解决饥饿问题是重中之重，健康问题则在其次。食物的匮乏对日渐增多的城市人口的饮食也造成了影响：随着城市人口的增多，人们越来越开始关注健康问题。为上层阶级提供服务的医生和医学研究者们日渐增多，他们都开始关注健康和饮食的关系。

饮食以不同的方式对那些社会名流和贵族施加影响。他们并不缺奶酪、红酒、肉类、水果、香料和甜食，恰恰相反，食物的富余让这些富人们无所适从，只能越来越依靠医生的建议。他们聘请医生，让他们根据人的不同类型——多血质、胆汁质、黏液质和抑郁质来制定严格的健康食谱。营养师们吸收了希波克拉底、盖伦、阿维森纳的思想和后来的阿拉伯、犹太学说，他们社会地位高，吸引了许多人投身于医学行业。阿尔瑙·德·比利亚诺瓦（Arnau de Vilanova）是一位出生于瓦伦西亚或阿拉贡的医生，也在蒙彼利埃大学从教，他在 14 世纪初期致力于为阿拉贡的国王海梅二世提供健康的饮食计划，来引导他调节自己多血质的体质，改善生活方式。他在医学和营养学领域做出了极大的贡献，对西班牙医疗行业的影响一直持续到 17 世纪。比利亚诺瓦继承古希腊和阿拉伯作家的学说，师从当时最先进的萨莱诺医科学校的学者，他的作品包罗万象，不仅受到达官显贵的推崇，也受到新兴小资产阶级的追捧。从人们需要呼吸的空气质量、需要进行的身体运动，到他们的饮食方式，比利亚诺瓦医生事无巨细。他还提到一些和身体健康同等重要的问题，比如他提倡休息的重要性，论述了洗浴的方式和频率，如何进行心理治疗，乃至令阿拉贡国王头疼不已的痔疮疗法。他的著述中论及不同的食物——谷物、豆类、水果、蔬菜根茎、鱼肉、炖菜，还有最重要的香料和腌肉对身体所产生的不同作用，产生了一定的影响。他按照传统的分类方式，将食材和饭菜分为冷食、热食、干食和流食。

比利亚诺瓦对饮品也颇有研究。他认为，人会有两种性质不同的口渴感受。他认为第一种是由于机体消化食物产生热量而导致的，他将之称为"自然性质的"，在这种情况下，只要喝水就可以满足需要。他将第二种称为"非自然性质的"：是由于运动、食用辣食或吸入烟尘导致的，只能用兑了水的红酒（vino aguado）来清洗喉咙。自古代到阿拉伯人统治半岛的时期，包括上层阶级和牧师在内的大部分人都会大量饮用兑了水的红酒。[1]

加泰罗尼亚和卡斯蒂利亚的烹饪书

　　加泰罗尼亚早期记录食谱的手稿对人们理解中世纪的西班牙，乃至 14 到 15 世纪欧洲其他地区的饮食起到了重要的作用。一些手稿记录了教士们的饮食，另一些手稿则是那些为贵族们工作的专业厨师们撰写的。

　　《圣萨尔维奥》(*Llibre de Sent Soví*，约 1324) 共有两个不同的版本，是由一位不知名的作家用加泰罗尼亚语写就的，原题为《炖菜大全》(*Llibre de totes maneres de potages de menjar*)，不仅介绍了西班牙的饮食，也介绍了欧洲其他地区，尤其是法国和意大利的饮食。[2] 美国学者鲁道夫·格雷韦 (Rudolf Grewe) 整理了一个古加泰罗尼亚语的完整版本，于 1979 年出版。从书中食材的选用，到 200 种不同菜肴的烹饪方法，都能看出伊斯兰和罗马对它的影响。阅读此书，不难想象阿拉贡王室在向地中海其他区域扩张之时的生活方式和饮食情况，也不难想象他们治下繁荣的经济。西班牙的东部地区本就有充足的水果、蔬菜和鱼肉的供应，它与地中海其他区域的贸易往来又为它带来了香料。当地的饮食包含各式各样新奇的鲜鱼和腌鱼，但很少有那些需要更大的渔船才能捕获的深海鱼类。也许作者十分了解地中海：它看似风平浪静，但实藏巨大的危险，不时会骤然涌起大浪，毁坏那时脆弱的船只。居住在西班牙东部沿海的居民对有壳类水生动物的偏好也与众不同——当时在地中海沿岸，尤其是在梅诺卡岛广受欢迎的都柏林海湾大虾和龙虾也很少出现在他们的饮食中。

在瓦伦西亚的市场中，人们经常能买到鲜活的鳗鱼；在巴塞罗那和塔拉戈纳也偶尔能买到，但在西班牙的其他地区则很少食用活鳗。《圣萨尔维奥》中记载了一些把鳗鱼作为原材料的菜谱，做法简单但考究。人们通常会加一些在当时当地十分受欢迎的配料，比如藏红花、蒜、烤面包屑、杏仁、海盐和鲜浓的鱼汤。人们先把康吉鳗烤熟，然后用臼把杏仁和其他配料碾碎做成酱汁，倒入陶锅一起慢炖。加泰罗尼亚地区中世纪的节日饮食会用上各式各样的香料和酱料，名字也取得非常别致，例如"精致的酱料"（salsa fina），是用生姜、肉桂、黑胡椒、丁香、肉豆蔻皮、肉豆蔻和藏红花等香料做成的。公爵粉（polvera duque）有两种配方，第一种是用肉桂、生姜、丁香和糖做的，第二种更复杂的配方是用高良姜、肉桂、小豆蔻、生姜、肉豆蔻、黑胡椒和糖做的。"Broete de Madama"是加泰罗尼亚中世纪时期的一道名菜，是用杏仁奶、鸡汤、松子、鸡蛋、醋、生姜、胡椒、高良姜、藏红花、欧芹、薄荷和牛至做成的。《圣萨尔维奥》还提到若干种做白汁沙司的配方，这是一种醇厚的奶油浓汁，在西语中被称为"mortero"，法语将之称为"velouté"，加泰罗尼亚语则称之为"morterol"，都是将不同种类的肉用水煮烂，加入猪油和杏仁奶，然后用臼将它们和煎过的洋葱、蒜、丁香和藏红花碾成酱料，最后在上桌之前倒入蛋液混合。

弗兰塞斯克·埃西梅尼斯（Francesc Eiximenis）是14世纪末的一位方济各会作家，出生于阿拉贡或瓦伦西亚地区，他的著作《基督教徒》（*Lo Crestià*）成书于1384年，是一部伦理学著作，为人们进一步介绍了当时的食物和基督教的情况，全书共十三卷，如今只有第一、三和十二卷留存于世。作为有实力的方济各会的成员，埃西梅尼斯被派往牛津大学、巴黎大学和科隆大学学习，最后在托洛萨大学取得神学学位。他丰富的学识令他成为欧洲中世纪时期最有名望的作家之一。他将欧洲其他地区对于精致和得体的理念带回西班牙，使穷人和富人各安天命。中世纪没有人人平等这一说，就连天主教会也不这么认为。贵族自出生就高人一等。在《基督教徒》的第三卷（ *Terc del Crestià* ）[3] 中，有一章节题为"第四，如何正确地饮食"，作者提到人们应该每时每刻遵循基督教的行为准则，就连就餐时也不例外。在同一章节 [4]，作者重申了面包和红酒在地中海饮食中的重要性，强调适量和良好的用餐礼仪，反对暴饮暴食，提倡要以一切代价来避免这一重大的罪过。除了提出一个全面的指导性大纲，作者还深入地探讨了关于饮食的方方面面，比如烤肉为何会比煮肉更美味，为何将修道院日常用来盛放面包汤的盘子高高地叠放在一起是一种品位不高的表现。

面包依然是下层阶级的主食。在中世纪的西班牙，人们用手工碾磨面粉，面粉是用各种谷物混合制成的，包括全麦、黑麦、黍和大麦。人们做好生面团之后，会把它拿到当地的烘焙店加工，这个传统在西班牙的一些地区一直延续到 20 世纪。像粥类（ papillas ）这样简单的菜肴一般都是将谷物煮烂，或者用质量略差的面粉做成。这一类食物还包括面糊粥，是用水、谷物和其他一些东西做成的，人们用它们来在漫长的冬季为身体提供热量。

每逢节假日，那些在城市里经商或打工的人还会在粥里加入牛奶和杏仁，如果条件允许的话，也会加一些糖和少许肉桂粉来改善一下生活。

卡斯蒂利亚地区占据了一大部分的半岛面积，但直到 15 世纪早期它的饮食传统才有迹可循。桑丘·德·哈拉瓦（Sancho de Jarava）是卡斯蒂利亚国王胡安二世的御用食品雕刻师，在 1423 年，他委托恩里克·德·阿拉贡（或也被称为恩里克·德·维耶纳，Enrique de Aragon 或 Villena）写了一部题为《刀工艺术》（*Arte cisoria*）的书籍，主要以介绍肉类和鱼类菜肴为主。[5] 恩里克在书中介绍了如何切割和雕琢食材，以及如何为贵族们上菜的艺术，反映了当时以量取胜，爱添加香料和糖的饮食风尚。他在书中没有提到那些需要将肉类先切成小块来做的豆类和肉类炖菜。虽然这些菜都是为贵族阶级准备的，但是其中的一些菜谱的简化版也成了农民的日常餐食，在城市中也越来越常见。

在维耶纳的食谱中，大块的家畜肉和野味是用来烧烤的，或作为馅饼的肉馅，或加入精心调配的酱汁一道放在陶锅中慢炖。作者在书中提到的食材，种类繁多。这些生活在中世纪、以肉食为主的人们会用羽毛来装饰一些功夫菜，例如在节庆日用公孔雀肉做的淡而无味的菜肴。人们也会把蔬菜、水果和海鲜切片装在盘中。鱼类有鳟鱼、石斑鱼、鲷鱼、龙虾、牡蛎，甚至鲸鱼。在 15 世纪的卡斯蒂利亚，除了在河里就近捕捞的鱼类，那些运送到内陆的海鲜一般都被腌制过。人们一般将这些海鲜水煮、烧烤或者油炸。虽然维耶纳在书中没有提及，但是从田间抓的蜗牛和淡水小龙虾在当时也很受欢迎。《刀工艺术》一书记叙翔实，作者向那些在餐厅工作的用人们介绍了如何考究地削皮和切水果，教导他们用一种作者称为"perero"的辅具，这个词来源于西班牙语"梨"（pera）一词；用人们用小刀切水果皮时，会将水果固定在这个辅具上。

特拉斯塔马拉王朝和一场欢愉的宴会

在《刀工艺术》的成书时期，卡斯蒂利亚被特拉斯塔马拉王朝统治着。这个王朝的建立颇有些争议，但对西班牙帝国的发展和美洲大陆的发现都起到了重要的作用；而对于这部书来说，最重要的就是这个王朝对美洲和欧洲之间的食品交换所起到的作用。特拉斯塔马拉王朝将卡斯蒂利亚和阿拉贡这两个王国联系了起来。

这一切都源于卡斯蒂利亚国王阿方索十一世和一位贵族后裔之间的婚外情。这位贵族后裔名为莱昂诺尔·德·古兹曼（Leonor de Guzmán），她为国王生育了 10 个孩子。国王的合法继承人本是和葡萄牙公主所生的"残酷者"佩德罗，他惨死于特拉斯塔马拉的恩里克之手，后者是阿方索和莱昂诺尔的私生子。1369 年，恩里克被加冕成为卡斯蒂利亚的恩里克二世，之后继承王位的是胡安一世、恩里克三世、胡安二世、恩里克四世和天主教女王伊莎贝拉一世，她被许配给了未来阿拉贡的国王费尔南多二世。

卡斯蒂利亚－莱
昂王国的伊莎贝
拉女王

　　1469 年，天主教双王费尔南多二世和伊莎贝拉一世的结合是
一系列错综复杂，又看似不可思议的事件的结果，具有十足的中
世纪风格。伊莎贝拉和费尔南多本是堂兄妹，是特拉斯塔马拉王
室两个不同支系的直系继承人。

　　在 15 世纪初期，卡斯蒂利亚和阿拉贡在王位的传承上都出现
了问题。在卡斯蒂利亚，亨利三世去世之后留下了一个未成年的
继承人，他的遗孀和他的兄弟费尔南多亲王（也被称为安特凯拉

的费尔南多）共同执政。在阿拉贡王国，由于马丁一世没有留下子嗣，于是群雄奋起，相互争夺王位的继承权，其中就有一位来自安特凯拉的亲王，他的母亲是阿拉贡的一位公主。

　　这位安特凯拉的亲王如此坚定地信仰圣母玛利亚，是出于自身的信仰，还是仅仅出于政治投机？为何历史学家会特别关注这位亲王建立的骑士团和他的加冕典礼？无论如何，在这位卡斯蒂利亚的亲王夺取了阿拉贡的王权，成为费尔南多一世的过程中，圣母玛利亚无疑起到了关键的作用。

　　安特凯拉的费尔南多家族向来都有建立骑士团的传统，至少对于那些最后登上王位的家族成员来说向来如此。费尔南多的祖父是卡斯蒂利亚的阿方索十一世，他建立了自己的骑士团，在欧洲开了先例，令其他君王纷纷效仿。他的父亲是卡斯蒂利亚的约翰一世，也建立了若干个骑士团。当年轻的费尔南多还只是个亲王时，他就决定要建立自己的骑士团了。他希望自己将来能够称王，届时必然需要一个骑士团。他在格拉纳达的安特凯拉与摩尔人作战，取得了大捷，但依然不足以确保他的王位。1403 年 8 月15 日，他在历史名城梅迪纳德尔坎波的古代圣母玛利亚教堂成立了花瓶骑士团和鹰鹫骑士团。这不仅是身份的象征，也彰显了身为骑士的美德，还体现了与圣母玛利亚这个中世纪时期最强大的同盟建立了联盟关系。阿拉贡的国王马丁一世去世之后没有留下子嗣，安特凯拉的费尔南多亲王作为阿拉贡公主和卡斯蒂利亚国王的子嗣，宣布竞争王位，另有一些竞争者也有权继承这个统治着地中海西部几乎半壁江山的帝国。这个问题被一群特殊的选举人解决了，他们在卡斯佩城将费尔南多推上了王位。这位来自安特凯拉的费尔南多最终夺得阿拉贡的王位，是像许多人认为的那样，是政治谋划的结果，还是像他自己所认为的那样，是圣母玛利亚的旨意？在他的加冕仪式和随后举办的宴会上，他树立了自己的绝对权威。

如果在搜索栏中输入"entremés"这个单词，可以查到许多不同的定义，最先蹦出的是它最常见的定义："在午餐或晚餐前食用的轻食"。在西班牙，这个词还用来指在喜剧演出的幕间上演的滑稽剧，它是任何宴会都必不可缺的节目。1416年，安特凯拉的费尔南多，也就是费尔南多一世在萨拉戈萨举办了加冕宴会，一幕幕这样的滑稽剧在宴会上演，内容全都与这位新国王相关，令众人出其不意：他与摩尔人的战斗，他曾经住过的城堡，他建立的骑士团以及他对圣母玛利亚的坚定信仰。宴会全程提供精致的食物和最上等的好酒。人们在宽敞的宴会厅里布置了考究的舞台，放置了彩车好供音乐家和演员同台表演，一些着天使装，另一些则穿成使徒的模样。一条恶模恶样的"巨龙"被做成金色狮鹫的模样矗立在舞台中央，为仆人上菜打开通道。国王应当也要求他的厨师们能发挥想象力和创造力，几个世纪之后，赫斯顿·布卢门撒尔（Heston Blumenthal）在一部电视剧中试图还原与之类似的中世纪的宴会饮食。宴会上有裹了金的孔雀和阉鸡，人们把用那些本会绕着狮鹫飞翔的禽类做成馅饼的肉馅，此外还有烧烤、加了香料的炖肉、异国的水果、甜品以及西班牙出产的好酒。[6]

梅斯塔牧主公会

> 牧羊人正赶往埃斯特雷马杜拉
>
> 山川徒留悲伤，沉湎于黑暗
>
> 牧羊人正赶往羊圈
>
> 山川徒留悲伤，陷落于寂静
>
> ——西班牙传统童谣

费尔南多在宴会上准备的肉食也许是来自养在比利牛斯山谷的绵羊，或是来自萨拉戈萨南部狂风凛冽的平原，也可能来自卡斯蒂利亚。占据西班牙饮食中心地位的向来不是牛肉，而是羊肉。这种饮食习惯并不是由西班牙人的口味或经济情况决定的，而是由西班牙大部分地区的地理和气候条件决定的，战争、畜牧业传统也发挥了决定性影响，但最主要还是由羊毛生产决定的。现如今，牧羊人的生活已经大有不同，但是他们为了寻找新鲜的牧场而沿着固定的放羊路线（Cañadas Reales）大规模地进行迁徙的场面，让人不由地联想起 12 至 14 世纪，乃至更为远古时候的生活。西班牙自古就以大规模的牧羊业和优质棉花的生产而闻名。羊的品种包括计巴斯科 - 贝纳伊斯、库拉、曼切加、阿尔卡雷亚和性格温和的长毛拉特克斯羊。西班牙还从北非引进了价值最高的美利奴羊。

卡斯蒂利亚王室决意控制原材料的生产来获取税收，羊毛工业协会（牧主公会）势力强大，两者保证了羊毛需求。先是卡斯

马德里的牧羊迁徙节——牧羊群向来有在马德里的市中心穿街走巷的权利

蒂利亚－莱昂王国，再是包括纳瓦拉和阿拉贡在内的其他半岛上的王国都开始生产羊毛，参与到这种利润可观的国际贸易之中。

自罗马时代开始，西班牙本地生产的羊毛就已经声名在外。在西哥特时期的西班牙，优质羊毛的生产和贸易势头正盛。之后，随着穆斯林的到来，经验丰富的柏柏尔人被迫定居在战乱频繁的杜罗河地带，羊毛工业更进一步得到了发展。能出产上等羊毛的美利奴羊被引进卡斯蒂利亚地区，改变了当地传统的农业模式，甚至改变了中世纪时期西班牙的经济面貌。学者们认为是马林人将美利奴羊引进西班牙南部和埃斯特雷马杜拉地区的，这支柏柏尔人部落是在 12 世纪时来到半岛的，当时的西班牙还在阿尔摩哈德人的统治之下。马林人带来了先进的放牧技术，促进了西班牙当地畜牧业的进步。[7]

随着不同地区的牧主公会逐渐联合归并，"智者"阿方索十世于1273年同意成立"梅斯塔牧主荣誉公会"（Honrado Concejo de la Mesta），这个机构将对西班牙广大地区季节性畜牧业（ganadería lanar trashumante）的发展起到关键性作用。最早的牧主公会是为了解决牧羊群在夏季和冬季的迁徙路途中大量走失的问题。13世纪时，随着"收复失地运动"向南推进并取得决定性的胜利，迁徙的羊群越过基督教西班牙和安达卢斯的边境：随着基督教军队不断地攻城略地，数以千计的动物迈着整齐的步调，向着那些摩尔人精耕细作的土地迈进。这些辽阔的土地最终收归于教会、军事修道团和地方领主之手。王室财力不足，但希望能够重新控制整个半岛，便用土地来偿付军功。随着西班牙的羊毛工业不断发展，羊毛在出口市场中占到了极大的份额，使卡斯蒂利亚成为16至17世纪早期羊毛出口的巨头，王室也意识到季节性畜牧业对经济的促进作用和对财政收入做出的贡献。西班牙直到17世纪都一直垄断着美利奴羊的饲养。

1469年10月19日，作为西西里岛国王、阿拉贡王位继承人的另一位费尔南多与卡斯蒂利亚国王的姐姐伊莎贝拉结为连理。随着他们的联姻，卡斯蒂利亚王室的霸权对他们的宿敌——法国和卡斯蒂利亚的封建领主们构成了强大的威胁。那时半岛上的卡斯蒂利亚、阿拉贡、葡萄牙、略小的纳瓦尔王国、巴斯克各省以及摩尔人最后的据点——格拉纳达竞相逐鹿，封建领主们趁此积蓄力量。随着伊莎贝拉公主在1474年成为卡斯蒂利亚的伊莎贝拉一世女王、她的丈夫费尔南多在 1479 年继承阿拉贡的王位，半岛的命运发生了彻底的改变。半岛的统一对于他们来说是重中之重。最后唯独葡萄牙没有被纳入天主教双王的管辖范围之内。卡斯蒂利亚和阿拉贡王权的合并开启了一系列的继承关联，最终西班牙成为一个统一的帝国。尽管佛朗哥政权创造的历史和传说试图将双王统治下的西班牙描述为一个统一的国家，但事实却不尽然。阿拉贡和卡斯蒂利亚在地域面积和力量上有着显著的区别，在文化、历史发展，乃至饮食和农业方面也区别显著。在地域面积和力量方面，卡斯蒂利亚无疑是合作关系中的优势方，但地中海沿岸的精致的阿拉贡王国则在其他方面有着显著优势。在

葡萄园，位于塔拉戈纳的前加尔都西会的上帝之梯修道院

13、14 世纪，卡斯蒂利亚还是一个游牧社会，而阿拉贡和加泰罗尼亚则深度参与了地中海地区的贸易。15 世纪时，卡斯蒂利亚也做出了改变。随着羊毛生意的发展，贸易变成了经济发展的重中之重。

自 1492 年开始，西班牙开始大规模驱逐摩尔人和犹太人，开启了西班牙历史上的一段黑暗时期，人们饱受磨难，经济、学术研究和医学都遭受了重创。农业在贵族和其他领主的经营下也受到了严重的影响。在贫瘠的卡斯蒂利亚地区，羊毛将谷物取而代之，成为满足王室需要的最重要的商品。农业的减产对普通大众的生活构成了严重的威胁，但无论如何，牧主公会都应该受到百般呵护。

由于王室的决策错误——把羊毛的生产储备置于作物的种植之上——卡斯蒂利亚的小麦供应岌岌可危。天主教国王们乐观地认为，他们可以从意大利，尤其是西西里岛进口小麦。红酒的生产则是另一番景象。红酒成了大众消费品。在半岛和地中海沿岸的其他地区，人们如火如荼地制作着红酒。居住在乡下的农民和居住在城镇中的下层阶级可以在当地的酒馆购买劣等酒。最上等的红酒都是为上层教士、贵族和富裕的城市居民准备的，一般都会兑些许水，有时候也会按照罗马的传统方式，加入些昂贵的香料和香草来增添风味。酒是基本的饮食，但有不同的品质。它的价格合理，为人们带来了快乐。卡斯蒂利亚自 12 世纪就开始缺粮，但是经济政策却依旧鼓励葡萄的种植，葡萄酒的生产及其在半岛上的销售受到法律的支持。此外，葡萄的适应能力强，可以在其他作物难以生长的地方种植。适量地饮酒能给身体和灵魂都带来愉悦，能让人和上帝产生联结，因此也为基督教所认可。

弗兰塞斯克·埃西梅尼斯认为，饮酒是为了满足人类对快乐的需要。农民小规模地生产红酒以供自己饮用；贵族们大规模地种植葡萄，来满足在"收复失地运动"过程中崛起的城市以及古城的居民的需求。葡萄能适应极端的气候和贫瘠的土壤，而且十分耐旱。从营养到时尚，从道德到秩序，人们从不同的角度来探讨红酒的品质及其对人类的作用。在基督教治下的西班牙，红酒和小麦是和基督的身体和血液联系在一起的。那时的水源通常不能保障饮用安全，再加上红酒总是和上层教士、强大的军事修道会和修道院联系在一起，所以人们十分乐意消费红酒。医生和营养师都探讨且评论过量饮酒会导致的危害；像埃西梅尼斯和阿尔瑙·德·比利亚诺瓦这样的思想家，虽然也推崇适量饮酒，但对过量饮酒的危害也多有提点。葡萄、葡萄种植的过程和红酒的加工制作都被刻在了罗马式和哥特式建筑的墙面上，将中世纪西班牙人的生活活灵活现地展示在朝圣者和游客面前。

寻找胡椒

欧洲人的口味早就适应了那些来自东方的珍贵的香料，希腊人、罗马人和摩尔人对它们知之甚详。香料在中世纪时期就已经变成了财富和身份的象征。肉豆蔻、肉桂、生姜、芥末、丁香和胡椒粒这些香料主要都被种植于位于西太平洋的香料群岛上。自古以来，香料一般是由商队通过阿拉伯半岛和北非，或是通过地中海的航路被运到西欧的。13世纪时，长期与威尼斯经商的商人们找到了横穿亚洲尤其是美索不达米亚地区的捷径。运输路线的缩短和中间商的减少降低了香料的价格，人们对香料的消费量也随之增长。威尼斯变成了香料和丝绸的世界交易中心。但之后，中国爆发了战争，土耳其人的势力在地中海区域扩张，香料的运输又只能通过阿拉伯半岛的旧路，到达亚历山大和开罗的港口再进行分销。香料的价格又大幅度提高，寻找替代的运输路线成了重中之重。葡萄牙人冒险南下前往非洲，西班牙人则扬帆远航，向大西洋进发。他们都希望找到盛产黑、白胡椒等香料的土地。

　　跟随着阿拉贡王室的脚步，卡斯蒂利亚开始学习航海经验，准备向海洋进发，但也未照搬全抄。卡斯蒂利亚的航海家们没有前往航道拥堵的地中海，也没有跟随胆大的葡萄牙航海家们沿着非洲的海岸线，一路南下绕过好望角，直达盛产香料的亚洲国家。他们横越大西洋，前往危机四伏但回报丰厚的水域。来自加泰罗尼亚和巴斯克的水手们为冒险的成功提供了经验和支持，尤以后者的贡献最为突出。航海家们在新大陆发现了金银和许多新品种的食物。这些食物在短短几十年之内，就彻底改变了旧世界的饮食。1492年10月美洲大陆的发现使得哥伦布这位来自热那亚的水手和卡斯蒂利亚的女王伊莎贝拉的梦想变成了现实。

　　1492年西班牙发现了美洲，1516年哈布斯堡家族继承了西班牙的王权，这两件大事让西班牙受到了世界的瞩目。[8] 自1493

年开始一直到 19 世纪，新的商品从美洲源源不断地汇入西班牙。西班牙的大帆船载着贵金属、土豆、番茄、玉米、胡椒、豆类和各式其他的货品返回欧洲。此外，还有一种新奇又珍贵的植物种子，能做出味道迥异但又受全世界欢迎的巧克力。事实上，引领西班牙人穿过大西洋的首要原因并不是为了寻找金银，而是为了获得黑胡椒。在美洲与西班牙进行的不平等的交换过程中，西班牙将它的"语言"输出到了新世界，这种"语言"不仅仅包含词汇和语法，还包括文化和宗教，例如动植物的称谓、烹饪方法（尤其是将原材料转换成有经济价值的饮食的能力）。[9]

克里斯托弗·哥伦布坚信，假如自己的估算正确的话，从加那利群岛出发向西一直航行，最终便可以到达亚洲。他唯一需要的就是获得财政支持，但是葡萄牙否决了他的计划。于是，探险的成功与否落在了西班牙王室身上。伊莎贝拉和费尔南多最初因为忙于"收复失地运动"的收尾工作，迟迟未下决定，并派委员会调查哥伦布的计划的可行性。在 1492 年初，随着军队占领格拉纳达，哥伦布和天主教双王基本达成了一致。鉴于一些热那亚的银行家已经决定出资资助哥伦布的航海计划，卡斯蒂利亚也决定出资。

1492 年 10 月 12 日，周五，一艘西班牙的卡拉维尔帆船到达了瓜纳阿尼岛——如今圣萨尔瓦多的一部分。岛屿位于向风海峡的北面——如今的古巴和海地之间。1519 年，科尔特斯到达墨西哥海湾；两年之后，皮萨罗（Pizarro）到达了秘鲁。最终，征服者在这块新发现的土地上没有找到胡椒（西班牙语中称为

"pimienta"），只找到了许多不知名的植物和食物，它们的价值无可估量。当这些货品从美洲到达西班牙时，绝大多数的西班牙人的饮食都还十分简朴，也丝毫不考究。他们主要以粥类（gachas）和无味的饼类（tortas）为食，这些食物不是用小麦做的，而是将大麦、黑麦和粟碾磨成劣质而粗糙的面粉，然后兑水做成的。蔬菜和豆类虽然对西班牙的领主们吸引力不大，但也不失为受人追捧的配菜，如果有条件养猪的话，小块的腌制猪油能储存一整年，也受到人们的欢迎。人们只能靠卖猪腿、猪肩肉等其他部分的肉，才能支付国王、教会和贵族们收取的高额税费。大部分他们生产的食物，包括小麦、牛奶、奶酪和肉，就被销往别处，他们自己几乎从来没有吃过肉。美洲大陆的发现带来的最大收益不是航船载来的金银，而是改善了贫苦农民的饮食水平，起先影响了欧洲全境，而后又逐渐东移，跨过欧洲，影响了亚洲地区：辣椒、玉米、豆类、香草和巧克力一到西班牙，就为大众所喜爱，但是其他像番茄和土豆之类的商品则逐渐为人所接受。植物学家和医生最初认为土豆和番茄有毒，番茄甚至还有催情的作用。因此，在随后的几十年乃至几百年，它们都为上层阶级所摒弃和排斥。在安达卢西亚，情况则多有不同，番茄和土豆在新大陆被发现后不久就到达了这个地区，很快就被下层阶级所接受，这在16世纪西班牙的文学和绘画中都可以找到佐证。在加利西亚和阿斯图里亚地区，土豆使穷人免受饥馑，它在爱尔兰也起到了相同的作用（爱尔兰因为过度依赖土豆而导致饥馑）。来自美洲的植物以不同的速率，势不可当地开启了它们的全球旅行，书写了一段段不同的故事。

不知西班牙人是出于无知，还是故意制造些错误，他们把新发现的土地称为"印度群岛"，还用西班牙语中已经使用了的词汇，乃至用那些珍贵的香料名字来命名他们未知的植物。无论原因为何，他们给人们对食物世界的认知造成了不少的困惑，以至于植物学家花了几个世纪去更正。西班牙语中辣椒被称为"pimiento"，和意为胡椒籽的"pimienta"十分类似，这个例子可以很好地用来展示西班牙人造成的困惑。

口味问题

殖民者们穿越大西洋时，吃着发霉了的饼干、喝着桶装的劣质酒，但即使饥肠辘辘，他们刚到达新大陆时依旧对那里的食物满怀不屑；不过，肥大的蜘蛛和白色的蛆虫看上去确实不怎么令人有食欲。

西班牙人很快就喜欢上了红薯这样的食物。它的味道像极了栗子的坚果味，肉质也像这种欧洲传统的食物，不禁令人怀念。然而，玉米没能取代小麦的地位。对于西班牙人来说，小麦意味着面包，尤其是发酵面包，但是玉米也十分受欢迎，它能被做成热烘烘的玉米饼（tortillas）和玉米粽子（tamales）。编年史学家们给每样到达半岛的美洲产品都贴上有趣的标签，详细地描绘他们发现的植物和水果，并与他们在家乡种植的作物进行对

比。最出名的几位编年史学家要属方济各会的民族志学者贝尔纳
迪诺·德·萨哈冈（Bernardino de Sahagún），历史学家费尔南
德斯·德·奥维多（Fernández de Oviedo）和弗朗西斯科·洛
佩斯·德·戈玛拉（Francisco López de Gómara），传教士、博
物学家何塞·德·阿科斯塔（José de Acosta），还有作家贝尔纳
尔·迪亚斯·德尔·卡斯蒂略（Bernal Díaz del Castillo）。还有
一位从殖民者和历史学家变成行乞修道士的恰帕斯主教巴托洛
梅·德拉斯·卡萨斯（Bartolomé de las Casas），也可加入前者
之列。可惜美洲当地的食谱以及土著人的生活很少能找到文字
记载。

截至 1500 年，红薯和玉米都被成功地引进了加那利群岛、
安达卢西亚、卡斯蒂利亚和莱昂。但是，西班牙人没有借鉴美洲
的土著居民食用玉米的方法，给欧洲的贫苦大众带来了灾祸。在
阿斯图里亚斯的山区和意大利，大多数谷物因为不适应气候条件
而无法被种植，于是人们开始大量种植玉米，但这引起了人们罹
患严重的糙皮症。这是一种营养缺乏性疾病，令当时的科学家们
迷惑不解。虽然一位在奥维耶多大学工作的西班牙科学家加斯帕
尔·卡萨尔斯（Gaspar Casals）在 1735 年就发现玉米和糙皮症
有一定的联系，但是这个谜团在随后的近两个世纪都悬而未决。
这种病症主要表现为在患者的手足上会起发红的疹子，卡萨尔斯
把它称为"玫瑰之疾"（el mal de la rosa）。糙皮症是一种致死
病，它不仅会影响皮肤和消化系统，还可能造成患者痴呆。数年
之后，一位名为弗朗切斯科·弗拉波利（Francesco Frapolli）的

意大利人，将这种病称为"pellagra"，意为"粗糙的皮肤"。20世纪前期，美国科学家终于发现这种在欧洲和北美肆虐的流行病是由于维生素缺乏导致的。只要略微改善一下饮食结构，补充些烟酸（维生素 B$_3$），就可以避免这种悲剧性的后果。玉米是一种优良的作物，自 15 世纪以来，它就在世界各地被广泛种植，但却从未被正确地食用。阿兹特克人和玛雅人在准备他们的主食之前，会预先处理一下玉米。他们会用碱性的石灰水把玉米软化，如此处理过后会产生烟酸这种营养物质和一种重要的氨基酸——色氨酸，它能转化为烟酸。欧洲人与土著居民共同生活，慢慢地喜欢上了玉米，但是从没有留意，也没有记住土著居民在加工玉米之前的准备工作。

在西班牙，人们一般用玉米喂养动物。但在一些地方，像小麦和黑麦这样的谷物产量少，或是难以种植，当地人只能用新的谷物来做传统的食物。玉米价格便宜，产量高。在如今的加利西亚和阿斯图里亚斯的乡村，许多小农业生产者依旧会把玉米贮存在石制的奥雷欧悬空粮仓（hórreos）中，防止玉米受潮或被啮齿动物啃食。在当地的市集和手工市场里，人们把巨大的圆形玉米面包裹在枫叶中，用木柴烘烤，然后出售给游客，此外，游客们还能买到用鸟蛤乃至沙丁鱼做馅料的玉米派。可惜用细豆沙馅做的印第安玉米粽子，还有平底锅（comal）烧的玉米饼，从未到达过欧洲。辣椒的旅途也十分的新颖有趣。"这些岛上长有一些像玫瑰的灌木，果实和肉桂一般长，里面结满了小的种子；加勒比人和印第安人像吃苹果一样食用这些果实"，哥伦布的一

《玉米，工业杂交之天堂谷粒：中美洲谷物在西班牙的传播》的封面。中美洲的玉米种类比西班牙要丰富得多

位船员回到欧洲之后如此记叙道。这位船员正是迭戈·阿尔瓦雷斯·钱卡（Diego Álvarez Chanca）医生，1493 年他跟随哥伦布第二次航海前往西印度群岛，首次把辣椒带回了欧洲。[10] 迭戈·阿尔瓦雷斯只记录了它们的医学用途，丝毫不知早在公元前 7500 年左右，安第斯山区的印第安人就开始食用野生的辣椒了，在他著书的六千多年前，墨西哥的印第安人就已经开始种植辣椒了；当西班牙人到达新大陆时，墨西哥和中南美洲的一些地区已经有这种自花受粉的辣椒了。

在美洲众多不同种类的辣椒中，一个属于茄科的墨西哥品种最早被带到了西班牙。在西班牙和葡萄牙，修士们在修道院的菜园里种植辣椒来丰富他们的饮食；在城市的植物园中，辣椒则被当作一种新奇的观赏植物。哥伦布回到半岛之后，给埃斯特雷马杜拉的瓜达卢佩修道院送了一些种子作为礼物，对美洲辣椒的传播起到了关键作用。在西班牙，辣椒被当作蔬菜、香料和神奇的药物，从一个修道院传到另一个。辣椒从西班牙出发，随着阿拉贡王国和奥斯曼帝国的扩张，通过地中海到达中东。在它们到达西班牙的二十年之内，农民们就种植了二十多种不同的辣椒。带有辣味的品种通常都被用作香料，它们替代了受到上层阶级和贵族们青睐但价格更昂贵的亚洲黑、白胡椒。[11] 它们从美洲孤身而来，没有带来原产地的食谱，所以西班牙人把它们放到被洋葱染成褐色的菜肴中，用来增色和调味，甚至放到索夫利特酱之中，为许多中世纪的作家和厨师所称道，包括罗伯特·德·诺拉（Rupert de Nola）。西班牙厨师们很快就把包括尖椒在内的各式辣椒加入各种各样的食谱中。人们或直接食用生辣椒，或煎或炖，或把它们腌制以备冬天食用。辣椒被晒干之后，能保存一年之久。人们把辣椒在阳光下晒干之后，将它们碾作细细的神奇粉末，或甜或辣，或烟熏或非烟熏，色泽鲜红，西班牙人将之称为"pimentón"。像瓦伦西亚的海鲜饭、阿斯图里亚斯的炖豆、加利西亚的章鱼和卡斯蒂利亚的大蒜汤等地域性美食都离不开辣椒粉，就连香肠也不例外。现如今已经很难想象在一家塔帕斯小吃店找不到和鳕鱼串在一道的皮奎洛红甜椒，或是找不见那些在五百年以前就被修士们带到加利西亚、放在长盘中的香煎帕德隆辣椒了。

辣椒从美洲扬帆起航，很快就成为欧洲贵族和人民大众的盘

被称为"guindillas"（尖椒）的
新鲜辣椒

中餐。但是，番茄却饱受争议和歧视。随后，土豆也从安第斯山
区出发，开启了它的旅途，境遇堪比番茄。

　　1520 年左右，当蒙特祖玛热情地款待科尔特斯时，西班牙人发
现了阿兹特克人种的番茄。根据贝尔纳迪诺·德·萨哈冈和贝尔纳
尔·迪亚斯·德尔·卡斯蒂略这两位著名的编年史作家的记叙，阿兹
特克人烹饪番茄来食用。一个世纪之后，贝尔纳韦·科沃（Bernabé
Cobo）神父在他的《新世界史》（*Historia del Nuevo Mundo*）一
书中，更详细地描述道：

　　　　番茄植株不大，形似葫芦，但不会过度爬藤；它的

茎秆比手指还细，枝条上发出的枝丫更细。叶子的形状
和大小类似桑树叶。其果实被称为"tomate"，呈圆形，
色泽艳丽，个头小的和樱桃一般大小。还有些绿色和黄
色的品种，和李子乃至柠檬一般大小。果肉颜色发红，
富含水分，种子比芝麻还小。果皮和葡萄皮一般薄。[12]

科沃神父还提到番茄不易生吃，因为它的味道容易刺激味蕾。
"番茄一般用来做汤或炖菜。"他如此写道。这些编年史家不了解
的是番茄并不起源于墨西哥，而是原产于更南面的秘鲁、厄瓜多
尔和智利的安第斯山之中。那里长满了野生的番茄，但是那里的土著
居民似乎没有种植它们，也没有把它们用到厨房之中。海龟们从此处
出发，把番茄种子带到加拉帕戈斯群岛，然后又继续它们漫长的旅程，
前往中美洲和世界的其他地方。阿兹特克人种植番茄，还把它们做成
美味的酱料。西班牙人在开疆拓土的过程中，一定品尝过这道美味。

15、16 世纪时，欧洲的植物学取得了长足的进步。新品种
的植物从新世界和亚非源源不断地到来。许多植物学家和医学界
的专家又开始采纳狄奥斯科里迪斯和盖伦的学说，他们还融合了
宗教信仰，旧的和新的偏见，以及希腊和罗马神话。他们甚至给
那些互不相干的，或是那些越过大西洋而来的植物和水果冠以旧
名。以西班牙为例，16 世纪时，西班牙正在驱逐摩尔人和犹太
人，人民则受到宗教裁判所的迫害。人们对于新的、未尝试过的
事物总怀着恐惧，上层阶级尤为如此，因此几乎所有美洲植物都
迟迟未出现在他们的厨房之中。除了番茄以外，它既用途广又能

适应亚热带气候条件，很快就成为乡村烹饪中的常用食材。

西班牙人为什么把番茄称为"tomate"，而不像马蒂奥利这样的意大利或瑞士植物学家那样，把这种初来乍到的植物称为"金苹果"或是"爱之果"呢？这次，西班牙人竟用了一个他们从土著居民那里听来的类似的词，但是他们又给两种不同的水果取了相同的名字，引起了不小的混淆。阿兹特克人把番茄称为"xitomalt"，经常把它们和辣椒、磨碎了的南瓜子拌在一块儿，做成味道浓郁的酱料，用来蘸鱼甚至火鸡一道吃。这种酱料和我们现下流行的融合菜中用到的新鲜酱料十分相似。西班牙人同时还发现了另一种有趣的水果，土著居民把它称为"tomalt"，也用它来做酱料。尽管两者名字类似，但是这种水果和我们如今称作番茄的"xitomalt"毫不相干。这种被称作"tomalt"的植物也被称为"酸浆果"、"绿番茄"或"带壳番茄"，属于酸浆属，番茄则属于番茄属。酸浆果从未越过大西洋，而番茄要等到西班牙的黄金世纪，受到16世纪末、17世纪的著名作家们推崇之后，才在西班牙厨房中占有一席之地，正像剧作家提尔索·德·莫利纳（Tirso de Molina）所描述的：

> 哦，沙拉，
> 它那有着粉色面颊的番茄，
> 如此甜美，却又如此辛辣。

洛佩·德·维加（Lope de Vega）的女儿马塞拉·德·圣

费利斯·卡皮奥修女在她的文章《食欲之死》(*The Death of the Appetite*)中写道: "一些凉菜为我所爱/好比番茄青椒沙拉。"[13]

　　随着新大陆的发现,塞维利亚的河港变成了从美洲进口货物的门户,许多进口食物以前闻所未闻。水手和商人把它们带到塞维利亚。由于它们很受植物园、修道院的欢迎,所以许多都是由天主教的成员带来西班牙的。塞维利亚位于瓜达尔基维尔河边,离大西洋50公里远,是一座历史名城和重要的贸易中心,基督教徒、摩尔人、犹太人,还有那些寻求丰厚回报的外国银行家和企业家,都慕名而来。1503年,卡斯蒂利亚王室在塞维利亚设立了贸易局,并且赐予这座城市对新世界贸易的垄断权。卡斯蒂利亚王室决定将与美洲进行贸易的中心从加的斯迁往仅有几个河港的塞维利亚,还将美洲视作他们的私人财产,这是决策上的一个严重错误。贸易中心的迁移使得西班牙经济无法获得它迫切需要的爆发式的增长。不仅如此,卡斯蒂利亚王室致力于维护从哈布斯堡王朝继承而来的庞大帝国,忽视了半岛人民的利益和半岛的经济利益。在最初的两百年,从加勒比海和中、南美洲获取的大量金银几乎都被投资于武器和军队,或被用来偿付国债。西班牙没有意识到被运至欧洲的新的种子、蔬菜、谷物和水果,还有巧克力和烟草,可以变为有形或无形的收益,就好像把旧大陆的糖和咖啡之类的商品变为各式商品那样。最后,其他国家攫取了成功。地理发现最重要的成果便是横跨大西洋的食品交换,而西班牙发现这一现象之时,早已为时过晚。

16 世纪下半叶的塞维利亚：宏伟的贸易港（阿隆索·桑切斯·科埃略绘制的油画作品）

安第斯的作物

塞维利亚也许是第一个种植土豆的地方，起初并不是为了让那些生活在西班牙南部的穷人们能够果腹，而是因为土豆开出的可爱的花朵，被当地的花园争相种植。那些用小型的卡拉维尔帆船载着土豆横跨大西洋的人肯定预料不到，这个为印加人所钟爱的食物日后竟然成为世界人民的盘中餐。他们也绝对无法想象可怜的土豆在到达贵族阶层的餐桌之前经历了多少艰辛。

炸土豆（patatas fritas）、皱皮土豆（papas arrugadas）、穷人土豆（patatas a lo pobre）、重量级土豆（patatas a la importancia）、烤土豆（asadas）、蒜泥蛋黄酱土豆（al-i-olí）、土豆蛋饼（tortilla de patatas），乃至面包师土豆（panadera）——这些都是西班牙人用土豆做成的各式菜名。土豆是他们于 1530 年左右在哥伦比亚而非秘鲁发现的。土豆是原住民的主要食物，最初这些征服者将它拒之千里。但当他们向南进发，穿过厄瓜多尔、秘鲁、玻利维亚和智利北部时，饥饿和营养不良终于让他们改变了心意。生活在秘鲁的印加人做"chuño"，用于炖菜和一些其他的菜肴。如今依然能看到"chuño"，它是一种冻干的土豆，可以完好地贮存数月之久。印加人把它当作面包来食用，也把它作为辅食。他们也吃藜麦、红薯、丝兰，但尤其爱吃土豆（papa）。印加·加西拉索·德拉维加（Inca Garcilaso de la Vega）是印加王室的后裔，为我们提供了有关印加帝国的传统的第一手资料。在他的《印加王室述评》一书中，加西拉索热情洋溢地描述了"chuños"：

> 在科拉这个省，地域 150 里格的范围内，由于土壤十分寒冷，无法种植玉米，但类似大米的藜麦却得以获得丰收，还有一些长在地底的谷物和豆类，其中就有被称为"papa"的土豆。它呈圆形，含水量高，极易腐坏。为了防止土豆腐坏，人们把它们放在地上，在下面垫上从当地采集的细稻草。这个省份四季都有霜冻，人们把土豆放在室外几夜，土豆经过霜冻之后，就好像用水煮过一般。接着，人们在土豆上方也盖上稻草，然后轻柔地踩踏，好除去土豆含有的水分和霜化的水分。充分按压之后，人们把它们静置在阳光下，直到它们完全干透。土豆经过如此处理之后，可以长期保存，还得了个新的名字——"chuño"。在太阳之国的印加，人们用这个方法来处理所有的谷物，然后把它们和其他的豆类和种子

一道，储存在被称为"positos"的储存室里。[14]

　　尽管在原产地以外的地方，很少有人喜欢"chuño"的味道和肉质，但是那些移民到美洲大陆的西班牙妇女们会把白色的"chuño"（也被称作"Moray"或"Tunta"）做成面粉，用来做蛋糕和其他的食物。西班牙人到达秘鲁时，土著人在安第斯山区种植着150多种颜色和形状各异的土豆。

　　关于土豆是如何到达欧洲的这一问题，向来研究众多，但一直难以达成共识。人们至今还不知道究竟是何人何时从何地把土豆带到欧洲的。瑞德克里夫·沙勒曼（Redcliffe Salaman）在他的《土豆的历史和社会影响》（*History and Social Influence of the Potato*）一书中提到，土豆在16世纪的下半叶率先到达西班牙，因为它是唯一和土豆产区有接触的国家。人们认为土豆是在1573年至1575年这段关键的时间区间到达塞维利亚的。[15]在加那利群岛还能找到更早的记载，早在1567年，土豆就从加那利出口到安特卫普了。土豆从西班牙扬帆起航，前往世界各地。如今，土豆在世界食物排行中排名第四，仅次于小麦、大米和玉米。

　　在欧洲人到达新世界之前，土著居民还吃着其他可食用的根茎和坚果。和土豆的命运不同，被阿兹特克人称为"camotli"，而被印加人称为"apichu"的红薯很快就融入了西班牙人的日常饮食。西班牙将红薯称为"batatas"，它带有三文鱼色、乳白色、紫色和黄色，颜色诱人。它味道香甜，带皮烘烤之后，柔软的肉质类似栗子。

巧克力和国王

1590 年，何塞·德·阿科斯塔神父在他的《西印度自然和精神的历史》（*Historia natural y moral de las Indias*）中大声疾呼："它就像是秘鲁的古柯一样令人抓狂。"他说的正是巧克力。无论神父是否预见到这种甜腻的豆子会成为最受人们喜爱的食物之一，可可豆都成为与美洲进行食品交换的经济史上最成功的商品之一。[16]

埃尔南·科尔特斯向他的国王查理一世敬献过巧克力，这在许多的书籍和文章中都有所记载，但是没有人准确地知道可可豆是什么时候到达西班牙的，而且关于这个问题很少能找到历史依据。在西班牙记载有可可豆和巧克力的最早的文件中，它们似乎与费利佩王子（也就是后来的费利佩二世）、多明我会以及玛雅人有关，而和阿兹特克人没什么关联。[17] 1544 年，通过多明我会教士的安排，一支由玛雅贵族组成的使团身着传统服饰，前来觐见这位年轻的王子，他们带着最为珍贵的礼物：格查尔鸟的羽毛、柯巴脂香、辣椒、玉米、菠萝和豆子。他们还带着装饰性的陶碗，其中一些盛着打碎了的巧克力，费利佩王子兴许礼节性地品尝了一些。除了这些有形的文字记载和史实以外，巧克力本身就能令人遐想万千，对于这一点应该是能达成共识的。

根据古老的传说，创造光的羽蛇神决定赐予图拉这一他最为钟爱的托尔特克城市一件礼物。这件礼物便是他从其他神祇那盗来的一种珍贵而神圣的植物——可可树（Cacau-quauiti）。托尔

特克人用这种植物的种子做了一种神奇的饮料，他们将之称为
"cocoa"。正是托尔特克人将可可树引进玛雅文化之中的。玛雅
人用可可豆来制作仪式用的饮品，他们还把可可豆用作在中美洲
流通的货币。[18]

    "Theobroma cacao" 是 18 世纪时林耐给可可树取的拉丁名
字，它原产于包括墨西哥、伯利兹、洪都拉斯、危地马拉和萨尔
瓦多这些国家在内的中美洲地区。在西班牙人到达美洲以前，不
同的文明都用这种植物的种子做出了黑色的饮品。"cacao" 一词
被用来指可可树、它的果实以及被加工之前的种子。阿兹特克人
把这种用可可豆做成的饮品称为 "xocoalt"。西班牙人模仿了这
个词语的发音，将它称为 "chocolate"。直到 18 世纪，欧洲人还
将这种用水、可可粉和其他调味品制成的饮料称为 "chocolate"。
人们加入其中的调味品因时而异。

    在西班牙人到达新大陆的 16 世纪以前，玛雅人一直垄断着
可可的生产。玉米是他们的主食，有时他们也会将可可豆和玉米
一起烹饪。狄亚哥·迪兰达（Diego de Landa）神父是一位方济
各会修士，后做了尤卡坦的主教，他记录了许多用可可粉制作的
菜谱。迪兰达的内心深处充满着矛盾：一方面，他作为宗教裁判
官，销毁了大量珍贵的玛雅书籍；另一方面，他忠实记录了这些
原著中的日常生活，前哥伦布时期的玛雅文化由此得以传世。他
的记叙翔实，其中提到一种提神的热饮，当地人每天早上都要喝
上一杯，是用烤玉米、可可粉和辣椒制成的。他把这种饮料称为
"印第安人的胡椒"（pimienta de las Indias）：

傍晚时分，男人们从田地里归来，一家人开始享用
一天最重要的一顿饭食。男人、女人和孩子分屋而食。
食物包括新鲜的玉米饼和菜豆，如果有肉食的话，也会
吃一些，此外他们也会吃些其他的豆类和巧克力。[19]

　　那时的玛雅人还会用牛油果、番木瓜、菠萝、黑柿（Cordia
dodecandra）、佛手瓜（Sechium edule，一种蔬果）、辣椒和番
茄（在纳瓦特尔语中被称为"xitomate"）。他们还食用从海边
运来的鱼类和贝类，用盐、辣椒和香草腌制的肉类，还有绿柿
（Pouteria viridis，一种水果）和胭脂树种子（Bixia orellana），
后者也被用作调料和染色剂。

　　哥伦布第四次，也是他最后一次前往西印度群岛时，到达了
加勒比海的瓜纳哈岛附近。他在玛雅人的小商船上看到了可可
豆，成为第一个发现可可豆的欧洲人。当发现当地人居然赋予如
此不起眼的黑豆子如此高的价值时，他不禁感到十分吃惊。对于
当地人来说，可可豆不仅是厨房里的必备品，还是十分珍贵的货
币。西班牙人十分喜欢可可脂的甜味。从可可豆中榨出来的油脂
和哥伦布在西班牙吃到的猪油味道十分相似。当地人把可可脂碾
碎，然后放一点水搅拌，用来烹饪不同的菜肴。可可脂日后成为
欧洲人十分钟爱的食物。

　　在可可粉作为饮品或和其他食材混合食用的营养价值广为人
知之后，这种新式食物很快就引起了已经在新世界安顿下来了的
天主教会的注意。斋戒在当时是一件十分重要的事务，在斋戒日

是否能食用巧克力则变成了教士们热烈争辩的议题。

这个问题最后被上呈给了罗马。16世纪末，教皇格列高利十三世宣布，巧克力若只作为饮料饮用，就不算破坏斋戒。这个消息得到了修道院的支持，西班牙修女们在祈祷之余，研制出了新的配方，改变了玛雅人和阿兹特克人的巧克力饮品的苦涩味。她们在其中加入了香草、糖和肉桂，并且不再放辣椒。在如今墨西哥的瓦哈卡城，还有专门的店铺烘烤和碾磨顾客们自选的可可豆，然后再调成顾客们喜欢的口味。过去，普埃布拉、哈拉帕和瓦哈卡城里的女人们一生都跪坐在传统的磨石边上，不停地碾磨咖啡豆和玉米棒，如今这样的时代早已一去不复返了。

巧克力的发现对于西班牙人来说是一大惊喜，但除了用来制作蛋糕和糖果以外，它却很少被当作佐料，用于西班牙的传统烹饪之中。相反，墨西哥的厨师们在许多菜谱中都会用上巧克力，他们还会把它做成美味的莫莱酱（moles），令人想起在科尔特斯到达新大陆之前阿兹特克人做的菜肴。美味的莫莱波布拉诺酱鸡肉饭（mole poblano de guajalote）就是其中一例，这是普埃布拉城最负盛名的菜肴。"guajalote"（火鸡）一词，在西班牙被称为"pavo"，在英语世界则被称为"turkey"，是野生火鸡（Meleagris gallopavo）的后裔，属于雉科。以前的阿兹特克人不仅食用这种鸟类，还用它们的羽毛做头饰或制作箭羽。火鸡在阿兹特克人的社会生活中扮演着重要的角色，在祭神的庆典中他们也会用上火鸡。他们把这种鸟类称为"huexolotli"，如今墨西哥人对这种鸟的称呼"guajalote"来源于此词。

埃尔南·科尔特斯在蒙特祖玛的宫廷中，第一次看到这种奇异的鸟类。它们体形硕大，比孔雀更美味、更有肉味。西班牙人把孔雀称为 "pavo real"（皇家火鸡），在欧洲自古有之。

西斯内罗斯的梦想

红衣主教西斯内罗斯，也就是贡萨洛·希梅内斯·德·西斯内罗斯（Gonzalo Ximénez de Cisneros，1436—1517），这个人物介乎现实和传说之间，给西班牙历史带来了积极和消极的影响。他是卡斯蒂利亚的伊丽莎白一世女王的听告解神父，具有极大的政治影响和清晰的政治视野，他在发现美洲大陆和在美洲传教的一系列决策中起到了至关重要的作用，但他同时也是将宗教审判引入西班牙的始作俑者之一，这不得不令人唏嘘。

希梅内斯·德·西斯内罗斯意识到"收复失地运动"给农业带来了消极的影响，尤其是在卡斯蒂利亚地区，他决定雇人撰写专业性的书籍，让农民和文人墨客将之世代相传。文字的描述务必准确，同时语言简单易懂，好让那些料理农田的人，以及那些但凡能出力的人们更容易理解。书的作者为加夫列尔·阿隆索·德·埃雷拉（Gabriel Alonso de Herrera），在农民们普遍感到绝望的时候，他的作品对西班牙的农业起到了促进的作用。阿隆索·德·埃雷拉是卡斯蒂利亚人，当他在格拉纳达进行宗教研究时，当时的格拉纳达王国还是伊斯兰文明在西班牙最后的据点，他对摩尔人在富饶的谷地所采用的先进的农业种植技术感到十分钦佩。穆斯林农学家纷纷涌入格拉纳达王国，将他们在中东地区富饶的谷地地带学到的农业技术也带到了这里。随着他在教会中影响力的提高，再加上他本人对农业的兴趣，阿隆索开始了一段漫长的旅行，他不仅游遍了西班牙，还去了德国、法国和意大利，熟习了各类经典学说。1512 年左右，阿隆索撰写的《农书》在阿卡拉·德·埃纳雷斯付梓，全书分六卷。第一卷对农业进行了概括性的介绍，并且区分了土壤类型，但主要还是介绍了如何在无须灌溉的情况下种植谷物。第二卷介绍了红酒的加工。第三卷介绍了树木的种植。在第四卷中，他把注意力转向了蔬菜。第五卷介绍了家禽养殖。最后一卷是基于帕拉第乌斯的作品而制定的农历。对于阿隆索来说，古典理论、阿拉伯学说与文艺复兴以来产生的现代学说同等重要。[20]

天主教国王费尔南多二世逝世于 1516 年，他在生前为西班牙帝国的建立铺平了道路。费尔南多二世是一位杰出的战士，他十分重视都铎王朝和哈布斯堡王朝，认为建立欧洲军事同盟大有裨益，事实也证明了这项策略的成功。他的女儿——阿拉贡的凯瑟琳公主，与英国亨利七世的长子亚瑟王子结了亲。这是一项重大的政治举措，但却以悲剧收场。在荷兰，乔安娜公主嫁给了英俊的勃艮第公爵费利佩，他是神圣罗马帝国国王马克西米利安一世的儿子。联姻最初出现的死亡与悲剧令费尔南多国王的计划受阻，但是乔安娜和费利佩的儿子——查理的诞生则保证了最后的成功。查理成为欧洲三大最重要的王朝的继承人：哈布斯堡王朝，荷兰的瓦卢瓦勃艮第王朝，以及卡斯蒂利亚阿拉贡王室领导的特拉斯塔马拉王朝。查理王子注定要成为一代帝王，但他一定没有预料到他的影响会如此深远，乃至对一部加泰罗尼亚的烹饪书籍的西班牙语版的发行都起到了至关重要的作用。

德·诺拉的艺术

在加泰罗尼亚地区，一部加泰罗尼亚语的烹饪书籍的出版，拉开了 16 世纪的序幕，它不仅在欧洲广受欢迎，还成为其他烹饪书籍的模板。这部书正是梅斯特尔·罗伯特·德·诺拉于 1490 年撰写的《烹饪书》。自 1520 年左右开始，这部书就刊行了数个版本，起初是加泰罗尼亚语的版本，后被译成了西班牙语。这部书在地中海的烹饪史上，起到了举足轻重的作用。诺拉向他的读者自称是真正的文艺复兴主义者，他将这部加泰罗尼亚烹饪书和导读全都献给那不勒斯王室。他对其他地区的饮食传统的兴趣也显而易见。在诺拉的书中，不难发现有模仿 15 世纪的意大利厨师马蒂诺的痕迹。但是，《烹饪书》无疑是对地中海饮食的赞歌。书中包含了加泰罗尼亚、阿拉贡、瓦伦西亚、普罗旺斯和意大利的菜谱，这些菜谱不仅可追溯到古罗马时期，承袭了摩尔人、基督教徒和犹太教徒的饮食传统，还根据文艺复兴时期地中海地区的饮食习惯进行了改良。书中着重介绍了鱼、肉和香料，但也涉及地中海地区的蔬菜、水果和坚果，包括杏仁和榛子、大米、茄子和柠檬、无花果和生菜，这些都是加泰罗尼亚地区的常见食物。和加泰罗尼亚地区相比，卡斯蒂利亚那时正专注于如何横跨大西洋寻找黑胡椒。德·诺拉在书中没有提及任何卡斯蒂利亚的菜谱，许是受到了西班牙这两个发达地区长期存在的敌意和对立的影响。书的出版大获成功，很快就吸引了阿拉贡和卡斯蒂利亚、托莱多和洛格罗尼奥等地的专业厨师和学徒的注意，在一些地区，他的书的名字被翻译成了《炖肉、美食和小碗炖菜》（*Libro de los guisados*，*manjares y patajes*）。传闻这部书的加泰罗尼亚语版和西班牙语版的发行是受到了那不勒斯国王和查理五世的资助，他们或许是在访问巴塞罗那期间品鉴过诺拉的手艺。

那么，罗伯特·德·诺拉到底是何许人也？他在1520年版中提及的、为其效力过的那不勒斯国王费兰特究竟是谁？对此，学界莫衷一是。有些历史学家认为他是一位加泰罗尼亚地区的专业厨师，可能出生于意大利一个名为德·诺拉的地方。他的双亲或许是加泰罗尼亚人，或者他在为那不勒斯王室效力期间学会了加泰罗尼亚语。书中并没有明确指出是费兰特几世，因此德·诺拉到底曾效力于哪个国王也难下定论。是那不勒斯的阿方索一世的儿子费兰特一世呢，还是这个国王的孙子费兰特二世呢？尽管未经证实，但似乎只可能是费兰特一世，因为只有这位国王才在意大利待了足够长的时间，好让德·诺拉能够完成这部内容丰富的介绍饮食世界的巨著。

总的来说，《烹饪书》是为那些从事饮食行当的专业厨师和业余的烹饪爱好者而作的入门书籍。书中不仅记录了许多食谱，

16 世纪出版的《烹饪书》

还介绍了男管家、厨师、雕工、侍酒师和服务员的不同分工。德·诺拉甚至还在书中描述了那些负责照料国王马匹的马倌的工作职责。该书还记载了 1491 年以前基督教为大斋节制定的条规。教会正是在这一年为在这个天主教日历上主要的斋戒日制定了新的规定，重新调整了人们能够吃的食物种类。在那个宗教包容已成过去的时代，人们在大斋日可食用的食物包括牛奶、奶酪、鸡蛋、鱼和橄榄油，用来代替人们普遍使用的猪油（真正能泄露人的宗教信仰的食物）。

根据书中记载，有一道在大斋日食用的名为"鱼肉奶冻"（manjar blanco de pescado）的菜，原本属于中世纪时期各个国家做鸡肉的配方之一，英语中把它称为"白肉冻"（blancmange）。在西班牙能找到的最早记载要数 1324 年的加泰罗尼亚语作品《圣萨尔维奥》了，根据此书，这道菜应该脱胎于一道与之类似的、名为"tafaya"的阿拉伯菜；在那时的西班牙，人们就已经会做这道菜了。"塔法亚"（tafaya）是把肉、面粉和杏仁一道用火慢炖，然后加入玫瑰水和香料调味做成的。在泰尔冯（13—14 世纪）写的《食谱全集》（*Le Viandier*）一书中，这道菜被称为"mangier blanc"，在意大利语书籍《托斯卡纳的无名氏》（*Anonimo Toscano*）中，则被称为"blancmangieri"，均有"白色菜肴"之意。

鱼肉奶冻

若要做好鱼肉奶冻这道菜，德·诺拉在《烹饪书》中推荐如下：

你务必选用龙虾和鲷鱼，虽然品质不尽相同，但不可或缺。务必将它们分锅烹饪，你也可以按自己的喜好任选其一，龙虾要比鲷鱼好得多。待龙虾半熟之时，把它从锅中取出，用冷水浸泡。取用龙虾肉最精华的部分，用大火煮熟。然后把龙虾肉放在盘中，切成像藏红花一般的细丝。在切成丝的白肉上浇上玫瑰水。如若是八人份的量的话，需要加上四磅的杏仁、一磅的面粉和一磅的玫瑰水。接着倒入两磅的细糖，把脱了皮的杏仁用磨碾碎，注意不要让它们出油，可以时不时地用玫瑰水沾湿碾槌。杏仁磨成粉之后，可以用干净的温水搅拌。待搅拌均匀之后，用一个干净的锅，把虾肉丝和玫瑰水一起倒入锅中加热，不要用刚包过锡的或是铜制的锅。然后倒入准备好的牛奶，不要一下子全倒入，而是倒入足够用的，然后将剩下的奶分两次倒入。如果你一次性把所有材料都放在一块，你就无法得知奶冻会不会过于稀薄。接着，以同样的方式慢慢倒入面粉，确保它不会结块。用根棍子不停地敲击或搅拌直到它烧熟为止。最后，把它们装盘，在上面撒上细糖。如此一来，一道美味的鱼肉奶冻就大功告成了。[21]

在提及大斋日的饮食的章节中，德·诺拉写道：

我们已经用最简洁的方式介绍了在那些可以食肉的日子里人们烹饪食物的艺术。在人们可食肉的日子里，菜肴的种类五花八门，许多菜谱都可以在大斋日使用，因为在前几章里，我提到过一些需要用肉汤做的酱料或者炖菜，也可以用盐、油和水来做，但你务必先把它煮沸。如此一来，但凡用盐调了味，用的油质量又好的话，那么它的味道就能和加了肉汤一样美味。因此，许多在可食肉的日子里能吃的食物在大斋日也能食用，这也算不上什么大事，只是人们用一样食物取代另一样的习惯使然。我认为关于在可食肉的日子里人们的饮食问题，我已经交代得十分详尽了。[22]

　　尽管德·诺拉的书里有许多以鱼肉作为原料的菜谱，但他认为世界上最美味的酱料莫过于火鸡酱、杏仁奶酱和白肉冻了，这些酱料都以鸡肉作为原料。火鸡酱其实不能算是一种酱料，而是一种用杏仁、鸡肉、火鸡肝脏、橙汁或白醋浸过的面包、生姜、肉桂、丁香和藏红花，最后再撒上些糖熬制出来的浓汤。杏仁奶酱是用烤鸽子或是鸡肉做的，人们在肉食中加入烤杏仁和面包做的酱料，倒入浓汤慢炖，然后放在臼中用杵碾磨，最后加入足量的肉桂调味。鱼肉奶冻这道传统的中世纪美食在《圣萨尔维奥》中就有记载，德·诺拉选择的材料是一只大母鸡、米粉、玫瑰水、糖、山羊奶和鸡蛋。[23]

Delicioso
A History of Food in Spain

第四章

黄金世纪

查理五世逝世于埃斯特雷马杜拉的尤斯特修道院，下面这段话描述了他在去世之前的日常饮食：

> 黎明时分，他会喝鸡肉牛奶甜汤作为早餐。他的午餐共有二十道菜。下午，他会吃些点心（merienda），用新鲜或腌制的鱼肉和贝类来唤醒他的味蕾。夜深之后，他才会享用晚宴：甜点、腌菜、水果和馅饼（empanada）。他喜欢莱茵河附近产区的啤酒和红酒。[1]

香料、礼节、啤酒和小麦

1516 年，查理一世（1500—1558）的父亲逝世，他继承了西班牙的王位。1519 年，他又成为德国的查理五世，做了神圣罗马帝国皇帝。对于这位未来的帝王是如何看待他从父亲那里继承而来的国家的饮食传统的，人们知之甚少。他的母亲乔安娜女王作为卡斯蒂利亚的女王，与查理共同理政，但不久便身体抱恙。查理是哈布斯堡王室的后裔，他的生活之中只有政治、宗教、战争和债务，他对美食、红酒和啤酒贪求无厌，这令他的后半生深受其害。他尽可能充分地咀嚼食物，但总是消化不良，他对肉食的热爱更是加剧了身体的负担。他爱一切肉类食物，包括野味、猪

酒馆菜谱：16 或 17 世纪的烹饪，胡安·曼努埃尔·佩雷斯（Juan Manuel Pérez）的作品，绘于 1995 年

肉、牛肉、羊肉和血肠。在保卫帝国和信仰的漫漫征途中，他总是不停地大量食肉。查理的咀嚼困难是由于哈布斯堡家族特有的大下巴造成的。由于近亲繁殖的传统，他们的下颌比上颌突出，这个家族特征令数位哈布斯堡国王都苦不堪言。[2]

查理从他的出生地根特带来了许多谋士，他们与卡斯蒂利亚的臣民们产生了严重的矛盾。这位年轻的国王还带着厨师、男管家乃至啤酒师来到西班牙，这些人也触犯了御厨和酒窖负责人的利益。国王发现卡斯蒂利亚的宫廷礼仪十分匮乏甚至粗俗，于是引进了一套更严格、更繁复的礼仪规范，即他自孩童时期就熟习的勃艮第礼仪。

查理成长于梅赫伦，它是弗拉芒地区的一个城市，盛产品质上乘的啤酒。比起红酒，他更爱喝啤酒。在他定居于西班牙的短暂时光，乃至他出外征战敌军之时，他都一直从梅赫伦进口啤酒。在他父亲的领地，用啤酒花做啤酒的技艺自13世纪开始便已经十分成熟了，这种技艺方便啤酒的运输，并保证啤酒能在酒桶中存放更长的时间。为了保证啤酒供应，他把一群知名的弗拉芒啤酒师也带到了西班牙的宫廷。这种异域的黑色酒水引起了当地臣民们的仇视。数十年之后，当查理退位并隐居于埃斯特雷马杜拉的尤斯特修道院时，他依旧时常会从酒桶中倒一两壶啤酒来饮用。五百多年后，比利时依旧出产一款以查理五世命名的啤酒——金卡路（Keizer Karel Blond）。在他的统治时期，桑坦德与荷兰之间建立了直接的海上航线，桑坦德成为卡斯蒂利亚在比斯开湾最重要的海港城市，其海港不仅成为重要的羊毛贸易港，也是重要的红酒和啤酒贸易港。

"哈布斯堡式下巴"造成了咀嚼困难，查理五世肖像画

　　查理在西班牙即位之时正值人口增长期，他遇到的主要问题便是西班牙的粮食歉收，以及小麦和其他谷物的价格过高。他的臣民们需要面包，也需要饲料来喂养牲畜。卡斯蒂利亚本被视作欧洲的粮仓，小麦是其大部分地区的主要农产品。虽然在所有的小麦产区，人口和经济增长显著，但自天主教双王统治以来，卡斯蒂利亚已经失去其最大的农业生产基地的地位了。更为雪上加霜的是，梅斯塔牧主公会控制了近一半的领土，这是一个收益可观的税收机构。羊毛变得比食物更重要，而羊也变得比农民更重要。从美洲源源不断地流入的金银也加剧了情况的恶化，权贵们购置了大量的土地用来饲养动物，而不是将其用来种植谷物和其他作物。自基督教徒驱逐了阿拉伯人和犹太人之后，这片领土上的人口锐减，而且许多男壮丁都被征召去为帝国作战。安达卢西亚的橄榄种植，卡斯蒂利亚和加利西亚的红酒生产，都是有利可图的生意。格拉纳达的甘蔗，穆尔西亚和瓦伦西亚的丝绸，也同样供不应求。

　　饥饿驱使农民前往城市，不仅增加了对粮食的需求，还抬高了粮食的价格。投机倒把和粮食短缺催生了许多豪富，剩下的人则饥寒交迫。许多英国和荷兰商人看到了这里的商机，纷纷南下来到了地中海地区，进一步哄抬了物价。

　　对于饥肠辘辘的西班牙人来说，土壤肥沃的美洲成了他们的救星。对于早期的哈布斯堡统治者来说，捍卫信仰和帝国领土，保护金银是重中之重。除了金银这些贵重的货品以外，只有羊毛和香料还有些价值。

当时物产丰富的香料群岛（如今的印度尼西亚）已被葡萄牙人占领，西班牙人急于寻找通往这些群岛的新航线，于是只能越过新大陆，继续向西跨海而行。1519 年 9 月，五艘西班牙航船驶离位于加的斯西部一个名为桑卢卡尔－德巴拉梅达的小渔村。它们像哥伦布那样，先到达了加那利群岛，然后借着顺行风穿越大西洋。领导这次航行的是斐迪南·麦哲伦，他是查理一世聘请的著名的葡萄牙裔冒险家。麦哲伦深知哥伦布发现的大陆并不是亚洲。根据 1494 年签署的《托尔德西里亚斯条约》，在欧洲以外新发现的土地

寻找胡椒：维多利亚号的仿制品。维多利亚号也是麦哲伦船队环球航行的五艘航船之中仅存的一艘，于 1522 年回到西班牙

被分给了葡萄牙和卡斯蒂利亚王室，西班牙人承诺不循着葡萄牙人的航线，通过非洲和好望角前往亚洲。西班牙人急需找到新的贸易路线，于是历史上最著名的欧洲航海冒险拉开了序幕。一年之内，这五艘船中的四艘都通过了南美洲最南端与其大陆相隔的多风的海峡，到达了另一片海域。他们在跨越大西洋的时候遇到了严峻的挑战，乃至经历了悲剧，而这片海域却风平浪静，于是便把它称为"太平洋"（El Pacífico）。

　　船队在海上航行数周之后，食物和水都变得紧缺，而陆地却一直不见踪影，船员们开始意识到了任务的艰巨性。1521 年 3 月，麦哲伦在麦克坦岛上被人用毒箭射死，这个岛屿所在的群岛也就是日后为了纪念费利佩二世而得名的菲律宾群岛。船队此时又损失了两艘航船，剩下的特立尼达号和维多利亚号在第二总指挥胡安·塞瓦斯蒂安·埃尔卡诺（Juan Sebastián Elkano）的带领下，向南到达了印度尼西亚的马鲁古群岛。在蒂多雷，他们从葡萄牙商人手中购置了一些香料装上了航船。他们从此处继续他们的环球航行，向西穿过印度洋，通过好望角，最后回到了大西洋的南部。卡斯蒂利亚最终实现了梦想。由于《托尔德西里亚斯条约》不涉及太平洋海域，所以西班牙人无须违背协议，就可以到达垂涎已久的香料群岛了。但是好景不长，查理一世收取了重礼，与葡萄牙签署了《萨拉戈萨条约》，这个新的协议令西班牙的利益受到了损失。他们在马鲁古群岛东向 2 975 里格处的太平洋划定了一条新的经线。从此，西班牙的航船不得西向越过这条经线。尽管西班牙后来将菲律宾群岛和新几内亚群岛都纳入了帝国的领土之中，但不得不放弃物资丰富的香料群岛。事实证明，西班牙人是优秀的航行家，十分具有冒险精神，却并不是有远见的商人。

数年之后，饱受痛风折磨的查理五世独自坐在尤斯特修道院里，靠近他日常听取弥撒的厅堂旁，于 58 岁那年与世长辞。尽管金银依旧源源不断地自美洲而来，但是他留给儿子费利佩的却是一个负债累累的西班牙。终其一生，查理五世有太多的疆域需要捍卫，有太多的军队需要补给。最后，他终于把捍卫信仰的重担移交给了旁人。他再也不是法国国王弗朗索瓦一世和教皇的眼中钉了。他曾在地中海与阿尔及利亚的海盗们战斗过，曾在东方与土耳其人作战过，曾镇压过西班牙贵族的起义，与法国人在意大利北部对过阵，也曾在德国镇压过新教徒起义。在尤斯特修道院里，他只是静待下一顿餐食和上帝。

糖的黑暗面

10 世纪左右，当摩尔人把糖引进安达卢西亚地区时，甘蔗已经传播到了大江南北。有学者认为甘蔗最早是在新几内亚被人工种植的，但却是印度人最早把甘蔗汁加工成颗粒状的晶体的。糖从印度次大陆到达了波斯，又随着阿拉伯人在地中海的扩张来到了西班牙，在那里最初只有富人才能享用。阿拉伯人发现格拉纳达王国沿海地区的气候条件十分有利于种植甘蔗这种珍贵的作物。不久之后，甘蔗就被引进了加那利群岛。加那利群岛的地理位置具有战略意义，它成为欧洲商品的新的汇聚地，在欧洲与美洲的货品交换过程中也起到了重要的作用。与欧洲大陆的其他港口前往美洲的航线相比，货船从加那利群岛出发，得到东北信风的助力，路径更短，也更安全。短短几十年间，加那利群岛就变成了重要的产糖中心。

　　随着加勒比地区糖产量的攀升，更多的人群可以享用到糖这种商品了。在中美洲和西班牙的许多修道院中，修女们汲取了善于制作各式甜品和糕点的中东地区的传统，并且改良了它们的风

甘蔗

味，让它们更适合西班牙人的口味，热巧克力便是一例。这种源自阿兹特克人的饮品在放入糖之后就变成了西班牙浓郁的热巧克力，从最初只有富人才有机会品尝，到数个世纪之后几乎所有的马德里人都能喝上一杯了。

糖极大地增添了食物的风味，但是制糖工业的发展和成功却给非洲带来了悲剧。劳动力对于这项新生的工业至关重要，随着新大陆土著居民人口的骤减，非洲奴隶填补了空缺。

黑奴贸易和人类历史上宗教审判一样，成为欧洲贸易的黑暗面。到16世纪末，有25万的西班牙人移民去了美洲。10万非洲人在极其恶劣的条件下，被运往了美洲新建立的甘蔗种植园、农庄和其他经济型企业。

西班牙王室认为奴隶制是一种不公正的制度，于1542年正式通过法律废除了新大陆上的奴隶制，成为欧洲第一个废除奴隶制的国家（尽管废除奴隶制为时已晚，而且在很多情况下，这项措施甚至变成了一纸空文）。此外，这道法令只提及了自欧洲人到达新大陆以来土著居民所受到的不公正对待。

自腓尼基时代以来，伊比利亚半岛上的奴隶制便十分盛行。半岛上的入侵者你方唱罢我登场，各路商人又云集于此，于是半岛为他们提供了完美的平台，在这里缄默的劳动力无法提出任何诉求。罗马人鼓励这样的制度，而摩尔人和犹太商人也都满足于和欧洲的基督教徒通商。当时的葡萄牙控制了向东前往香料群岛的航线，在他们的支持下，西班牙也加入了非洲的奴隶生意，将他们送往西印度群岛。葡萄牙商人会把奴隶从西非运往塞维利亚，然后在主教堂外进行拍卖。

接着，西班牙商人会把这些奴隶送过大西洋，运至新的领地，如此行径获得了教皇的许可。早在1452年，当半岛的部分地区还在摩尔人的统治下时，教皇尼古拉斯五世就颁布了教宗诏书《但凡不同》（*Dum Diversas*），允许葡萄牙将基督教的敌人变成奴隶。这项诏令同样适用于西班牙：

> 我们通过这份文件，以教皇的名义，赐予你们（西班牙和葡萄牙的国王）侵略、搜寻、抓捕和征服萨拉森人、异教徒等任何不信仰基督之人以及基督的敌人的权力，无论他们身处何方。此外，对他们的王国、公爵领地、国家、城市和其他财产也能实施同等的权力……并且使他们的人民永久地沦为奴隶。

即使当时的教皇只是为了保护天主教信仰，但是《但凡不同》这道诏令却给千千万万的被贩卖到美洲的非洲人带来了灾难。[3]

尽管天主教教会的作为被指摘为道德沦丧、贪婪甚至残忍，受到了普遍的质疑，但一些教派在美洲的影响却不可小觑。最初，传教会的成立并没有引起王室的重视，直到1609年，墨西哥成为皇家殖民地，情况才有所改变，在那时，许多教派都已经陆续到达了新大陆。1524年，方济各会的传教士们先到达了美洲。1526年，实力雄厚的道明会紧随其后。奥古斯丁派也在七年后来到了新大陆。

这些传教士前往美洲的目的只有一个：拯救土著居民的灵魂。

他们也会将日常的琐事和发生的重大事件记录下来。对于这些传教士来说，这项任务与保证土著居民能够生产食物来喂养自己，维持生存所需，并且为殖民者工作同等重要。他们会把种子和植物作为礼物，带到美洲其他地区的教会和欧洲的修道院，赠予那里的菜园管事。帕德隆辣椒便是如此传到加利西亚的。五百年之后，这些小小的带着甜味、偶尔又辣味十足的青椒就变成了西班牙塔帕斯酒馆和餐厅的必备食品了。在南美洲和加利福尼亚地区，这些教派对用于制酒的葡萄的种植起到了重要的作用。

对于那些定居或暂居于美洲的西班牙人来说，红酒几乎和小麦、肉类一样重要。红酒生产也是一项收益可观的生意。横跨大西洋运至美洲的红酒会变酸，舰队也不适宜为殖民地运送补给品，于是人们便就地种起了葡萄。各个教派历来都会在各自的修道院里制作红酒和其他酒饮，因此这项工作自然就落在了他们的身上。更重要的是，红酒是举办弥撒的必需品。墨西哥和秘鲁的一些地区很快就成为重要的葡萄种植区。[4]

武士、梦想家和商人

回到 16 世纪的欧洲，也就是查理一世和费利佩二世统治西班牙的时期，由于西班牙生产优质的羊毛和橄榄油，卡斯蒂利亚王室和欧洲其他国家的经济与贸易往来日趋频繁。西班牙变成了北欧和意大利最大的出口国。英国羊毛工业的萎缩，以及人们对西班牙美利奴羊毛的需求的上涨，进一步促进了西班牙的出口贸易。然而，最终是佛兰德斯，而不是西班牙从这种西班牙著名的羊毛生意上获利最多。羊毛从西班牙坎塔布里亚海岸的拉雷多港被运往帝国工作效率最高、工业最发达的荷兰，在那里羊毛成就了传奇，而西班牙应该从中汲取教训：虽然贸易对于进出口双方来说都是有所收益的，但通过当时世界上最有效率、最先进的纺织工业的加工，成品的价格一夜之间就能翻两番，令北欧的银行家和放款人不由得欢欣鼓舞。此外，假如他们用这些羊毛收益来拯救西班牙的经济，他们还能继续获得三倍的回报。优质的原材料被从半岛运往佛兰德斯，在那里变成温暖的毛毯和礼服，或被加工成价值连城的壁毯，挂在银行家和贵族的墙头。西班牙缺乏商品经济的眼光，依旧把重心放在维护帝国的领土以及捍卫天主教的信仰上。手工业是他国之事。通过跨大西洋的贸易，出现了羊毛之外的新的商机，西班牙和北欧的商人们获得了更多的稳定收益：烟草、糖、红酒和腌鳕鱼都被装在木桶和陶制容器中来到了欧洲。

印第安总档案馆位于塞维利亚古老的商业交易所里。正像它的第三展区所展出的那样，在欧洲和新大陆的贸易中，陶器的作用至关重要，尤其是在运送类似橄榄油、红酒和醋这样的商品的时候。被运往美洲的陶器大多都是在安达卢西亚制造的，可以分成三大类：建筑材料、家用陶器和装饰品，以及农业、手工产品的容器，例如"botija perulera"（窄口陶瓷），这是一种用来跨海运送各种货物的陶瓷容器。"perulera"一词显然与秘鲁（Perú）有关联，秘鲁是西班牙殖民地最重要的贸易中心之一。[5]

对于鳕鱼的热爱

数个世纪以来，西班牙人对鱼类和贝类的热爱是他们饮食文化的重要元素之一。对于生活在一个位于地中海和大西洋的包围之中的半岛上的人来说，捕鱼很早就成为许多西班牙人的谋生手段。西班牙人航海和捕鱼的经验之丰富早就四海皆知了。在北大西洋海域早期的力量角逐中，巴斯克人坚强的性格和优良的捕鱼技术令他们的竞争对手们景仰，尤其令英国、荷兰和法国的渔民和商人叹服。巴斯克人的捕鲸活动始于 11 世纪，但由于人们在比斯开湾海域过度渔猎，巴斯克人的传统活动受到了威胁，被迫向更远的海域航行，他们先到达了斯堪的纳维亚半岛附近的海域，接着又穿越了大西洋。

16 世纪中叶，巴斯克人历尽艰辛，到达了渔业资源丰富的北美洲沿岸，那里盛产鳕鱼。自此，他们的海上冒险和对鱼类的热爱变得一发不可收拾。在冰冷却蕴藏丰富的北大西洋，巴斯克人在船上用盐腌制鳕鱼，晾干之后带回欧洲，成为一项利益可观的生意。此外，自教会设置饮食限令以来，腌制鳕鱼丰富了天主教治下的西班牙的单调的饮食，受到了大众的欢迎。加的斯附近以及西班牙地中海沿岸其他地区的盐场，都为这项冒险的成功提供了重要的支持。这些生活在新大陆大浅滩的鳕鱼同样吸引了法国和英国，它们相继加入了旷日持久的争夺战，给西班牙和葡萄牙造成了不小的麻烦。

挪威人的捕鱼经验也是有口皆碑。他们最先到达北大西洋富饶的浅滩，而且他们有着丰富的海盐储备，在鳕鱼捕捞竞赛的后期，令西班牙人和葡萄牙人望尘莫及。西班牙人不仅不擅长经商，而且从未觉得自己有责任为他们的君主认领土地。捕鱼季很短（只限于夏天），西班牙的渔船不及英国的"口袋船"那样功能多样，此外，英法抢占了新大陆浅滩附近最好的天然海港，这些因素都不利于西班牙。对盐的持续需求耗资巨大，也是不利条件之一。那些认领了土地的人，可以把鱼放在岸边露天晒干——这种方法维京人在数个世纪以前就已经采用了。英国人用更大、更坚实的"口袋船"将各种零件和商品从欧洲运往新大陆。鱼和之后的棉花、烟草都是他们能运回欧洲的商品。由于经济的规模更大，他们能保证往返航程的收益。

西班牙在一个世纪之后才能保证持续供给鳕鱼——这种令西班牙水手和厨师魂牵梦绕的食物。最后的解决之道是在英国、北美和西班牙之间建立一种羊毛、红酒和鳕鱼的三角交易。巴斯克人尤爱鳕鱼，他们会各种不同的烹饪方法。他们早就为跨越大西洋做好了准备，好大量地捕捞鳕鱼。

巴斯克人如此热衷于腌制鳕鱼（bacalao），还有如此丰富的烹饪经验，似乎只有葡萄牙人才能与之媲美，但是究竟为何如此，学界一直没有统一的答案。简单地认为是由于天主教会的饮食规定令腌制鳕鱼大受欢迎的论断，受到了许多历史学家的质疑，他们认为鳕鱼的故事以及它和西班牙等其他国家的关系实际上更为复杂。腌制鳕鱼极大地改变了欧洲南部地区的一些饮食传统。[6]在伊比利亚半岛，鳕鱼为穷人们提供了出路，尤其是在教会对什么能吃、什么不能吃进行了严格的规定的时期，鳕鱼帮助他们改善了饮食。西班牙山地纵横，大片的土地都离海较远，没有像样的道路连接，鳕鱼丰富了内陆单调的鱼类品种，受到了普遍的欢迎，就连贵族阶级都将腌制鳕鱼作为一种"村味"加入了他们的菜谱之中。卡斯蒂利亚主要的海港集中在安达卢西亚地区，还有北部坎塔布里亚海沿岸的桑坦德、拉雷多以及毕尔巴鄂。商贩们冒着生命危险，用驴载着鳕鱼沿着蜿蜒的小路前往内陆，旅程通常要花费七到十天之久。腌制鳕鱼和新鲜的鱼类不同，它可以被长途运输且质量不减，此外，它价格低廉还能长期提供营养。人们对于腌制鳕鱼的消费在随后的两百年一直稳定增长。随着 18 世纪道路的修缮以及 19 世纪铁路的开通，人们对鳕鱼的消费更是达到了峰值。那时，英国人把在弗吉尼亚州附近捕获的鳕鱼做成质量略差一等的鱼干，结果大获成功。英国人拥有更高级的船只和更廉价的货源，逐渐控制了鳕鱼贸易，损害了西班牙、葡萄牙乃至法国的利益。毕尔巴鄂这座北部城市与英国的贸易往来密切，成为许多英国商人和供货商的定居城市，进一步激发了巴斯克人对腌制鳕鱼的热爱。在卡斯蒂利亚和加泰罗尼亚地区，虽然城市居民是鳕鱼的主要消费群体，但是绝大多数人都学会了如何将整条鳕鱼去盐、加水并区别处理它的不同部位。西班牙人将经过腌制和晒干之后的整条鳕鱼称为"bacalada"。"bacalada"的不同部位价格不一，穷人们可以购买较便宜的部位。鳕鱼经过处理之后，可以用橄榄油煎炸做成鳕鱼鸡蛋饼，还可以放入传统的蔬菜和鹰嘴豆炖菜，以便改善这些穷人的主食的味道。在大斋日和其他禁食猪油、香肠和肉类的日子里，人们用营养丰富的鳕鱼替代它们，好为大众饮食增加风味。和英语的表达法不同，在西班牙人们不会把未经腌制的鳕鱼称为"鳕鱼"，而会把它称为"新鲜的鳕鱼"（bacalao fresco），新鲜鳕鱼在市场中极其少见。

　　1977年，加拿大在大西洋北部大浅滩处的322公里的范围内设立了界限，自此以巴斯克人为首的西班牙人终止了在这块富饶海域长达五百年的渔猎生涯。[7] 如今的巴斯克人不再为了质量上乘的鳕鱼而四处寻觅新的海域，但是他们对鳕鱼的质量要求与他们的祖先曾经捕获而后腌制的一般无二。但凡鳕鱼是用海盐腌制的，并且是在太阳下晒干的，巴斯克人就会不吝用高价大量购买。专业厨师也好，业余爱好者也罢，不论是男人还是女人，都会用经典的传统或现代菜谱来烹饪腌制鳕鱼。这些菜谱不全是巴斯克人原创的，加泰罗尼亚和安达卢西亚地区的居民们也十分热衷于腌制鳕鱼。

禁食、禁欲与狂欢节

　　胡利奥·坎巴（Julio Camba）经常提及西班牙的饮食，但有时也不免评价苛刻，他写道："西班牙的食物里一般都会放许多大蒜，而且总与宗教脱不开关系。"[8] 尽管在现代，一部分西班牙人已经不再信仰天主教，但是绝大多数人选择相信，或者出于恐惧、激情和传统而成为圣母玛利亚的教徒。数百年来，教会给教徒们设定了许多禁食和禁欲的规定。人们为了歌颂上帝的母亲玛利亚，而在日历上排满了各式的庆典和地方节日；在这样的日子里，人们胡吃海喝。尽管教会百般阻挠，狂欢节仍在现代重返西班牙。

　　当时一半的欧洲都在哈布斯堡王朝统治之下，这个王朝的品位相对健康，但西班牙作为反宗教改革的国家之一，天主教教会因循传统在西班牙施行着禁欲的严格政策。路德和加尔文都反对通过禁食来获得救赎。而根据天主教信仰，个人想要获得救赎就必须禁欲，包括性欲、怒气和傲慢，当然也包括暴饮暴食。早期的苦行僧和教派成员都少食或不食肉类，以此来感受基督在离开这个世界之前，在沙漠中所做的四十天的准备工作。我们现在把这段时期称为"大斋节"，西班牙语将之称为"Cuaresma"。但若要说起宗教强制执行的饮食限令，比起其他的天主教国家，西班牙在数个世纪以来都享受优待，这多亏了"红十字军圣谕"。早在天主教国王的统治时期，教皇向西班牙颁发了这道圣谕，用来表彰其抗击穆斯林所取得的战功。

　　西班牙的信众们根据自己的经济实力可以向教会购买圣谕，如此除了圣灰节、大斋节期间的每周五、圣周的最后四天、圣诞的守夜期间、五旬节、圣母升天日以及圣彼得和圣保罗日以外，他们就可以在大斋节和其他需要禁食和禁欲的日子食肉了。1918年本笃十五世在位时，基督教教会终于放松了天主教国家的禁欲令，规定人们在全年 21% 的时间里禁食肉类和肉汤，比起 16 世

狂欢节和大斋节之战，由老彼得·勃鲁盖尔绘于 1559 年

纪时日历表上三分之一的禁食日子已经改善了不少。

　　在大斋节前，人们迎来了狂欢节。早在罗马统治西班牙的时期，人们在庆祝酒神节的日子里就开始举办这种赞颂生命和富余、开展政治批评和讽刺的古老节庆活动了。在西班牙，这些节日在数个世纪之中屡遭教会、国王和独裁者的反对和阻挠。1523年，查理一世禁止人们使用面具，因为有臣子向他进言说狂欢节会鼓舞人民起义。在 18 世纪时狂欢节也被禁止了数次，因为当权者们认为狂欢节会使人们在临近需要祈祷和节食的日子变得躁动不安。在佛朗哥统治下的 1937 年到 1947 年，全国大大小小的狂欢节都被禁止举办，就连历来最负盛名的加的斯狂欢节也被取消了。但事实上，西班牙的狂欢节从未完全消失，人们挑战教会的权威，一直悄悄地举办着。教士和修女们对此忍无可忍，但对于普通大众来说，狂欢节不仅仅意味着面具、甜食、彩纸和讽刺，还意味着他们对于肉食、红酒和性的欲求。

　　欧洲的画家和作家历来喜欢表现狂欢节和大斋节的二元对立之争（肉欲和贞洁、禁欲的对立）。在西班牙，一位14世纪的诗人伊塔大司铎胡安·鲁伊斯（Juan Ruiz El）在他的名为《真爱之书》（*Ellibro del buen amor*）的诗集之中首次提到了这个主题。[9] 1559年，佛兰德斯画家老彼得·勃鲁盖尔（Pieter Bruegel the Elder）用油画出色地描绘了这一主题。他的绘画表现了两种不同时令菜系的过渡：一种不放肉食、简陋且令人没有食欲；另一种则是为了那些富人准备的，美味、充满希望且放足了肉食。

黄金世纪：流浪汉、画家和作家

　　西班牙历史上曾有过一段被称为"黄金世纪"（El Siglo de Oro）的时期，时间正好与西班牙哈布斯堡王朝的兴起与衰落吻合，更确切地说是从16世纪初到17世纪中叶，在这段时期内西班牙的文学和文化蓬勃发展。究竟是谁先创造了"黄金世纪"一词，仍有待学者解答。他们在西班牙的文学史编撰以及"黄金世纪"这一概念的形成方面还有许多工作有待进行。[10]

　　16世纪时，文学已从浪漫主义中抽身。过去的浪漫主义从不关注社会大部分人所遭受的深重的苦难。艺术家和作家热烈地探讨着那些从前被认为毫无吸引力的主题：疾病、虐待、不公正、生存，尤其是饥饿。以往那种把世界描绘成一幅美妙而富足的理想国画面的温和的文学已经变得过时了。像《安达卢西亚的洛萨娜》(*La Lozana andaluz*)和《小癞子》(*El Lazarillo de Tormes*)这样的作品一经出版便大获成功。一个文学不断革新的时代到来了，女人们也加入到了这股潮流之中。

在15、16世纪，西班牙女人成为文学中常见的形象，她们如何通过烹饪而对男性施加影响变成了热点话题，虽然得出的论断不免是从男性的视角出发的。弗朗西斯科·德尔加多（Francisco Delgado），也被人称为弗朗西斯科·德里加多（Francisco Delicado），是一名改信了天主教的西班牙人，他致力于成为一名牧师，他在威尼斯书写了一部名为《安达卢西亚的洛萨娜》的书，于1528年出版。这部书是最早的流浪汉小说之一。流浪汉小说是一种新的文学题材，它的流行引起了教会和宗教裁判所的警觉。许多犹太人自1492年被驱逐出西班牙之后改信了天主教，他们逃往葡萄牙、荷兰和像罗马和威尼斯这样的一些地中海城市避难，其中有许多人都逃往了那不勒斯——那是西班牙帝国的一块重要的飞地。德尔加多决定跟着他的朋友前往意大利，在罗马定居并以写作为生。《安达卢西亚的洛萨娜》一书中的非道德和情色内容突出，也提及了流放的生活和对过去的回忆，包括对食物的回忆。洛萨娜出生于科尔多瓦，是一个野心勃勃的安达卢西亚女人，她改信了天主教，但本性不良，外表也不突出。她在意大利做厨师，以烹饪来满足顾客们的需要。在书的头几章里，有一段她在科尔多瓦时和姑姑的对话，她不仅提到自己是如何成为厨师的，还说到她在开始异国冒险之前，她的外婆教她做过的菜。洛萨娜说：

> 　　您看，我亲爱的姑姑，比起我的母亲，我更像我的外婆。他们出于对外婆的爱，把我叫作阿尔东萨。如果她如今还健在的话，我就能多学会些我现在不懂的东西。她教我如何烹饪；在她的指导下，我学会了如何做意面、小馅饼、鹰嘴豆古斯古斯、全麦大米，还有又干又油、放了香菜的紧实的肉丸子。所有人都喜欢我做的肉丸子。您看，亲爱的姑姑，我父亲的父亲，也就是您的父亲曾经说过，"这些都是阿尔东萨做的，你们还以为她不会做卤汁呢"。您知道有多少在埃里亚的男士区做生意的小商贩们都想尝一尝用这种卤汁蘸过的羊肉吗？您就想一想吧，蜂蜜来自阿达穆斯，藏红花来自佩尼亚费尔，所有安达卢西亚出产的珍品都能在外婆家找见。她会做油炸的薄饼（hojuelas）、蘸了蜂蜜的油炸面团、杏仁饼干、黑芝麻蛋白薄脆饼、大麻籽、油炸蜂蜜团子（nuegados）……[11]

　　洛萨娜列出的这一长串清单为读者清晰地描绘出了安达卢西亚的饮食风貌，从中依旧能看出犹太和阿拉伯传统的影响。洛萨娜的橱柜里放着各式的奶酪、杜兰小麦和意面、产自亚历山大的刺山柑、地中海的杏仁和格拉纳达的葡萄干。

　　残酷的生活令洛萨娜接触到了罗马的腐败、暴力和情色交易。最后，她凭借自己在厨房中的一技之长，成为一家妓院的老鸨。烹饪成了洛萨娜控制男人的一项技能。洛萨娜的性张力体现在她和食物与烹饪的复杂关系中，洋溢在全书的各个章节，最后竟以她赢得了某种尊重而欢快地结了尾。她的烹饪融合了犹太、阿拉伯和安达卢西亚的传统，选用的都是能买到的最上乘的配料，比如那些令男人们难以抗拒的胡椒、大蒜、孜然、香菜和那些体现出她犹太裔西班牙人出身的各式香料。[12]

炸果子

　　在西班牙，人们把用面粉和水和起来的团子放在橄榄油或猪油里油炸，并把这一系列的传统菜谱统称为"炸果子"（Frutas de Sartén）。有时，人们会在面团里加些鸡蛋和牛奶来添加风味。食用时，人们一般会浇上一层蜂蜜，或蘸糖浆，或撒上糖一道吃。许多菜谱都和宗教庆典有关，比如圣诞节、大斋节和永无止境的圣徒纪念日。

　　炸果子的起源已经无从考证了。从前，西班牙的牧羊人总是用水和面粉和成小团子，在冬季油炸食用。一些菜谱早在罗马帝国时期就已经存在了，另一些则带有明显的安达卢斯和犹太风格。在西班牙的黄金世纪，许多用卡斯蒂利亚语写的早期烹饪书和小说中都提到过做炸果子的菜谱。葡萄牙人宣称是他们从中国把一些做炸果子的方法带到欧洲的。

在西班牙，炸果子的形式多种多样，比如馒头状的"almojábanas"，裹蜜的"enmelados"，裹糖的"melindres"，像海参似的"cohombros"，耳朵状的"angoejos"，茴香味的小甜甜圈似的"rosquillas de anís"，叶片状的"hojuelas"，手帕状的"bañuelos"，卷状的"pestiños"，油炸蛋皮面包片"torrijas"，短

炸果子，人们依旧会在大斋节期间做的油炸甜点

油条状的"churros"，细长的油条状的"porras"，炸花"flores de sartén"，等等。安赫尔·穆罗（Angel Muro）是一位 19 世纪的作家，他在《大厨》（*El practicón*）一书中介绍了几种炸花的做法，他将之称为"玫瑰"（Rosas）。他还把西班牙做"玫瑰"的方法和法国的方块薄饼（gauffre）的做法进行了比较，但似乎有些多此一举。在西班牙，人们用带着长柄的、铸成花形的铁制模具来做炸花。人们先用热油加热磨具，然后浸入用面粉、鸡蛋和牛奶做的薄面糊中，再把它浸入滚油之中，炸花在油中会自动脱开磨具。在西班牙，人们每逢节庆日都会准备这道饮食，但继承着这项传统的这代人已逐渐逝去，幸好各地的甜品店依旧会售卖这些美食。

西班牙炸油条（churro）算不上是十分健康的饮食，它带有明显的摩尔人风格，在西班牙的时代更迭中留存了下来，而且重新获得了大众欢迎。人们用小麦面粉、水和盐做成有十分有韧性的面团，然后用带有星形管嘴的挤筒把面团挤出到装着滚油的深口锅中，如此面团外层就有了细褶。短小的炸油条和细长状的炸油条是为数不多的可以被称为"街边小吃"的西班牙美食。人们走在街上趁热蘸糖吃，或是把它们装在纸筒里吃，类似英国的炸鱼薯条。商贩们一般会在固定的或是移动的油条店（churrería）现炸油条，然后直接卖给顾客；在许多咖啡店和巧克力店，人们也会把它们当作早餐或在午后当作点心。油条宜脆不宜粘。包括油条在内的许多炸果子在南美洲非常受欢迎。

油炸蛋皮面包片（torrija）逐渐变得无人问津。它是一种用方形或椭圆形的面包片，蘸上蛋液和牛奶甚至红酒，然后油炸，蘸糖浆或者撒上糖和肉桂粉做成的食物。这种食物带有明显的中世纪风格。如今人们还会在家里做这种甜点，糕点店和咖啡店也会售卖它，尤其是在大斋节期间。

洛萨娜的故事一定会令人文主义作家胡安·卢斯·维韦斯（Juan Luis Vives）感到惊愕，他笔下的主角多是追求完美和令人尊重的女性。他写道："在考量一位诚实的、充满美德的女性的食谱时，香料、红酒和甜食都应被视为是会令意识昏聩的、令人厌弃的食物。"在他写来用以教育亨利八世的长女，也就是未来的英国女王玛丽一世的书稿《基督教女性的教科书》（*The Education of a Christian Woman*）中，维韦斯依旧保持着他一贯的论调，强调女性的谦谨和持重：

通过这部书，年轻的女孩将学会如何做饭。她并不是要学会厨师的手艺，也不需要学会做甜食或其他的无用之物，而是要学会如何做一顿简单、适量又干净的饭菜。以此，作为女孩，她可以取悦父母、兄弟和姐妹；结婚之后，她可以满足丈夫和孩子。如此，她就能赢得所有人的赞誉。

以捡拾垃圾为食的小乞丐。巴托洛梅·埃斯特班·穆里罗（Bartolomé Esteban Murillo）绘制
于约 1645—1650 年

　　人文主义作家维韦斯显然认为只有修女或者贵族妇女才需要遵
守这些条条框框。当时的世界已经不再选择保持缄默，而是想要尽

可能地通过西班牙文学来表达愤怒、饥饿、不公正乃至喜剧。[13]

在随后的一个世纪之中，流浪汉文学将注意力转向了一个没有中产阶级的、经济上两极分化的国家：贵族和平民，富贵与贫困。在流浪汉文学中，探讨饥饿问题和批评教会的奢侈无度成了一种时尚。这种新的文学形式具有极强的现实主义风格，并对社会问题进行批判，它第一次把饥饿作为主要探讨的问题，不同的作者以此来描述现实生活。流浪汉小说（picaresca）的名字来源于西班牙语单词"pícaro"（"无赖""流氓"之意），是一种早期的小说形式，一般都采用第一人称叙述，对社会的腐败进行了讽刺性的批判，一直流行到17世纪末。读者们从中能找到一个更为关注平民百姓生活的文学世界，还能看到在查理一世、费利佩二世、费利佩三世和费利佩四世统治时期独特而真实的西班牙画卷。对于大多数相关领域的专家来说，这种新的文学体裁起始于1554年出版的《小癞子》，终结于另一部黄金世纪的巨著——戈维多（Quevedo）的《骗子外传》（Buscón）的出版。

《小癞子》的作者不详，描述的是一个年轻的小混混自小遭受的种种饥寒交迫和不幸的经历。他试图当用人和随从来摆脱这样的生活，碰到的却尽是些刻薄吝啬的主人，于是他便使一些恶作剧来报复他们。《小癞子》是一部文学珍宝，它教导人们如何重新振作，故事给人以希望又令人幻灭，主人公在最后付出了高昂的道德成本。作者通过此种方式来令那些世俗社会和教会中的权贵难堪。很快，教会和宗教裁判所就决定进行干涉。这部书的作者严重地越了界，如此具有批判性的著作的流传必定被制止。

《小癞子》一经出版便被明令禁止，但却未能阻止它的流传。米格尔·德·塞万提斯（Miguel de Cervantes，1547—1616）顺应了流浪汉小说的潮流，在他举世闻名的著作《堂吉诃德》中阐述了16和17世纪时，食物在西班牙的重要作用和缺乏食物的影响。从作品的第一页开始，读者们就会发现自己置身于一个围绕着两个主角而展开的食物世界。堂吉诃德是一个梦想家，也是位绅士，因为读了太多的骑士小说而与现实社会脱节。为了实现他的梦想，他可以不吃不喝。他又高又瘦，而且性格古怪。另外一个主角桑丘·潘沙则是一位脚踏实地却历经苦难的仆从，他又矮又胖也从不做梦，总是时刻感到饥饿难耐。《堂吉诃德》被认为是欧洲的第一部现代小说，也是全世界最优秀的小说之一，首句便道出了那些过时了的、没落的卡斯蒂利亚绅士的社会处境。随着故事的推进，一个最初单薄赢弱的乡绅最后变成了一个完美的反英雄人物，为了成为一名驱除社会不公的游侠，放弃了原本平静的享乐生活，尽管他的饮食也是被迫节制而简陋。塞万提斯在书的开头提及了几样堂吉诃德餐桌上的饭食：平时偶尔吃炖牛肉，有时也能吃到碎羊肉（用炖肉剩下的肉和洋葱一道烹饪，然后浇上橄榄油和醋），周六吃腊肉煎鸡蛋，周五吃扁豆，周日有时吃顿鸽子。《堂吉诃德》远不只是一部介绍食物的书籍，但它详细且不失趣味地为读者介绍了那位于中央高地南部的、地域辽阔的拉曼恰地区的食柜和大众饮食传统。一般来说，拉曼恰地区的饮食不仅谈不上丰富，甚至可以说乏善可陈。那里的料理一般都是由妇女在自己家里，或是在那些危险的小路边上，或是在小村庄里的不知名的客栈之中烹调的。有时，同样的菜肴在那些驿夫、农民、牧羊人、流浪汉，甚至土匪的眼里，称得上是丰盛而美味的。那些没落的贵族和归国返乡的商人们也吃着这样的菜肴。有些在节庆日烹饪的古老菜谱依旧被当代的名厨所借鉴：用小块野味和未发酵的面包做的凉汤烩饼（gazpachos galianos）；用鸡蛋和培根，乃至羊脑，加上盐和一点黑胡椒做的腊肉煎鸡蛋。有些菜肴的名字形象而富有趣味。驴止蹄（atascaburras）是用土豆和腌制鳕鱼做的一道菜，组成这个菜名的"atascar"意为"阻碍"，而后半部"burras"的意思是"驴子"。黑食（tiznao）的名字就是用来描述这道菜较深的色彩的，是把干辣椒和辣椒粉作为调料，选用腌制鳕鱼、土豆、洋葱、大蒜和橄榄油做的一道菜。

在整部书中，塞万提斯一直让他的主人公们忍饥挨饿，长期为贫穷所困，但偶尔也会仁慈一番，让他们奢侈片刻再去接受命运的打击。在书的第二部中，两位主人公在旅途中结识了两个学生，于是决定结伴去参加卡马乔的婚礼。"大人应该同我们共同前往，"这两位学生邀请道，"您就能见证拉曼恰地区，乃至方圆几里之内举办过的最奢华的婚礼了。"桑丘被卡马乔婚礼上的饕餮大餐所惑，第一次公开顶撞了自己的主人。桑丘认为卡马乔这么富有的人完全有权娶一个像契特丽亚这样年轻的当地女孩，尽管她一直爱着英俊健美却比桑丘还要赤贫的巴西里奥。最后，巴西里奥瞒天过海，上演了一出好戏，假装行将就木，而后终于娶到了契特丽亚。这场闹剧在堂吉诃德的眼中是天经地义的，却打碎了他的随从的美梦。婚礼当天的早上，桑丘被一阵烤培根肉的香味给唤醒了，这只是操办这场即将举办的婚礼的 50 多名厨师为数百名嘉宾们准备的开胃菜而已。当桑丘来到宴会现场的时候，简直就不敢相信自己的眼睛：

> 一整头牛被架在一根榆木树干上烧烤；用来烧烤的火堆处堆积着如山一般高的柴火，火上还架着六个大盆，和普通碗盆的大小不同，它们简直可以称得上是大锅，大得能够装下整个屠宰场的肉了：里面能装下整头羊，把羊放进碗中简直就像小鸽子一般，马上就没入盆中消失不见；树上挂着无数扒了皮的野兔和拔了毛的鸡，随时准备着被放入锅中；树上还挂着各式家禽和野味，在凉风中晾着，多得数都数不清。

把面团油炸做成的炸果子留待宴会的最后才呈上，皮制酒袋里的数百升红酒也是宴会最后的重头戏。曼彻格奶酪、数百条白面包触目皆是，可怜的小癞子肯定无法想象。最后，令可怜的桑丘绝望不已的是，他腹内空空如也地来，又只能腹内空空地离开，因为他的主人惯行着堂吉诃德式的风格，又站错了队伍。[14]

一路直向埃斯科里亚尔

费利佩二世从他的叔叔手中继承了德国，如此他治下的帝国依旧是有史以来疆域最辽阔的帝国之一。为了捍卫天主教信仰，确保卡斯蒂利亚的霸权，也为了竭力避免经济的紊乱以及外国银行家的操控，这位国王只得和他父亲一样，为帝国的事业殚精竭虑。

正如他父亲的时代一般，一吨吨的金银从墨西哥和秘鲁源源不断地流入西班牙，但也不能够满足帝国庞大的开支。载着贵重货物的舰队一到塞维利亚，随即便被运往他国来支付长期的沉重负债，最终拖垮了西班牙帝国。费利佩在位时，数次拒偿债款。西班牙的人民大众，尤其是卡斯蒂利亚地区的贫民，很快就品尝到了经济苦果。

这位新的国王没有继承他父亲对旅行的热爱，也没有在国际事务上或在战场上显露声名的欲望，更没有继承他父亲旺盛的食欲。查理一世自打出生便崇尚法国文化，因为人生际遇又精通数国语言，但尽管他一直尝试着想要成为西班牙人，最终依旧被视为是一名外国人。和他的父亲相比，费利佩二世虽然继承了父亲金色的头发和蓝色的双眸，但他却是一名地地道道的西班牙人，或者说是卡斯蒂利亚人。他还从父亲那里继承了哈布斯堡血统特有的、不太令人赏心悦目的头型，他也喜欢适量地品尝些野味，除了这些以外，他和他的父亲再无相似之处。他从不暴饮暴食，总是穿着一袭从不为他的形象增益的黑衣，过着简朴的生活，重视宗教裁判所的工作。他的敌人们总在这些方面做文章，借此诋毁他的形象。无论公正与否，"黑色传奇"（Leyenda Negra）成了他的身后名。虽然人们不常提起，但是有理由认为他是西班牙有史以来最出名的帝王，为国民所敬仰并被其他国家所憎恶。由于受制于英国的天气，此外西班牙指挥缺乏航海经验和决断力，无敌舰队全军覆没，成了"失败舰队"，但却丝毫没有影响国王的声名。费利佩树敌众多：英国、法国、宗教改革，甚至还有自己的儿子——另一个查理。这位查理有些病态且性格狡诈，他在他祖父最爱的荷兰掀起了暴动，因为叛国而永载史册。费利佩则更为偏爱马德里。

这并不是第一次有国王把整个宫廷迁至马德里，当时它还是一座最初由摩尔人建造的卡斯蒂利亚小镇，位于半岛的正中心。关于费利佩为何最终决定在此度过余生，历史学家们还暂无定论。众所周知的是王后厌恶托莱多这座城市，而塞维利亚又距离遥远。阿卡萨城堡位于马德里，是一座建于19世纪的摩尔式的城堡，如今则矗立着东方宫，当年费利佩就在此处统治着西班牙及其整个帝国。他在瓜达拉马山的山脚下建立了埃斯科里亚尔宫，这是他自己的宫殿、修道院和皇家陵园，他生活于此，逝世于此，最后被葬在了他父亲的身边。国王决定定居马德里，不仅改善了皇室的生活，也有利于国家财政。宫廷不停地搬迁不仅对于王室来说耗费巨大，就连当地人民也难免遭池鱼之殃，因为庞大的随侍队伍所需要的大部分饮食都需要由他们经过的村镇提供。

在埃斯科里亚尔宫，费利佩过上了与世隔绝的生活，逐渐与人民失去了联系。在他那斯巴达克式的办公室中心，安放着一张橡木桌，变成了他向新旧大陆派遣远征队的指挥中心；他在这里处理着俗世的事务，解决精神上的问题，也权衡着千里之外的战争的胜败。与此同时，马德里发生了天翻地覆的变化，原本手工

匠、臣民、极少数的市政服务人员和其他地方的贵族的生活空间
逐渐被外来人口侵占。大公们依旧住在他们乡下的庄园之中，但
是官员、小贵族、外交官、银行家、书商、店主、理发师、职业
厨师，乃至啤酒酿造师则把马德里当作了发家致富之地。于是，
如何满足食物和红酒的供应成了令当地权贵们头疼的问题。

　　16—17 世纪时，马德里的社会和经济转变造成了食物生产和
分配的变化。由于受到来自西班牙其他地区，乃至其他国家的食
谱的影响，马德里的烹饪传统也随之发生了改变。进口食物将这
个新的首都变成了西班牙最重要的食品市场。有一件事情是十分
明确的：马德里人即使钱财有所富余，也可以不以水果、蔬菜和
鱼肉为生，但他们的日常生活绝对少不了两种大众传统饮食的主

《皇家宴会》：西班牙的费利佩和他的家人与朝臣举办宴会。 阿隆索·桑切斯·科埃略绘，
1579 年

要食材：面包和豆类。即使是像小麦这样的作物，曾经在西班牙遍地种植，产量足以满足城镇人民所需，而且还能出口获得丰厚的收益，如今也只能依靠进口了。在哈布斯堡统治时期，农作物歉收以及政府在控制谷物供应方面的无能不止一次地引起了社会动荡。粮食供需之间的不平衡导致其价格飞涨，生产商和商人的投机倒把和赚取暴利也变得越来越常见。

随着人口的增加及其多元化的发展，西班牙需要扩大进口才能满足人们对用于磨面的谷物以及其他饮食的需求。骡夫每天都将各式各样的食物运到市场上售卖，但是产品的质量却不尽如人意，尤其是鱼和肉的质量。马德里位于半岛的中心，周围高山环绕，地势险峻，与海岸距离遥远。当地捕捞的河鱼受到马德里人普遍的欢迎。其他像康吉鳗、沙丁鱼、八爪鱼、金枪鱼和海鲷这样的海鱼一般都会被腌制然后晒干，或是烟熏之后，才流入富人们的厨房之中。海鲷在西班牙语中被称为"besugo"，人们一般会将它放在烤箱中烘烤，只在鱼肉上放上一片柠檬作为调味，后来竟成了马德里人在平安夜必吃的传统菜肴。每年冬季，海鲷会成群结队地游至西班牙北境的沿岸。在 17 世纪初的西班牙，冬季是人们唯一能够吃得上新鲜又肉质紧实的海鱼的季节。在一年中剩下的时节里，待鲜鱼被运到马德里时，基本已经不适宜食用了，尤其是在夏季。冬季，骡夫从山上运来雪和稻草放在一块儿，好让雪化得更慢些，这使易腐的货品在长达一周的漫漫旅途中能保鲜得更久。五个世纪过去了，如今马德里人依旧不惜花费重金在圣诞节期间购买最新鲜、个头最大的海鲷。

戈雅的金色海鲷静物画，1808—1812 年绘

毕尔巴鄂中心市场的鱼摊

在哈布斯堡治下的马德里，冰饮和凉菜受到了马德里人的追捧。人们把从瓜达拉马山脉取来的雪贮藏在市郊的地底下，同稻草和冰块放在一道，这些冰块都是人们利用寒夜把大的浅口铁盆放在中央高地上得来的。这些冰块十分难吃，而且无法安全食用，如果人们珍惜自己的生命的话，就绝不会把这样的冰块放进自己的饮料里。这些冰块被放在城市主街上的冰摊上出售，人们把从事这门特殊生意的商贩称为"obligado"。他们垄断了整条供应链：从到山上采集雪到贮存，最后销售给顾客。宫廷御厨和富人们的厨师经常用冰块来冷却餐食，好做出一些精致的菜肴。冰块还被宫廷里的用人和侍酒师用来冷却水、啤酒和红酒壶，好供王公贵族们享用。17 世纪末，鉴于当地的医生认为冰饮大有裨益，一位名为佩德罗·夏尔基埃斯（Pedro Xarquies）的企业家决定开封马德里的几个冰窖，提供冰块来做流行的冷饮。

尽管费利佩二世喜爱埃斯科里亚尔宫的简朴和清净，但是他作为勃艮第的后裔，奢侈、仪式和礼节仍不免体现在马德里的阿卡萨宫的角角落落，这里也将作为西班牙王室在之后数个世纪的定居之所。宫廷与他的家臣们的平民式的西班牙风格大相径庭，尽管国王自己平时的饮食也十分简单，午餐就只吃杂烩。他也会享用些像白肉冻这样的菜肴，和梅斯特尔·罗伯特·德·诺拉在一个世纪之前所描述的做法一模一样。有件事是十分明确的：费利佩二世不需要像他的父亲那样，每晚都让御厨用牛奶炖鸡来帮助他入眠。

御膳房之内

　　关于查理一世和他略微简朴些的儿子的饮食的详细记载几乎难以找到，只能找到些将之描述为十分丰盛的大致记载。那时，只有宗教裁判所和禁书索引会对饮食史造成影响；它们不鼓励任何形式的发表，自然也不会鼓励饮食书籍的出版。众所周知的是费利佩二世讨厌鱼和水果，喜爱罗伯特·德·诺拉的老式菜谱。鉴于在 1598 年这位国王去世之后，再也没有人出版过烹饪书籍，因此德·诺拉的书便被奉为了御厨的"圣经"。费利佩和他的父亲一样，都忍受着痛风之苦，这种病症在那些过度饮食的人身上十分常见，费利佩的情况则恰恰相反，他显然是因为饮食过于简朴才得的病。在哈布斯堡王朝统治时期，和饮食以及饮食服务相关的各个方面其实包含着更丰富的信息，比如饮食的财政支出、每日的特色菜，以及照顾帝王、王后日常起居的用人团队的复杂的架构。

　　在阿卡萨宫，凡是参与国王日常饮食及宴会的供给、安排、准备和服务的部门、楼宇和人员都被统称为"御膳房"（oficio de boca）。此外，还有负责食物运送和管理的"储膳司"（guardamanxier），包括厨房、食物贮存室、面包烘焙室、存放饮品的酒窖和服务人员管理处。储膳司负责贮存和分配珍贵的食材和香料，以及每次宴饮需要用到的餐具。御膳房则负责其他一些更具体的工作，例如家具、地毯和挂毯的制作和维护人员，他们主要负责房间的装饰和准备工作；还有专门制作蜡烛的人来负责照明。有数百名用人专门服侍王室的早餐、午餐、晚餐和餐点之间随性想吃的食物；他们也需要在举办宫宴和庆祝节日的时候，为所有官员提供饮食。御膳房之内，大堆的柴火和巨大的烤箱几乎从不停歇，各式陶器、铜制和铁制的用具也时刻准备着开工。厨师、厨工和洗碗工都在主厨（cocinero mayor），也就是如今的行政主厨的严密监视之下。他统管着厨房的一切事宜，包括接收从储膳司运来的所有食材，最重要的是要确保所有的菜肴在被端上御桌之前都准备得当且味道合宜。还有一位专门的"餐巾厨师"（cocinero de servilleta），由资深的副主厨担任，这样的厨师总会在肩膀上搭上一块巨大的餐巾，需要亲自把菜肴送到餐厅，并且每天都要亲自服侍王室进食。[15]

迭戈·格拉纳多（Diego Granado）出版《烹饪的艺术》（*Libro de arte de cocina*）的那一年，费利佩二世逝世于埃斯科里亚尔宫。此书收集了许多菜谱，多达 700 多种，其中许多菜谱深受德·诺拉作品的影响，因此这位作者也受到了其他许多作家和厨师的批评，尤以弗朗西斯科·马丁内斯·孟蒂尼奥（Francisco Martínez Montiño）的批评最甚，他是一位十分出名的御厨，可算得上大厨中的大厨。格拉纳多还从巴尔托洛梅奥·斯卡皮（Bartolomeo Scappi）的《烹饪艺术集》（*Opera dell'arte de cucinare*）中找了些灵感和菜谱。[16]

进入 17 世纪之后，普通大众的饮食发生了变化，尤其是那些因为失去了土地而被迫前往城市谋生的人，他们的饮食变化最为显著。数个世纪以来，随着小贵族们逐渐谋得了稳定的工作，或受到了知名学府的教育，王公贵族们的食谱和平民食谱的两极差异缩小了。为了说明这一点，我们举一道用菠菜做的菜肴为例，就可以看出厨师们和作家们已经开始制作一种"中性的食谱"。随着城镇居民人数的增多，原本只为御膳房准备的菜谱，也逐渐走进了寻常百姓的厨房。在16—17世纪时，西班牙几乎没有工业，可耕种的土地集中在少数人的手中，这改变了乡村的生活风貌。贵族阶级可免于赋税，为了战争、荣誉和财产而生活；百姓们生活贫困，赋税沉重，而且时常忍饥挨饿，他们开始向城市迁徙，或求份工作，或冒险出海，或参军作战。城镇的发展可以体现在人们生活水平的提高，也能体现在可购食物以及可实现的菜谱的增多。

当时，人们做菠菜的菜谱如下：先将菠菜洗干净，放入水中煮，加入盐和香料。把菠菜沥干，放在木板上切碎。然后把切碎的蒜放入锅中油炸，放入菠菜。接着放入葡萄干和蜂蜜调味，增加菜的甜味。还可以把香料和多余的大蒜碾碎，用水稀释一下，然后浇到菠菜上，来增加这道菜的风味。上菜的时候将菜的多余水分去除。大斋节期间，人们可以把菠菜做成汤食，或浇上一些醋。现代的大厨们依旧会按照古法做这道菜，只是不再用蜂蜜，有时也不再加香料了。这道菜谱最早记载于多明戈·埃尔南德斯·德·马塞拉斯出版于1607年的书中，他是当时萨拉曼卡大学奥维耶多圣萨尔瓦多学院的一名厨师。这道菜带着明显的犹太和阿拉伯风格，因此才会用橄榄油。而且很有可能大名鼎鼎的弗朗西斯科·马丁内斯·孟蒂尼奥作为两代帝王的御厨，为费利佩二世和费利佩三世都做过这道菜。马塞拉斯和孟蒂尼奥做的这道菜应该大同小异，尽管在香料的种类和数量上，以及做这道菜的频率上会有所区别。马塞拉斯是为那些有识之士、法官和银行家的子嗣下厨的，因此预算有限。孟蒂尼奥是国王的御厨，储膳司的储藏丰富，但肉食更符合国王的口味，尤其是费利佩二世，终其一生都厌恶蔬菜。

多明戈·埃尔南德斯·德·马塞拉斯的《烹饪的艺术》是献给普拉森西亚的主教佩德罗·贡萨雷斯·德·阿尔苏埃洛（Pedro González de Arzuelo）的。他在书中描述了如何准备一年的食物，包括肉类、鱼肉、馅饼、蛋奶甜点和酱汁，还介绍了当时西班牙时兴的菜肴和甜点。这部书一共分为四个章节。第一章介绍了一些在冬夏时吃的开胃菜：有些是用新鲜水果和干果做的，还有些是用像卷叶莴苣和胡萝卜这样的蔬菜，用油和醋一起炒，再加入许多糖和胡椒做成的。这种烹饪方法独具一格。马塞拉斯会把这道菜做成热沙拉。先把它放在陶碗中，上面盖上盘子，然后将陶碗倒置，搁在壁炉里的炭火上烹饪两小时。在第二章中，他介绍了几种用不同的食材做成的新鲜沙拉，足以体现出一位擅长烹饪融合菜的厨师的天赋：他在各式蔬菜（书中未详述）中加入脱盐处理过的刺山柑调味，然后浇上橄榄油和醋。他在上菜之前摆盘时，会在沙拉中加入几片五花培根肉、腌牛舌，也会加些鳟鱼和三文鱼（应该是腌制过的）、鸡蛋白、糖渍陈皮、吗哪、糖、石榴籽和用来装饰的琉璃苣。第三章中介绍的沙拉相对简单，仅将脱了盐的刺山柑烹饪了之后，洒上橄榄油、醋和糖。他在第四章中记载了一些在夏季、冬季和在大斋节食用的点心：在西班牙语

中被称为"camuesas"的香苹果、樱桃、桃子、杏子和野梨。随
着西班牙帝国居民们的生活水平日益提高，他们也逐渐养成了新
的饮食品味，就体现在这一道道的甜点之中。

埃尔南德斯·德·马塞拉斯用极浓重的笔墨介绍了肉类加工，
先介绍了切肉的技术，然后列举了许多家禽和野味的做法。其中
有一些是经典菜谱，比如用鸡肉和米饭做的、中世纪即有的白
肉冻，还有用羊肉做成的、传统上只为皇室准备的"皇室奶冻"
（manjar real）。书中还记载了英式馅饼（empanadas inglesas），
用野味做的各式各样的泡芙饼（馅饼和蛋奶甜点），还有甜点
以及美味的杏仁软糕。桑丘的最爱之一——腊肉煎鸡蛋（olla
podrida），还有肉末（guigotes），以及醋熘味儿的填馅鸡卷、山
鹑卷也是当时人们的必食之物。他还介绍了些烹饪家禽和野味的
菜谱：烧烤的、炖的、腌的或者做成被称为"albondiguillas"的
小肉丸子。[17] 作者还介绍了大斋节期间的饮食，一些以鸡蛋为原
材料做的重要的菜谱，还有如今被称为"potages"的炖菜。也有
一些菜肴是用新鲜的或腌制过的海鱼和河鱼做的。有康吉鳗和加
利西亚极其流行的、奇形怪状的七鳃鳗等鳗鱼，还有金枪鱼、鲷
鱼、沙丁鱼，甚至还有龙虾，先在水中煮沸，然后撒上胡椒、盐
和橙汁食用。还有一些菜谱是架烤鱼肉做的，另一些则是采用烘
烤的方法或把鱼肉做成馅饼。书中罗列了许多甜点，比如用新鲜
水果、干果、蜂蜜和加了香料的糖渍水果做的蛋糕。

假如查理五世在博洛尼亚时，在庆祝他加冕为神圣罗马帝国
皇帝的宴会上，会对一位坎佩焦红衣主教的厨师——巴尔托洛梅

奥·斯卡皮印象深刻的话，那他一定也会对弗朗西斯科·马丁内斯·孟蒂尼奥这位自费利佩二世幼年时期就开始为其服务的年轻厨师印象深刻。孟蒂尼奥不仅在另一位国王——费利佩三世（1578—1621）的御膳房中担任着厨师长的重责，还因为他于1611年出版的《烹饪和制作糕点、饼干和蜜饯的艺术》（*Art of Cooking and Making Pastries*，*Biscuits and Conserves*）一书，而成为历史上最有影响力的西班牙厨师之一。孟蒂尼奥的书是为国王的御厨们写的，因此是一部典型的西班牙巴洛克时期出版的宫廷烹饪书籍。这部书一直到 19 世纪都是西班牙的烹饪指南。

人们对于这位杰出的御厨和作家的生平知之甚少，只知道他作为费利佩二世的妹妹乔安娜的厨师，是在葡萄牙接受培训的。乔安娜是葡萄牙王室继承人的妻子，需要一位有天赋的厨师为其服务。当时的人们一提起葡萄牙，就会想到那里举世闻名的糕点。孟蒂尼奥是一位完美主义者，也有着清晰的头脑，他认为管理达官贵人的厨房需要遵循三条准则：清洁、品位和能力。他对员工的选择十分严苛，只有值得信任的人才能被雇用，并以一切代价避免地痞流氓混迹于厨房之中。孟蒂尼奥顺着雇主的心意，对员工选用的标准符合政治和宗教要求。他用"天主教的猪油"来替代橄榄油，因为橄榄油总是和阿拉伯人和犹太人联系在一起。他用猪油做泡芙，这是他最负盛名的一道菜。费利佩三世非常喜欢这位御厨做的馅饼，这是一种松软的面点，松软度类似黄油鸡蛋面包，也有点类似被称作"千层饼"（ojaldre）的发酵面团。孟蒂尼奥做的这道点心虽然十分出色，但也并不像其他满

怀热情的作家那样把它夸得天花乱坠，认为在西班牙语中被称为
"mil hojas"或"hojaldre"，或者在法语中被称为"millefeuille"
的千层饼就是他的发明。许多其他的御厨都尝试过照搬孟蒂尼奥
的菜谱，但大多都以失败告终。虽然他本人在做菜时也会省去一
些配料乃至一些流程——这在烹饪界是司空见惯的——但是要做
成如此复杂的糕点，那就必须按部就班地严格按照步骤。

　　他最负盛名的馅饼是这样做成的：取一磅的优质面粉，把
它放在案板上，在中间戳一个小洞。加入半磅碾碎了的精选
白糖、四分之一磅的猪油、八个鸡蛋（两个整鸡蛋，剩下的只
取用蛋黄）和一点盐。揉捏面团直到它变得光滑。用培根做馅
料，先架烤培根肉，不要烤得过干，趁热洒上一点红酒，静置
半小时。经过醒面，把面团做成四个圆饼，再用圆饼做成馅饼
（empanadillas，半月形的小馅饼，馅料是用切半的培根肉片做
的）。馅饼要做得大小一致，如此一来就不需要再进一步加工了，
也不用再把它弄湿压褶子了。孟蒂尼奥有时会用猪蹄肉和沙丁鱼
做馅，有时也会用沙漠松露（criadillas de tierra）来替代黑松露
做馅。孟蒂尼奥的书中，甜食种类繁多，包含了许多专为圣诞节
这样的宗教节日而准备的甜点，由此可见费利佩三世和他的家人
十分喜好甜食。

　　在圣诞节的晚宴上，孟蒂尼奥会为国王准备火腿作为开胃菜，
然后再呈上第一道菜，包括：腊肉煎鸡蛋，卤汁烤火鸡，牛肉
派，烤鸽和烤培根，小的野味蛋挞配奶油汤，柠檬汁烤山鹑，香
草鸡蛋盖猪腰肉、香肠和山鹑，烤乳猪配奶酪肉桂甜汤，用猪油

和烤鸡肉做的、经过发酵的泡芙。第二道菜也同样十分丰盛：烤鸡、榅桲酱蛋糕、鸡肉卷菊苣、英式馅饼、卤汁烤牛肉、用牛的胰脏和牛肝做的籽香蛋糕、金汤烤鹅鸟、榅桲糕、糖打蛋、兔肉派、德式禽肉、培根油炸鳟鱼肉和酥皮蛋糕。

第三道菜和前两道一脉相承：鸡肉卷培根、炸面包、烤牛胸肉、猪肉碎禽肉、鸽子汤、填馅烤羊肉、青柠檬蛋糕、火鸡派、黑酱花颈鸽，还有用鸡肉、牛奶、大米和糖做成的著名的鸡肉奶冻，以及各式油炸馅饼。孟蒂尼奥还在书中提到了牛轧糖的做法。

孟蒂尼奥作为御厨，身居高位，他的菜谱随即在宫廷之中被奉为圭臬。西班牙乃至其他欧洲国家和美洲国家的职业厨师都受到了他的影响，遵循着他书中的菜谱来烹饪。和迭戈·格拉纳多这样的投机主义者不同，孟蒂尼奥是一位具有创新能力的作家，就连书中那些极其传统的简单菜谱都被人不断地模仿。他性格谦虚谨慎，可以把简单和复杂的方法都融入他的菜谱中，不仅受到精英阶层的喜爱，也受到社会各界人士的追捧。在 17 和 18 世纪，其他欧洲国家的人和那些旅行至西班牙并且出版了烹饪书籍的人们也许会对此感到奇怪：在西班牙最有影响力的厨师们的努力之下，普通老百姓的饮食也被摆上了达官显贵的餐桌。

胡萝卜和粉色洋蓟

假如西班牙人的心会随着艺术的节奏而律动，那么在 16 世纪末至 18 世纪初，尤其是在西班牙的黄金世纪时期，他们的心脏一定会狂跳不止。无数天赋异禀的艺术家都争相证明自己，好过上体面的生活。他们的作品极富原创性和个性，令他们有别于自文艺复兴以来其他国家的艺术家。对于一些艺术家来说，受雇于统治阶级和富人阶层，用绘画来表现活物和像花卉与食物一样的静物，已经成为一种体面的谋生方式。在当时的天主教社会，人们看到的是暴饮暴食和饥肠辘辘的两极现象。通过这种新的艺术形式，各种各样的食物跃然纸上。这种新的艺术形式被称为静物画，在西班牙、意大利北部和荷兰几乎同时出现，被这三地的收藏家们竞相展出，此三地都富有艺术气息，也都在西班牙帝国的管辖之下。16 世纪初，西班牙艺术家一直追随着意大利大师的脚步，但具有原创性的西班牙艺术也慢慢地形成了，尤以胡安·桑切斯·科坦（Juan Sánchez Cotán，1560—1627）为代表，他被认为是最有创造力的静物画家。他是卡斯蒂利亚人，出生于托莱多的奥尔加斯。尽管费利佩二世十分喜爱插图，尤爱美洲的鸟和果树，但在 16 世纪的西班牙，用艺术来表现动植物并不像其在欧洲北部和意大利那样盛行。这种情况很快就发生了改变。科坦极具艺术家天赋，具有敏锐的观察力，关注寻常食物的细微之处，他改变了 17 世纪初西班牙艺术界的发展状况。许多科坦的集大成之作都出现于 1606 年之后，在艺术界引起了不少争议和赞叹。他一般描绘像榅桲、苹果、甜瓜、胡萝卜、卷心菜、洋蓟、黄瓜、鸽子和鸭子这样的水果、蔬菜和家禽，构图简单且一般对称分布。他一般采用深色背景，借用明亮的窗框来突出静物。他的作品极具魅力，新颖独特，与浮夸的佛兰德斯静物画风格大相径庭。费利佩三世和其他一些权贵都十分喜欢科坦的作品。费利佩三世曾从托莱多的总主教、红衣主教贝尔纳多·德·桑多瓦尔·伊·罗哈斯（Bernardo de Sandoval y Rojas）那里购买了一幅科坦的作品，人们评论这幅作品是"黑底金框，中间有一个剖开了的甜瓜的小幅静物画"，应为五幅绘画连作中的其中一幅。

物画《山禽家珍、蔬菜及水果》，胡安·桑切斯·科坦绘，1602 年

当时另一些西班牙画家同样也将动植物作为创作素材，为静物画的发展贡献了一份力量。

极具西班牙风格的食品静物画

迭戈·委拉斯开兹这个名字每年都会吸引许多艺术爱好者慕名前往普拉多博物馆，这位比科坦年轻了39岁的画家，尤以《宫娥》一作闻名天下。近50年来，他的食品静物画（在西班牙，人们用"bodegón"一词来泛指描绘食物的静物画）也引起了广泛的关注。事实上，食品静物画与科坦和其他诸人的水果画有着天壤之别。委拉斯开兹的绘画受到了弗朗西斯科·巴切柯（Francisco Pacheco）的亲身指导，他是塞维利亚派系中著名的画家与作家，后来将自己的女儿嫁给了委拉斯开兹。正是巴切柯将委拉斯开兹这种风格的绘画称为"bodegón"的，他认为委拉斯开兹的这类画作与其他同类画作风格大为不同，应该有专门的名号。委拉斯开兹早期描绘了许多食品静物画，相关领域的专家威廉·B.乔丹（William B. Jordan）和皮特·彻丽（Peter Cherry）评论它们为"从未被超越的杰作"[18]。通过巴切柯和他的朋友们，这位年轻有为的画家受到了像贝纳迪诺·坎皮（Benadino Campi）这样的意大利画家的影响，尤其受到了像皮特·阿特森（Pieter Aertsen）和弗兰斯·斯尼德斯（Frans Snyders）这样的重量级的佛兰德斯静物画家们的影响，在委拉斯开兹的画作中不难找到后者的影子。

委拉斯开兹最早的三幅静物画描绘的是他在当地小酒馆（bodegas）中看到的餐食。科坦的静物画一般只描绘些食材，但在委拉斯开兹的食品静物画中，有人、手工艺品、食材和日常生活中厨房里常见的锅碗瓢盆。他借鉴了卡拉瓦乔对光影戏剧性的描绘手法，也就是被称为"tenebrismo"或"tenebrism"的暗色调主义，以此博得了声名并为他赢得了前往费利佩三世在马德里的宫廷的敲门砖。委拉斯开兹的天赋不容置疑，像《宫娥》《十字架上的基督》、国王的肖像画、《卡洛斯王子》等都是他的成名之作。他的两幅食品静物画被认为是当时的名作：《塞维利亚的卖水老人》和《煎鸡蛋的妇人》。在塞维利亚漫长的酷暑，卖水人一般都被描绘成像乞丐乃至骗子这样的社会边缘人士，但在委拉斯开兹的画笔之下，他们却成了体面而受欢迎的人物。更令人印象深刻的是后一幅油画，令艺术爱好者们慕名前往爱丁堡的苏格兰国家美术馆观赏。《煎鸡蛋的妇人》也被称为"一名煎鸡蛋的老妇和一个手持甜瓜的男孩"，这更好地描述了委拉斯开兹所看到的真实场景。艺术评论界对这幅画作的理解各持己见。妇人是在用橄榄油煎鸡蛋，还是在用水煮鸡蛋？那个手里拿着为圣诞节准备的甜瓜的男孩，是一个流浪汉，还是她的外孙？另一幅名为《基督在玛莎和玛丽的家里》的食品静物油画，体现出了哈布斯堡治下的西班牙的另一样重要元素：宗教。委拉斯开兹在画的前景中刻画了两名女仆。年纪大的那位正在提意见；年轻的那位则握着一把沉重的金属碾锤，碾磨着大蒜和红辣椒，准备腌制海

《煎鸡蛋的妇人》，迭戈·委拉斯开兹绘，1618 年。这位妇女正用这种类似"anafe"的炉灶进行烹饪；在安达卢西亚的某些地区，这种炉灶一直沿用到 20 世纪 40 年代

鲷。鱼眼中透出的光亮正是画家绘画时捕捉到的鱼的新鲜度。乍一看上去，这幅画像是一幅当代作品，有着西班牙静物画特有的简约风格，但是透过画中的窗框可以看见，玛丽正在仔细地聆听耶稣的讲话。权且抛开绘画的宗教内容，回到我们的饮食主题，委拉斯开兹的绘画体现出了当时西班牙饮食的匮乏和简单，而且正如当今的西班牙人一般，当时的人们也会像玛丽一般用研臼把大蒜和来自新世界的红辣椒碾碎，用作烹饪海鲷的调料。

与委拉斯开兹的《基督在玛莎和玛丽的家里》所展现出的食物的匮乏和简单不同，另一幅荷兰画家斯尼德斯的巨作《用食物烹饪》中食物丰盛。画中也有一位年轻的女人正用金属研臼碾磨着食物，这一点和玛丽十分相似，不同的是前者身边堆满了金钱所能买到的最昂贵的食物：牛排、鸭、新鲜芦笋和野兔、都柏林

《厨房女佣》，委拉斯开兹 1618 年所绘油画

海湾大虾、葡萄、栗子和榛子，兴许她正在碾磨榛子，好为佛兰德斯的富人家准备餐食。

新旧基督教徒的饮食

费利佩三世即位之后，颁布了一系列的国内法令，其中包括 1609 年将摩里斯科人驱逐出境的政令。当时，有许多摩里斯科人聚居在阿拉贡地区，他们是早期的摩尔人的后代，改信了天主教之后被允许留在西班牙，他们也被称为"新基督教徒"。这些曾经信仰伊斯兰教的教徒掀起了一场起义，并为此付出了沉重的代价。摩里斯科人占据了埃布罗河富饶的河岸地带，在此精耕细作，是社会生产力的创造者；另一些被称为"旧基督教徒"的人，他们多是来自比利牛斯山脉附近的牧羊人，长年南下为他们的羊群寻找新鲜的草场。两个群体之间的矛盾和偏见已经到了水火不容的地步。那时，人们已从黑死病的魔爪中逃脱了出来，人口逐步恢复增长，封建领主和他们的旧基督教臣民的矛盾爆发了出来，这些旧基督教臣民们希冀在领主的土地上谋生，但是这些土地自古便被摩里斯科人所占据，受到领主们的庇护。这个问题已经在全国各地不止一次地引起过社会动乱。在格拉纳达和瓦伦西亚已发生过暴乱，而且后果惨痛。

起初，根据纳斯里德王朝的最后一个摩尔国王巴布狄尔和天主教双王于 1492 年签订的协议，摩尔人可以保留住宅，继续信仰他们自己的宗教，并受到他们自己推选的地方执法官的管辖。
但随后，伊莎贝拉女王的听告解神父、红衣主教西斯内罗斯和宗
教裁判所很快就利用基督教徒取得的军事胜利，将这些条款变成
了一纸空文。1502 年 2 月 11 日，西班牙王室下达了一道诏令，
留给伊斯兰信众两个选择：接受基督教信仰，或是离开西班牙，
在后一种情况下，他们耕耘了数个世纪的土地和世代居住的家园
都将被剥夺。西班牙王室违反条约令摩尔人群情激愤，但王室态
度强硬，最后 5 万多穆斯林被迫接受了洗礼。一些人离开了西班
牙，但大部分人都被迫离开了他们热爱的安达卢斯，前往半岛的
其他地方去寻找富饶的土地，好采用传统的灌溉水渠（acéquia）
来建造果蔬园，并且按照古法来烹饪他们美味的菜肴。像"塔法
亚"（tafalla）这样的菜肴共有两种做法，一种是用羊肉和新鲜的
香菜做的"绿色系"，另一种则是用香菜籽做成的"白色系"。另
一种大众饮食被称为"马亚巴那特"（mayabanat），是一种在热
的面包里塞入奶酪作馅，然后在上面撒上肉桂、浇上蜂蜜做成的
点心。他们还喜欢从当地的市集上购买米尔卡香肠、油炸馅饼，
还有十来种用玫瑰水、杏仁或枣泥做成的馅饼。

　　1612 年，国王的一个首相莱尔马公爵下达了将西班牙的穆斯
林后裔全部驱逐出境的命令。1614 年，约 25 万摩里斯科人离开
了西班牙，大多数都是从阿拉贡和瓦伦西亚离开的。他们种植了
近六个世纪的广阔的水稻田也随着他们的离开而荒废了。自此，
西班牙的饮食必须符合基督教教义，用猪油、黄油和橄榄油烹
饪。在西班牙中部的拉曼恰地区，炸果子和美味的"morteruelo"

（猪肝酱）一样，都代表了"新旧基督教徒的饮食"。人们将猪肝、猪后腰肉和一整只鸡用橄榄油和蒜煎炒，倒入高汤炖煮，直到鸡肉从骨头上脱离开来，其他的肉变得像黄油一样酥软。用研臼和杵碾磨肉料，然后用筛子把肉料变成乳状，可以加入些高汤进行辅助。之后放入些面包屑和喜欢的香料进行调味，倒入剩下的高汤和乳状的肉。最后用一个木勺，像做鹅肝酱那样不停地搅拌，如此便可以随时保证新鲜供应。

　　1609 年，在费利佩三世签署了最后的驱逐令之后，原本由摩里斯科人承包了 200 多年的西班牙农业经历了其历史上最黑暗的时刻。这也部分解释了为什么直到进入 20 世纪，包括稻米生产在内的西班牙农业仍然受困于封建体制，难以获得发展。17 世纪末，尤其是 18 世纪，西班牙的农业有所发展，但发展有限。随着人们对稻米重拾兴趣，那些被遗忘了的稻田又被人们重新耕种了起来。稻米的种植地并不是安全无疑的，不仅农民可能会感染疟疾和一些其他的疾病，就连生活在稻田附近的居民也不免遭殃。

Delicioso

A History of Food in Spain

第五章

马德里、凡尔赛宫、那不勒斯以及最棒的巧克力

18世纪，又称"开明世纪"，是一个被历史学家们称为有着灾难性结局的伟大世纪，它以复杂的方式开始于西班牙。1700年11月，费利佩四世的儿子查理二世在马德里去世，没有留下直系继承人。他是西班牙哈布斯堡王朝的最后一位国王。因此，路易十四的孙子——安茹家族的菲利普（Philip of Anjou），这位出生于凡尔赛宫的法国王子，将继承比利牛斯山脉以南的这顶西班牙王冠。由于奥地利哈布斯堡王朝的查尔斯大公爵（Charles, Archduke of Austria）公开挑战查理二世的遗嘱，欧洲开启了多年腥风血雨的王权之争。

　　查尔斯大公爵对西班牙王位的主张得到了强大的西班牙教会以及由英格兰、荷兰、普鲁士和奥地利组成的大同盟的支持，他们的目标在于排除法国王室一统法西两国的可能性。14年后，在乌得勒支，各国终于达成了一项有利于安茹公爵菲利普的协议，它为西班牙带来了和平，尽管代价高昂。1700年11月1日，安茹公爵加冕为西班牙国王费利佩五世，但代价是西班牙失去了本土之外的大部分欧洲领土，甚至失去了直布罗陀。新王加冕，国王的重心本应集中于西班牙本土和美洲，但费利佩五世却将注意力更多地放在了保持西班牙在欧洲舞台的地位上，而且尤为关注意大利——这是一个严重的判断失误，它加速了西班牙帝国的终结。与此同时，法国的政治和社会创新成为西班牙学习的榜样，尽管它们从未曾完全取代西班牙法律及普通民众的大多数传统习俗。

辞旧迎新

被西班牙食品历史学家玛丽亚·德·洛杉矶·佩雷斯·桑佩尔（María de Los Angeles Pérez Samper）形容为"丰富、精致和大都市化"[1]的法国美食风靡整个欧洲，也在西班牙波旁王朝的厨房中占据了主导地位。法国美食迅速地出现在了社会精英阶层以及新兴资产阶级的厨房中。令西班牙大厨们沮丧的是，随着波旁王朝入主马德里东宫（El Palacio de Oriente），法国大厨们开始在厨房发号施令，主导了宫廷的美食风格，这不可避免地带来了各种变化。他们不仅带来了新的菜谱、烹饪方法和最爱的"法式"食材，就连厨师的着装也必须遵循法国时尚：厨师的头上必须覆盖通常在餐桌上使用的餐巾——这一习俗后来演变成了世界各地大厨们使用的经典大厨帽。

在18和19世纪，丰盛而精致的菜肴是权力的体现，在宫廷里尤其不可或缺。同以往一样，西班牙的王室餐桌发挥着双重作用。首先，它必须根据王室的口味为王室成员提供食物。在18世纪初，王室餐桌上大多是法式菜肴，后来也有意式美食，至少在公共场合的确如此。当然，王室菜单上还包括许多传统的西班牙佳肴。其次，它必须符合波旁王朝的皇室礼仪要求。有趣的是，这些浮华的餐桌礼仪仍然与勃艮第的旧时礼制息息相关。基于皇家档案中的大量文献，埃娃·塞拉达（Eva Celada）在《皇家厨房》（*La cocina de la Casa Real*）[2] 一书中，列举了很多关于王室正式和非正式就餐礼仪的初选信息。

费利佩五世是一位不同寻常的法国王子，除非是为"寝宫之乐"助兴，他通常对食物的兴致不高，且毕生郁郁寡欢。国王和他的第二任王后——来自意大利的伊丽莎白·法尔内塞·迪·帕尔马王后（Elisabetta Farnese di Parma），对美食的口味偏好不尽相同，他们共同喜爱的只有禽肉以及蛋类。在早期西班牙波旁王朝，人们通常直接食用整个生鸡蛋，如果是当天产下的蛋则连蛋壳一起食用，他们认为这对健康有益。伊丽莎白王后是位重视健康饮食的强势女人，也是唯一一位对皇家厨房常有反复无常要求的王后。美味的浓汤和法式清汤也很受王室成员的欢迎。在那个年代，人们对食物的偏好正在发生巨大变化，这些变化从对肉类食材的偏好开始——确切地说是人们对红肉的偏好开始出现了变化。通过狩猎或宫殿饲养获取的家禽和小型猎物占据了中心位置，尤其是鸽子肉和松鸡肉广受欢迎，而小牛肉、牛肉、羔羊肉和小羊肉则被降至次席，但极具西班牙风味的各式熏制猪肉产品，包括备受推崇的伊比利亚火腿和口感浓郁的各式香肠，仍非常符合皇家口味。此外，家禽下水或内脏，统称杂碎肉，同样也被认为是美味佳肴。这类食物里包括内脏料理、脑类、猪蹄和胗类。胗是小牛犊的一种腺胃，是所有食物中最昂贵的食材。

　　无论某些王室成员的口味如何，也无论那些从未烹饪过异国精致美食的厨师的个人偏好为何，面包、肉和葡萄酒一直在18世纪的西班牙美食中占据中心位置。通过观察不同社会阶级的饮食配比，我们发现面包在较低社会阶层的菜谱中占有更大的比例。葡萄酒深受所有阶层人民的喜爱。豆类和五花肉（大部分是

马德里王宫的厨房

腌制的），还有糖果和巧克力，则受到富裕阶级的青睐。人们通常使用各种油脂来烹饪食物。尽管伊比利亚半岛的黄油出产量相当有限，但在宫廷和上流社会中黄油开始越来越流行。南部和地中海沿岸的普通民众通常使用橄榄油；而在西班牙北部无法种植橄榄的地区，包括加泰罗尼亚北部的内陆地区，猪油则深受人们的青睐。在橄榄产量丰富的安达卢西亚地区，橄榄油被广泛用于煎炸，猪油则通常用于制作糕点和烘焙。

　　豆类在历史上被公认为"拯救饥饿的救世主"，这一食材从未与贵族联系在一起。但在西班牙，豆类并没有像在其他国家那样令人感到耻辱，总是被富人和穷人无分别地共同享用。一般而言，豆类菜肴在农民和城镇普通民众的餐桌上非常普遍，并且常被用于为富裕阶层人数众多的厨房仆从提供食物。在美洲豆来到欧洲之前，人们主要使用鹰嘴豆和小扁豆，但在距离马德里不远的拉格兰哈·德·圣伊尔德丰索宫（La Granja de San Ildefonso），黄油和超级美味的美洲白豆自 16 世纪以来就开始被食用。在梅塞塔地区炎热的夏季，未来的查理三世的母亲伊丽莎白·法尔内塞在拉格兰哈·德·圣伊尔德丰索宫里过着愉快的生活。这座非常迷人的法式宫殿位于从马德里前往国王最喜欢的狩猎之地塞戈维亚市的路途上，在那里人们使用香嫩的美洲豆投喂野鸡。在这座宫殿里，自 16 世纪以来人们就在埃雷斯马河河岸成功种植了美洲豆。[3]

被遗忘的肉类食材：杂碎肉

在西班牙，众多菜谱中都包含杂碎肉的烹饪方法：肝脏、肾脏、猪蹄、黑布丁、牛肚、大脑、牛尾、新鲜或盐腌的骨头以及内脏料理。杂碎肉通常可以在菜市场中专门的杂碎肉店买到，它们仍然吸引着相当一部分的老年顾客，因为他们那代人从小食用杂碎肉菜肴长大。

随着国家的进步，西班牙人的饮食在 20 世纪 60 年代初得到很大改善，杂碎肉在大城镇中已不再流行，在中产阶级和年轻人的菜谱中更是逐渐消失，比如曾在拉里奥哈地区广受欢迎的羔羊蹄或猪蹄；又如曾在那些喜欢骨髓和凝胶状口感的人们中颇为流行的新鲜或腌制大骨。如今，羔羊脑（sesada）被单独包装在专门的小包装中出售，以保护其娇嫩的口感。在羊脑外裹上面粉和鸡蛋液，炸成金黄酥脆，曾被用作补品来给孩子们和羸弱的人进补，这样的日子已经一去不复返了。现在，只有识货的美食家们才会特地点这道菜。舌类则通常与胡萝卜、洋葱和白葡萄酒一起炖制。小牛肉肝仍然在市场上占据着一席之地，价格公道，而尽管猪肝和小羊肾脏这两种食材使用美味的赫雷斯醋和雪利酒烹制后非常美味，但却正在迅速失去市场。

在关于西班牙美食的书籍中，如今仍可以找到许多有关杂碎肉的菜谱。在安达卢西亚，人们使用腌制大骨和猪蹄来丰富汤羹和红烧炖肉（puchero）的口感。炸猪肚或猪皮（chicharrone）仍用于制备甜美的玉米圆饼，于圣徒日在面包店出售。猪脸或牛脸肉，加入一杯阿蒙蒂亚多（Amontillado）或欧洛罗索（Oloroso）雪利酒，和牛尾一起文火慢炖数小时，这一菜谱曾是许多重量级大厨的拿手好菜，不仅在安达卢西亚一直广受欢迎，在西班牙其他地区也大受好评。使用斗牛牛尾作为食材的地道菜肴一般可以在举办斗牛的城镇中找到，这些城镇中有出售斗牛牛肉的专门肉店。烹饪斗牛牛尾的菜谱也适用于烹制普通牛尾。严格来讲，莱昂市别尔索区的特产博蒂略熏肠（botillo）应当不属于杂碎肉。它是用猪盲肠灌制的熏肠，里面塞满了猪肉、猪排、猪尾和香料。此外，博蒂略也是一道美味菜肴的名称，这道菜使用博蒂略熏肠、普通香肠、土豆和卷心菜烹制，口感浓郁、色泽深红。在纳瓦拉自治区，桑古尔（txangur）属于肉类尾菜的一种。在农舍和村庄通常每年做一到两次这道菜。在取食完大部分火腿肉之后，一般仍会有一小部分火腿肉附着在火腿骨或猪肩骨上，通常口感较干且难以取下。于是，人们将骨头浸泡在水中，让剩余的火腿块脱离，然后放入洋葱、红辣椒和西红柿烹煮，做成一道口味浓郁的杂酱。

　　这些关于杂碎肉的菜谱还能留存多久？答案在现代的专业厨师手里，因为只有他们能够使用这些食材做出口感清淡、更易消化的菜肴，或通过创新菜谱烹制出比传统做法卖相更佳的菜品。家庭厨师说："孩子们不用吃猪肝，很多其他的食物中都含铁。"而奶奶或外婆则可能会补充道："孩子们不用吃羊脑就已经很聪明了，还是吃鱼更补脑。"[4]

与所有干豆一样，拉格兰哈豆（La Granja）也需要浸泡一夜，然后和牛小腿肉、香肠和月桂叶一起文火慢炖至少两个小时。这样烹制之后，拉格兰哈豆口感香嫩，形状完整不散，这时候我们就可以使用制作杂酱的方法来调味，加入少量洋葱、面粉、大蒜、香菜、海盐和胡椒，和拉格兰哈豆混合烹煮后用杵和臼捣碎。伊丽莎白·法尔内塞王后的厨房由两位著名的法国大厨佩德罗·伯努瓦（Pedro Benoist）和佩德罗·沙特莱纳（Pedro Chatelain）掌管，他们当时是否也为王室餐桌提供豆类菜肴呢？法国人厌恶豆子，但意大利人和西班牙人却没有。因此，即便西班牙厨师需听从法国大厨的指挥开展工作，但在这方面他们应该也会保留一些影响力。小型家禽和豆类的搭配是天堂般的美味组合，而王后对鸽子、鹌鹑和松鸡偏爱有加。总体而言，这些原产于美洲的拉格兰哈豆是非常优质的豆类。

在 18 世纪的西班牙，法式口味和饮食传统并未被所有人认可。大多数人仍然对法式精致的生活方式和饮食习惯持怀疑态度。普通的西班牙菜肴混合着红辣椒、西红柿、红甜椒和大蒜的浓郁味道，色香俱全，几乎代表了西班牙人鲜明的爱国政治立场。

被后世称为 18 世纪最伟大的西班牙静物画家的路易斯·埃希迪奥·梅伦德斯（Luis Egidio Meléndez）此时对成为宫廷画师失去了兴趣。由于父亲和他自己的虚荣心作怪，梅隆德斯作为人

阿斯图里亚斯自治区奥维
耶多市场上的拉格兰哈豆

物和肖像画家的光明职业前途尚未开始就已经结束。由于被排挤
在圣费尔南多大学美术学院之外且不被国王认可，他被迫开始研
究一种在非特权阶层中更容易出彩的画派。追寻科坦和委拉斯开
兹两位大师的足迹，结合独特的个人风格，梅伦德斯最终成为一
位伟大的画家，他出色的艺术才华使他能够将最平凡的厨房配料
和食材转变为一幅幅充满生命力的静物画：水果、面包、肉、蔬
菜、木瓜酱、蜜饯盒、糖果盒、铜罐、玻璃和陶瓷器皿，尤其是
花瓶。他的毕生作品包括一百多幅静物画，这些画作被认为是西
班牙18世纪最伟大的艺术成就之一，梅伦德斯也被公认为欧洲历

静物画——明胶盒、面包、玻璃托盘和冷却器，路易斯·埃希迪奥·梅伦德斯绘，1770 年

史上最杰出的静物画家之一。通过熟练的绘画技巧和光影对比，梅伦德斯以大胆但绝不庸俗的方式凸显了画面中不同构成要素之间的别样风情：静物画——木瓜、白菜和花椰菜；静物画——野味、蔬菜和水果；静物画——菜蓟、鹧鸪、葡萄和鸢尾花。

权力与挣扎

巴斯克和纳瓦拉地区在继承战争期间支持费利佩五世，以此换取地区的自治特权。除去这两个自治区之外，西班牙的其他地区在 18 世纪都归属卡斯蒂利亚中央政府管辖。这是一个深受法国影响、动荡不堪的年代。启蒙时代（又称光明时代）对这一时期统治西班牙的三任波旁王朝君主都产生了深远影响。

在此之前，卡斯蒂利亚一直由强大的政教合一的政府统治，这一传统沿袭自哈布斯堡家族：国务委员会负责外交和战争，卡斯蒂利亚委员会行使高级法院和行政机构职责，西印度委员会则处理与宗教裁判、军事命令和财务领域有关的事项。但在 18 世纪，政府开始更多地借鉴法式传统，将政治和经济方面的职责交由卡斯蒂利亚委员会和各大秘书或部长共同承担。借由这一变革，政府在管理上取得一定成效，并由此建立了随后延续了数世纪的西班牙现代政府风格。但是，此时改革者仍面临着艰巨的任务：由于国民经济严重依赖于产能不足的农业，西班牙的经济状况极其脆弱。同时，贵族、教会甚至市政当局也给改革带来了重重阻碍。这些特权阶层拥有大量土地，他们自己免于税赋，但大多数的税收却流向了他们的口袋。相较之下，大众生活水平极其低下，社会经济和技术发展严重滞后，不同地区经济发展水平差距明显，这些不利情况对国家经济产生了消极影响。与此同时，西班牙与美洲殖民地之间的贸易问题也是改革者们的一大顾虑。西班牙与大西洋彼岸之间贸易的垄断地位正受到越来越多的威胁。西班牙王室推行的旨在增强限制和巩固垄断的政策并没有奏效。和预期效果相反，这些政策在大西洋沿岸的贸易活动中给原产地欧洲的商品带来了更多限制。而原产地美洲的商品交易

（包括可可和玉米等食品）则为违禁品贩卖搭建了一张庞大的走私网，让西班牙政府几乎防不胜防。此外，荷兰和英国对新大陆的兴趣与日俱增，这一点在它们擅长的商业领域和不那么理想的海事实践中都有目共睹。而在西班牙地中海沿岸的各大主要港口（如巴塞罗那和瓦伦西亚），商贸业务都牢牢掌握在外国商人和中介的手中。在王朝的更替中，西班牙政府坚持将所有希望寄托在改善产能不足的中世纪农业上，却没有着力于改革贸易和制造业，这使得西班牙现代化和工业化的进程推迟了数十载。昂贵的美利奴羊毛，一度被认为是西班牙的经济引擎，此时也开始逐渐被荷兰和英国出口的廉价羊毛所取代。

从积极的角度来看，1712年至1798年，西班牙的人口增长了40%之多，从继承战争结束时的750万人增长到了1797年的1 050万人。但不幸的是，人口的增长并不足以改善西班牙当时一大部分地区人民仍挨饿受冻的状况。

随着欧洲战事结束，数十年的瘟疫和萧条似乎已成为过去时，西班牙的整体状况逐渐好转。农业技术的进步和新作物的引进开始发挥了积极的效果，但大型流行病于1769年再次暴发，斑疹伤寒、霍乱和天花的大流行造成了毁灭性后果。当时的西班牙农民，尤其是梅塞塔和安达卢西亚的农民，其绝望程度堪比16世纪甚至中世纪早期。在这些地区，农民租用土地耕种，他们勤勤恳恳辛勤劳作，却似乎仅仅是给地主或教会带来了收益。农民可以通过出售自己有限的收成来获得微薄收益，可就算这些薄利仍要缴税。如何改善农民的生活水平并保障其家庭的未来？人们似乎无计可施。农民既无法改善耕种土地的状况，也无法提高农作物的质量，而国家仍在坚定不移地继续推行既定大政方针：尽管困难重重，农业改革仍被视为实现国家繁荣富强的唯一途径。在这种情况下，贵族、教会和梅斯塔牧主公会的利益开始受到挑战。雪上加霜的是，恶劣的气候导致作物连年歉收，加剧了穷人的反抗，在城市中尤其明显。即使他们并无恶意，而且在一定程度上也是一种社会进步，但不得不说，西班牙国王和政府此刻面临着异常艰巨的任务。

大部分肥沃的土地仍掌握在地主手中，他们钟情于宫廷生活，不居住在当地，根本无法有效地管理自己的地产。教会手中的土地比例也很高。在卡斯蒂利亚，除了头衔、津贴、城镇资产外，西班牙天主教会和宗教组织还掌握着七分之一的农牧业土地。尽管他们用这些农业资源产出了四分之一的国民生产总值，但评论家们认为，与非教会所有的私有土地相比，教会土地的投资回报率仍然太低。不过，这些对教会永久管业土地品头论足的评论家们似乎忘记了在哈布斯堡王朝旧制下，农业形势曾比这严重得多。此外，他们还忽略了一个事实：18 世纪，教会势力在西班牙不断壮大，是唯一有组织性的机构，且和国际教会密切相连，可以对皇权和政府计划构成实质性的严重威胁。[5]

基于人口增长对经济的积极影响，当时的西班牙政府出台了一系列旨在提高出生率和粮食生产的措施。多子女家庭得到了一定的优待（西班牙内战后，佛朗哥也曾采取类似的政策）。随后，政府还出台了一系列其他措施，如：鼓励来自欧洲其他地区的外国工人移民到从未被耕种过的处女地或被遗忘的荒地。在这一系列政策里，有一部分的确奏效了；也有一部分政策，例如用种植小麦替代种植高产劣质谷物的决策，则被证明延迟了经济增长，是一个错误的判断。

在16和17世纪，西班牙是世界超级大国，可到了18世纪末，其国际地位却降至二流。其中，有两个非常明显的主要原因：地方分权自治和财政管理混乱。黄金和白银源源不断地从新大陆涌入西班牙，但当权者根本没有能力做未来规划。他们也从未想过要对殖民地的经济发展进行投资。此时，西班牙拥有的黄金和白银数不胜数。孟德斯鸠在其未发表的著作《对西班牙财富的思索》（*Considérations sur les richesses de l'Espagne*）[6] 和《法治精神》（*De l'esprit des lois*）[7] 中曾自问，黄金和白银究竟是一种幻象还是财富的象征？他认为，象征符号代表着少数事物，如果被代表的事物成倍增加，那么象征符号的价值就越来越低。彼时的西班牙真应当虚心采纳这位伟大思想家的看法，尽管孟德斯鸠是位法国人。由于财政体系糟糕，管理者无能，向外国银行和投资者借款成为西班牙应对欧洲战争高昂开支的唯一解决方案。在查理一世和费利佩二世时期，国家债务开始失控。但在欧洲的其他地区，情况却有所不同。一场旨在结合直接税和间接税的金融革命于16世纪在荷兰萌芽，并在17世纪席卷英国。金融革命使得英国和荷兰可以更有效地应对战争开支。但西班牙最终并未引进单一税概念以简化其复杂的税赋体系，而是继续收取各种间接税，持续削弱着中下阶层的力量。在这一时期，甚至连橄榄油也被征以重税。

　　和以往一样，西班牙中央政府继续从不堪重负的卡斯蒂利亚地区获取大部分资金，用以维持衰落的帝国。财政系统涉及两个与农民和小商贩生计息息相关的领域——粮食生产和贸易。粮食生产方面，费利佩二世于 1590 年提出征收米隆税（millones），目的是补贴政府因无敌舰队惨败而损失的 1 000 万达克特，这项税收主要针对葡萄酒、醋、油和肉的销售。这项"临时"税由于一经推行立即获得了可观的收入，因此很快就成了永久税。作为交易间接税的米隆税和阿尔卡巴拉税（alcabala）影响着食物的价格和供应。在 17 和 18 世纪，沉重的税赋已成为卡斯蒂利亚人口贫穷的另一个重要原因。但与此同时，在伊比利亚半岛北部和东部沿海地区，情况似乎更乐观一些。由于这些地区没有参与帝国的战争利润分红，因此也免除了因常年战事给卡斯蒂利亚地区带来的人力和财力的巨大损失。至少在西班牙北部，玉米产量的不断提高拯救了穷人和牲畜。来自新大陆的豆类（菜豆，又称绿豆），被种植在玉米田中，随后晒干保存，解决了西班牙北部人民的口粮供应问题。在加泰罗尼亚地区，更为公平的土地承包制度保护了小农经济，并实现了农业的稳定增长。人们对灌溉系统进行了现代化改造，并因地制宜地利用适宜的土壤种植相应的替代作物。葡萄被大面积种植，葡萄酒和利口酒的产量因此大大增加。在埃布罗河三角洲附近，稻米被广泛种植，杏仁、榛子和果园也随处可见。葡萄酒、白兰地、棉花、亚麻和丝绸从巴塞罗那、瓦伦西亚和阿利坎特等港口出口到欧洲其他地区和新大陆。

在西班牙其他地区，小麦、大麦和黑麦的产量占到作物总产量的四分之三，却不足以供养当地人口。在没有作物歉收的理想情况下，由于缺乏人力，加上种子供应有限和对现代农业设备的投资不足，西班牙的农业在整体上就不足以解决粮食供应短缺和国民经济发展不佳的问题。在这些地区，一切都停滞不前。面对严峻的现实，政客们最终决定开始寻找解决方案，将荒芜的土地转变为农田，但他们忘记了强大的梅斯塔牧主公会将是一个巨大的阻碍。

"自煮自足"的美食

这个有趣的名称来自西班牙国家图书馆一个关于美食的展览。当然，这也是一道经典的巴斯克菜："自煮自足"鱿鱼（用自己的墨汁烹饪而成的鱿鱼，calamares en su tinta）。但实际上，我们使用这个标题并不特指某一道具体的菜肴，而是统称从17世纪末到19世纪这一特殊时期的菜谱撰写活动。这一时期始于巴洛克时期，一直持续到伊比利亚半岛战争，它深受西班牙历史文化传统以及外来的法国和其他民族的共同影响。这些变化深刻影响了当时西班牙贵族的饮食习惯，他们餐桌上的食物变得与其他欧洲国家的贵族饮食十分类似。这一时期，西班牙贵族们的餐点多由受到意大利和法国强烈影响的知名大厨制备，因此不再是西班牙的经典或特色菜肴。这解释了为什么在18世纪罗伯特·德·诺拉的《烹饪书》出版数量锐减，而19世纪马丁内斯·孟蒂尼奥的《烹饪的艺术》也遭遇了类似情况。到18世纪时，西班牙已经失去了曾经的辉煌。宫廷菜肴在很大程度上已成为法式菜的代名词，因此毫无影响力：这是对法式菜的模仿，但总体上是东施效颦，效果并不理想。西班牙传统美食作为一种原汁原味的菜系，正式重返舞台，取代这种山寨版法式大餐的时机已经到来，但是这一过程却花费了整整一个世纪。

　　除此之外，现代历史学家和美食作家还研究了18世纪出版的关于西班牙美食的著作。一些保存于公共和私人图书馆中的原始手稿也被公之于众。其中一部分源自西班牙殖民时期在西班牙和美洲为宗教机构服务的厨房。这些厨房为当时居住在修道院里的人们服务。只要居住在修道院里，不论宗教信仰、不论男女，都可以获得简单可口的食物。1745年，一位不起眼的方济各会修士雷蒙多·戈梅斯（Raimundo Gómez）出版了他的原创菜谱书：《经济实惠的烹饪新艺术》（*Nuevo arte de cocina sacado de la escuela de la experiencia económica*）。这位别名胡安·德·阿尔蒂米拉斯（Juan de Altimiras）的厨师声名远播，尽管在当时，这是一项只有宫廷作家才能享有的福利。

　　作为在阿拉贡地区圣·迭戈修道院工作的厨师，阿尔蒂米拉斯的菜谱不仅涵盖了宗教机构食堂中烹制的食物，也涵盖了居住在西班牙城镇和乡村中普通百姓餐桌上的食物。《经济实惠的烹饪新艺术》中的菜谱中没有提供起源地，这表明它们可能收集于西班牙的不同地区。

阿尔蒂米拉斯著书的主要目的是指导那些初来乍到的方济各会会员，他们刚被分配到方济各会的厨房中，对食品、食材的制备或清洁了解甚少，却要在预算非常有限的情况下为人数众多的会众和客人烹饪食物。关于这一点，阿尔蒂米拉斯写道：

> 从接受任命开始，我发现自己在厨房里没有任何老师可以教我需要做的一切，于是我决定，当自己对厨房工作领悟到位时要撰写一本小菜谱书，帮助那些毫无经验的新修士，免去他们在厨房工作中不得不开口询问所有基本常识问题的尴尬。[8]

阿尔蒂米拉斯的菜谱书中有一道菜叫作薄粑汤（sopa boba），这是一种口感稀薄的肉汤，通常是厨房学徒日常工作的一部分。方济各会用这种汤喂饱了来到修道院门口乞食的成千上万的专业乞丐。天使节后的每天中午，方济各会会众将成筐的面包和大锅的高汤从厨房带到修道院的门口。在这里，失业的男人、妇女、儿童、残疾士兵和饥肠辘辘的学生排着长队，耐心地等待着一天中唯一的口粮。在 17 和 18 世纪的西班牙，薄粑汤使无数人免于饿死街头的命运。

阿尔蒂米拉斯书中所有的菜谱都使用由他在修道院菜园中亲自种植的新鲜食材，包括那些来自新大陆的作物。这些食材虽然不被贵族们青睐，但在普通民众中却广受欢迎。他用的鸡蛋产自修道院圈养的母鸡，红肉和白肉也来自修士们饲养的家禽。尽管阿尔蒂米拉斯受到了马丁内斯·孟蒂尼奥奢华的巴洛克风格的强烈影响，但他确保了撰写的菜谱既简单又经济实惠。例如，虽然阿尔蒂米拉斯在甜咸味食品中仍大量使用糖、丁香和肉桂，但他的菜谱优先考虑使用优质的本地时令食材，注重菜肴的口感更胜过卖相。在方济各会修道院中，斋戒日菜肴的准备工作通常需要发挥很大的想象力，但阿尔蒂米拉斯的菜谱完美地满足了禁食和斋戒日的需求。以捉襟见肘的预算来创造奇迹一直都绝非易事，即便对于有钱人来说也是如此。阿尔蒂米拉斯创造了可口的酱香鱼菜谱（fish en adobo）。在开始制作酱汁或腌泡汁之前，首先需要把鱼清炸一下。随后，将月桂叶、蒜蓉、百里香、茴香、牛至和少量用醋腌过的橙片混合，煮沸制成酱汁。最后，将炸好的鱼放入酱汁中，并根据需要加入适量盐。阿尔蒂米拉斯的书中还包含了大斋节期间经常烹制的鳕鱼炖菜菜谱，这道美味大餐用腌鳕鱼、菠菜和鹰嘴豆配以大蒜和小甜椒制成。在他的厨房里，使用豆子、大蒜、藏红花、胡椒、碎奶酪、面包和薄荷烹制成的炖蔬菜和使用兔肉、鸡肉烹制成的炖肉菜一样美味。与他时不时为朝圣者们烹制的炖羊肉一样，阿尔蒂米拉斯的许多蔬菜菜肴也非常受欢迎。但显而易见，香肠、猪油和脆皮是阿尔蒂米拉斯的最爱，而不是塞万提斯的《堂吉诃德》中可怜的桑丘·潘沙在参加卡马乔婚礼时梦寐以求的火腿肉。

在这一时期，由修士或宗教人士撰写的手稿不仅包含口口相传的流行菜谱，通常还有从当时较负盛名的著作中摘抄过来的更为详尽的菜谱。源于 18 世纪初潘普洛纳地区的《修道院厨师》

（*El cocinero religioso*）一书，包含有 318 道菜谱，由一位不知名的修士以安东尼奥·萨塞特（Antonio Salsete）的笔名所著。[9] 在萨塞特的手稿中，虽然仍可以看到中世纪早期和文艺复兴时期巴洛克风格的传统，但也标志着西班牙烹饪现代化的开端。萨塞特菜谱的一部分是原创，另一部分则明显摘抄自诸如阿尔蒂米拉斯之类的作家。这些手稿和其他宗教菜谱，不仅涵盖了当地的饮食风俗，还包括了西班牙其他许多地区的菜谱。当时，修士们被分配至全国各地，他们不仅给当地带来了新的传统，也带来了崭新的菜谱。这些菜谱虽然仍受基督教和阿拉伯传统的影响，但也包括不少来自新大陆的新食材。久而久之，最终，萨塞特作为修士厨师的一员，总结并更新了这些新的菜谱手稿。萨塞特的手稿清楚地表明，来自新大陆的食材已经融入了日常饮食和修道院饮食中，他撰写的多个菜谱中都包括胡椒、红甜椒、巧克力以及最新潮的食材——西红柿。他在沙拉、炖肉和炖鱼的菜谱中均使用了西红柿。由于萨塞特认为烹制西红柿通常会减缓整个烹饪的节奏，因此他一般先将西红柿提前炒熟，然后再把它们加入主菜一起烹饪。比如，在准备卡苏埃拉炖菜（cazuela，西班牙语意为陶罐或炖菜）时，萨塞特首先将西红柿炒熟，再加入洋葱、大蒜、少量面包屑、盐和少量酸味调味品（如：醋、柠檬汁或葡萄汁）。将西红柿去皮，撒上孜然和香菜种子，加入少量醋和盐一起烹饪，就可以制成可口的番茄酱。此外，萨塞特还建议读者可以在番茄酱出锅时撒上些牛至。

《修道院厨师》菜谱的各类菜肴占比统计如下：肉类 30％，

鱼类 17%，汤类和其他用面包、面团和面粉制成的菜肴 9%，鸡蛋和乳酸类 9%，种子和干果类 7%，调味酱汁类 6%，腌制类 5%，果酱、糖和蜂蜜 1%，咸菜、橄榄和腌泡汁 1%，其他15%。有趣的是，在肉类中，羊肉和鸭肉被认为价值最高，其次是牛肉、牛犊肉、小山羊肉和家禽。猪肉被认为与穷人紧密相关，因此尽管在菜谱的数量上占据第二位，但在厨师的价值理念里，它的排名却是最靠后的。其他杂碎肉类一般被绞碎用来做成肉丸或奶油肉末（gigotes），或配以鸡蛋和杏仁做成蛋焗肉糜（pepitorias），或加入洋葱做成大杂烩（salpicón）。萨塞特的书中也有使用内脏食材烹制的菜谱，如猪脑、猪舌、猪脚和猪蹄都广受欢迎。此外，部分菜谱的名称来自食材的制备方法，如：红烧、炖、裹面皮、烤或回锅炸（牛肉、羊肉或小山羊肉先过沸水，然后用橄榄油炸，并加入大蒜、醋、香料、欧芹、迷迭香、月桂叶和薄荷调味）。

新西班牙的美食大融合

受马丁内斯·孟蒂尼奥的影响，18 世纪的新西班牙饮食风俗被一系列菜谱书记录了下来，这些菜谱书大多数由西班牙人或西裔拉美人（即出生在拉美的纯种西班牙人）撰写。尽管作者们的初衷是保护西班牙宫廷和普通民众的饮食传统，但最终被记录下来的却是一场始于 16 世纪的美食大融合过程，在这个过程中产自新大陆和欧洲的食材并行不悖。在这些菜谱书中，我们可以看到拉美当地的饮食传统极大地影响了西裔拉美人的饮食方式。

美食谷

在 1535 年至 1821 年之间，新西班牙强大的总督府位于墨西哥城（阿兹特克旧称为特诺奇蒂特兰），统治着西班牙位于北美、中美洲、菲律宾和大洋洲的所有领土。墨西哥城位于一个被称为墨西哥谷的壮丽山谷中，大部分地区曾是湖区，直到 13 世纪阿兹特克国王下令填湖造陆在当地建造首都，才变成了陆地。

16 世纪，墨西哥谷的食物供应和分配井井有条。阿兹特克人从帝国广阔的领地和高效种植的奇南帕人工浮田（chinampas）收获食物，运到整个墨西哥城区。

根据西班牙牧师的报告，16 世纪的阿兹特克农业极其高效、先进和精细。在阿兹特克的土地上，气候条件十分多样。那里的土壤大多十分肥沃，这与当时西班牙的情况截然相反：西班牙的作物收成完全掌握在受过精心培训的农艺师的手中，他们知道根据不同作物的生长时间，在准确的时间、地点，通过正确的方式种植一系列一年内可收获多季的农作物。与欧洲一样，墨西哥城时不时也会发生可怕的饥荒，但在这里，发生饥荒的原因通常与作物歉收有关，而不像卡斯蒂利亚那样总是由于当权者的过失而造成。阿兹特克的统治者无疑是扩张主义者，但也是帝国的建设者，因为他们深刻地理解以最小成本养活全部人口的重要性。

在墨西哥谷，土地要么归社区所有，然后分拆给各个家庭，要么由大型私人庄园租给普通农民租户。此外，农民个人还可以在小片土地上耕作，自给自足，并将剩余的农产品在当地市场上出售。

西班牙殖民者对在墨西哥广泛使用的梯田可能并不感到惊讶。毕竟，这一农业种植方式自古以来在欧洲也广为人知。此外，在阿兹特克灌溉系统的普及应该也不会令他们感到惊讶。西班牙人早在公元1世纪前就继承了罗马人、阿拉伯人和柏柏尔人先进的农业技术，但即便是摩尔人也无法在瓦伦西亚或阿拉贡的肥沃土地上每年收获五到六种农作物。通过人工浮田种植系统，阿兹特克人实现了农业的奇迹。

在阿兹特克帝国的鼎盛时期，人们在首都特诺奇蒂特兰附近的浅水湖床上建造了成千上万的人工浮田，那里是今天的墨西哥城、特克斯科科湖（Texcoco）以及更南部的霍奇米尔科湖（Xochimilco）和查尔科湖（Chalco）。这些人工浮田的四周通常建有运河，浮田通过木桩固定在湖床上，由木质结构支撑于水平面之上，并用荆树条编在一起。人们用一层又一层的肥沃泥土和干草填充浮田，直到浮田结构紧实稳固。他们还会在每块浮田上都种植一棵柳树，以保证浮田结构稳定并防止水土流失。之后，人们开始在浮田上种植不同的农作物，最初是玉米、豆类、辣椒和香料植物，随后还可以种植各种水果和蔬菜，旱涝保收。专家们认为，即便在今天，阿兹特克人工浮田系统仍可能是解决世界上许多地区饥荒问题的一个方案。

霍奇米尔科湖浮田花园里阿兹特克人的运河

与哥伦布多年前在加勒比海首次踏足的新大陆一样，埃尔南·科尔特斯统治下的墨西哥在自然风光和植被上都充满了壮美的异国情调，旧大陆的任何地方都无法与之媲美：

> 我走在树林中，这是我见过的最美丽的树林。我看到的浓烈的绿色，就像五月的安达卢西亚。所有树木都与我所知的林木不同，它们的差别就像白天和黑夜那样明显。水果、植被、岩石和其他所有的一切都如此的与众不同。

这是哥伦布在《巴哈马航海日记》中于 1492 年 10 月 14 日

星期三留下的记录 [10]，但也很可能符合科尔特斯多年后征服的墨西哥的情况。我们不得不承认，墨西哥地理和植物的多样性要比巴哈马丰富得多，勘探和开发的潜力更是巨大。西班牙人毁灭了阿兹特克世界。阿兹特克文明曾非常强大、复杂和残酷，千百年来不断发展，以武力征服并吸收了同样先进的其他文明。在成长壮大的同时，阿兹特克人也创造了自己的饮食文化，他们的食材以玉米、豆类、辣椒和巧克力为基础，辅以火鸡、蜥蜴、蜘蛛、蚱蜢、蠕虫、蛇和野鸽。对这些当地的饮食传统，欧洲征服者们并没有足够重视。

1529 年，随着查理一世授予埃尔南·科尔特斯"图卢卡谷侯爵"的头衔，科尔特斯的野心变成了现实。图卢卡谷是一片富饶而美丽的土地，距今天的墨西哥城不远。在此之前，科尔特斯将欧洲的牲畜圈养在图卢卡谷。对科尔特斯而言，成功获封不仅仅意味着美梦成真或仅限于得到一个西班牙的头衔，他清楚地知道图卢卡谷是获取财富和权力的理想之地，而获取头衔仅仅是他成功商业生涯的开端。科尔特斯开始投资于小麦业、制糖业和贵金属开采业，同时还涉足跨太平洋的商业活动。

在图卢卡谷的某些地区，从农业向牲畜业的转变对土著人造成了严重的困扰，他们眼睁睁地看着世代种植玉米和豆类的田地变成了草原。就像恺撒在旧西班牙时期所做的那样，科尔特斯用他的方式供养着军队和殖民地，并以西班牙国王的名义来探索和占领新领土。即使科尔特斯商业帝国的出发点并非无私的利他主义，但其的确为西班牙饮食文化在美洲占有一席之地创造了绝佳机会。最终，西班牙的食材、烹饪方法和地区特色菜都成为墨西哥菜不可或缺的组成部分。

随着欧洲农作物在新西班牙地区的成功种植，当地人对欧洲食品的态度从一开始的抗拒慢慢演变为接受，越来越多的欧洲食材被当地厨师采用。甘蔗，曾在几个世纪前成功挽救了欧洲相当不成熟的中世纪早期饮食，现在在美洲的前景也是一片大好：它们在加勒比海地区和墨西哥被广泛种植。在这里，蔗糖将阿兹特克人钟爱的苦味巧克力饮料改造成了超越欧洲人想象的可口饮品。最终，蔗糖在中美洲的饮食中代替了蜂蜜。

新西班牙与 18 世纪西班牙的显著不同在于土地的绝对规模和农业的潜力。在新西班牙，土地至少在一开始没有受到严格的人为限制，而在西班牙和其他欧洲国家，这些人为限制一直以来严重影响着农业的发展和穷人的口粮。在墨西哥，原则上说只要是城市之外的地区，任何人都可以从茂密的树林里免费采摘水果或收集用于烘焙的鲜美昆虫。玉米是墨西哥人的主食，可以在各种土壤和不同湿度下种植。小麦的产量虽然与玉米相比并不算多，但与欧洲的产量相比却相当惊人。在新西班牙，小麦的产量是主要谷物生产国法国的六倍。但即便如此，在 1785 年新西班牙还是发生了严重的饥荒，并造成了毁灭性影响：作物歉收、人口大批量减少和采矿业的发展是造成粮食匮乏和大量人口死亡的重要原因。

在西班牙人到来之前，墨西哥城已经是一座宏伟的城市。通过西班牙的统治，墨西哥城成为世界上最大、最重要的城市之一。这里是贸易的天堂，玉器、棉花、贵金属、肉、糖、玉米、小麦和普尔克酒在这里被大量交易。普尔克酒是一种由龙舌兰果肉酿造的流行酒精饮料。此外，葡萄酒也被西裔拉美人广泛消费。来自不同文化背景的任何人都可以自由购买盐、牲畜和奴隶。在墨西哥城，大多数人口是墨西哥本地人，少数人口是殖民地的西班牙权贵：教廷成员和出生在拉美的纯种西班牙人。此外，还有来自非洲的奴隶，他们被贩卖到墨西哥，以提高殖民地产出欧洲农作物的生产力。尤其是在制糖业和可可种植业，这些黑人奴隶占据了劳动人口的很大比例。不同种族的人们都拥有各自的饮食传统，人种和社会地位决定的不是食物的数量和质量，而是食物的多样性。与当时西班牙形成鲜明对比的是，在新西班牙，吃肉并不代表更高的社会地位或种族地位，肉的种类才是关键。由于肉类贸易已经成为当地最成功的商贸领域之一，所有的新西班牙居民都有能力吃得上肉。社会最上层阶级享用羊肉和鸡肉，中产阶级（主要由西班牙人和西裔拉美人组成）消费牛肉，剩下的人食用猪肉，而那些吃不起猪肉的人则只能选择山羊肉。到了 18 世纪，墨西哥城的中央市场已成为整个美属西班牙帝国最大、最重要的菜市场，"该市场反映了当地居民食物的丰富性和多样性"[11]。墨西哥城的食品贸易非常成功，中央市场上数百家商铺繁忙的日常交易完美地反映了这一点。在这里，产自新西班牙的丰富食材装满了妇女们的菜篮子：用于烹制杏仁鸡的生鲜鸡、用巧克力调味的火鸡、炖汤的猪蹄、用来佐味辣椒菜的石榴、制作玉米饼的玉米粉、做白面包的小麦粉或用来包裹食物油炸的面粉……

在接下来的几个世纪中，这些菜肴演变成了今天我们所熟知的精致、丰富而独特的墨西哥民族美食，它既不完全是西班牙风格也不是纯粹的美洲土著风格，而是极富原创性的美食大融合。

饮食传统的大融合

自欧洲人发现美洲以来，中美洲就一直存在着食物交换，但不同饮食传统的真正融合则推迟了几个世纪的时间才到来。当地的土著人在相当长的时间里都保持着自己的饮食文化。对于西班牙人来说，接受新食物和调整饮食习惯是不可避免的，尤其是当他们刚刚抵达美洲并努力探索美洲本土时。他们要么像当地人一样饮食，要么只能挨饿。随着西班牙人在美洲定居，他们开始鼓励当地居民存旧纳新，拓展日常食品清单，尤其是使用小麦粉做面包。肉类是欧洲饮食中另一个必不可少的组成部分，西班牙精英阶层对肉类的需求量很大，因此殖民地商人开始大量养殖哥伦布第二次跨洋航行带来的牲畜。这成为最成功和最赚钱的商业活动。在新西班牙，土著居民接纳肉和猪油的过程要比接纳其他欧洲食品容易得多。随着当地居民开始自己饲养牲畜，他们会在市场上向西班牙人和西裔拉美人出售最上乘的肉品，自己则留下质量稍次的肉品。但是，小麦或大麦在墨西哥永远无法与玉米竞争。对于土著居民来说，即使是用最好的坎德尔小麦粉烘焙出的面包，也永远无法和在传统平底陶锅上烤出的热腾腾的玉米饼相媲美。

新大陆和旧大陆之间饮食文化的大融合开始在新西班牙以及更南部的智利、秘鲁逐渐成为现实。当时，"欧洲土著人口"在规模和种族多样性上都有了实质性的增长，他们包括：土著人、混血儿、黑人、不同民族的混血以及白人，其中大部分白人是西裔拉美人。这些不同的种族亲密无间地共同生活在城镇和乡村中，那里也早已遍布橄榄树、葡萄园和麦田。在新西班牙，烹饪手稿和书籍中记录的菜谱已经显示出越来越明显的混合元素，西班牙或西裔拉美人的家庭厨师们所烹饪的食物更是如此。在土著家庭中，人们仍沿袭着古老的托尔特克人和阿兹特克人传统，大多数菜谱都由非常基本的烹饪设备炮制。他们的居住环境非常混杂，床垫与充满艺术感的平底陶盘和石臼共享着生活空间。随着时间的流逝，当地的菜谱融合了西班牙人带来的不少饮食传统：如玉米粽子，在玉米面团里塞上甜咸口味的馅儿（如牛肉），裹上叶子后蒸制；以及土豆饼，将土豆在猪油中煎炸，随后加入其他食材烹制。此外，在白人占据主导的修道院和庄园中，其他的西班牙传统菜谱也一直颇受欢迎。这些庄园通常按照安达卢西亚或卡斯蒂利亚地区的风格建造。在这里，即便是最简陋的殖民地庄园，厨房也占据了相当大的空间，与房屋的其余部分彻底分隔开，并且设有内烤炉和外烤炉。在这些厨房里工作的大厨们都受过西班牙传统烹饪的培训，能够同时烹制新大陆和旧大陆的菜谱。墨西哥城逐渐成为多方文化融合的中心。

《新西班牙裔菜谱》（*El recetario novohispano*）、《多明加·德古斯曼菜谱》（*El recitario de Dominga de Guzmán*）和《弗雷·

杰里尼莫·德·佩拉约菜谱》(*El libro de cocina de Fray Gerónimo de Pelayo*) [12] 都是非常有趣的读物，最为翔实地记录了当时跨大西洋地区的生活和饮食。这三部手稿不仅是两种极其丰富的饮食文化互相融合的明证，同时也反映出西班牙美食广泛的影响力。

证明以上论述的绝佳例子是《新西班牙裔菜谱》的一道菜谱：炒鸡（guiso de gallina）。制作这道菜，首先需要将鸡切成小块，洗净，加入猪油和盐，炒至金黄色。随后，加入切碎的大蒜、洋葱和欧芹。最后，加入西红柿和香料调味。作者没有明确注明香料的名称，我们推测这些香料应该遵循着中世纪酱料的传统做法，其中包括肉桂、胡椒和藏红花。在今天的墨西哥，普遍的做法是将这道菜谱中的欧芹换成香菜。

另一道关于烹制鸡肉的菜谱来自《多明加·德古斯曼菜谱》。这本由女性撰写的菜谱完美地体现了混血文化。它使用的食材包括猪油、小麦粉、香肠、水果、糖浆和果脯糖等，全部来自西班牙饮食。多明加使用的器皿包括在西班牙和墨西哥都被广泛运用的陶制砂锅，以及墨西哥当地的平底陶盘。首先使用猪油烤制一些面包。随后准备糖浆，并将吐司面包蘸好糖浆。接下来，在陶制砂锅底铺上一层面包，在面包上铺一层烤香肠、芝麻、苏丹娜葡萄、杏仁和果脯糖，然后再铺上一层面包，随后再铺上一层烤香肠……这样直到把陶制砂锅装满，就可以在炉子上开始烹制了。烹饪过程中，砂锅口上需要盖上平底陶盘，并在陶盘上面覆盖一层烧热的炭火。多明加的这道菜通常和烤鸡肉一起食用。

古老的墨西哥石杵和石臼——大西洋两岸的居民都曾使用类似的器皿

由女性撰写的篇章

不可否认，自人类历史最开始，女性与食物之间就有着密不可分的关系，但现实中，女性以书面形式分享关于食物和烹饪知识的情况却相当罕见。在西班牙，造成这一现象的原因非常简单：大部分女性直到20世纪才能够正确地读写，尤其是如果她们出身于农民或城市下层阶级。自中世纪以来，只有贵族和教会中的女性才能以某种形式接受教育。[13] 但在墨西哥，年轻女性在进入婚姻生活之前必须掌握的技能包括阅读、写作、缝纫，以及烹饪。此外，一些地位显著的西班牙贵妇在丧偶后或为寻求庇护来到修道院，她们也成为撰写这些菜谱的另一个重要来源。与携带仆人专门为她们烹饪美食相比，更常见的情况是她们带来了家族的传统菜谱。新的烹饪方式、知识和技术被添加到了新大陆已有的饮食文化中。在这个领域，来自西班牙和当地的烹饪新手和经验丰富的宗教厨师一起辛勤地并肩合作着。

"蹭脏桌布"

"蹭脏桌布"（manchamanteles）一词由"污渍"（mancha）和"桌布"（manteles）两个词语组成，是一道墨西哥节日菜肴的名称。这道糖醋口味的炖菜可以由鸡肉、猪肉或这两种肉一同烹制，酱香浓郁，自17世纪以来就被不同的美食作家记载在册。制作这道菜的食材通常包含肉、西红柿、大量新鲜水果、糖以及来自新旧大陆的各种香料。配料清单因制作者而异，随着时间的推移越来越多地体现出不同文化的交融。据说，这道菜最早由圣胡安娜·伊内斯·德拉克鲁兹（Sor Juana Inés de la Cruz）修女记录，她是一位活跃在1678年左右的墨西哥美食作家。圣胡安娜的菜谱需要使用的食材包括：辣椒、芝麻、鸡肉、车前草、甜土豆（canote）、潘诺切拉苹果（panochera）。潘诺切拉是一种煮熟的苹果，口感比它的卖相要好很多。在撰写于18世纪的《多明加·德古斯曼菜谱》中，多明加对于这道菜的配料保留了辣椒和芝麻，但是她明确指出应该使用黄辣椒，并在菜谱中加入了黑胡椒。18世纪末，杰罗尼莫·德·圣佩拉约教父（Jerónimo de San Pelayo）在这道菜谱中加入了面包、猪油、西红柿、西班牙式小茴香种子和墨西哥式土荆芥（epazote）。到了20世纪，在保留鸡肉和辣椒的基础上，人们又在这道菜谱中加入了猪肉、菠萝、车前草、肉桂以及卡斯蒂利亚醋。

　　一些现代作家将"蹭脏桌布"与瓦哈卡市的七道炖菜联系在一起。扎瑞拉·马丁内斯（Zarela Martínez）是瓦哈卡美食领域的权威，她不仅将这道菜与瓦哈卡市联系在一起，而且认为其与恰帕斯市（Chiapas）也紧密相关。尽管她也承认，瓦哈卡版本的这道菜口味更加辛辣且带有更多果味。扎瑞拉的菜谱包含两种辣椒（宽椒和长椒）、大蒜、洋葱、西红柿、酸浆青番茄、牛至、新鲜百里香、月桂叶、肉桂、小茴香籽、黑胡椒、鸡肉、猪排、菠萝和青苹果。扎瑞拉的菜谱非常复杂，准备起来极其需要耐心和技巧。[14]

甜甜蜜蜜

　　在美洲菜谱手稿书中出现的糕点、饼干、蜜饯和牛奶布丁很多都需要使用面粉，且大部分都来自西班牙修道院的饮食传统。自从修女们来到美洲，她们就需要养活自己、供养修道院。在"我祈祷，我工作"的座右铭指导下，她们很快找到了一种简便的方法来获得教徒们的慷慨捐助：为教徒们准备从伊比利亚半岛传承而来的最精致的糕点和蜜饯。修女们不仅有的是时间和耐心，而且有着作为糕点专家不可或缺的纪律性和知识。她们最杰出的技能，是羽毛般柔软的灵敏味觉，这一点让糕点师傅们艳羡不已。在西班牙，教会从来就不是远离厨房的地方：西班牙和罗马的天主圣徒圣·特蕾莎修女在16世纪的《奠基之书》（*The Book of the Foundations*）中写道："主也在厨房中陪伴我们"。在西班牙曾经有这样的传统：祈祷一定的次数可以确保菜不被煮过头或夹生——搅拌好木瓜糊需要祈祷十次《信经》（*Credos*），煮一个鸡蛋需要祈祷三次，《圣母经》祈祷则通常用于更加简单的操作。

18世纪西班牙殖民时期出现了关于糖果和糕点（甜品、果酱和蜜饯）的大量手稿和出版资料，为了充分理解这一现象出现的原因，我们需要追溯糖的历史和西班牙非宗教相关的早期烹饪书籍。

西班牙人首先在加那利群岛大量发展了甘蔗种植园，随后将这一产业扩展至新大陆，并获得了极其可观的投资回报，随之深刻改变了西班牙甜食和甜点的传统。尽管很少有书籍承认糖的重要性，但由于可以用更低廉的价格方便地获取，糖开始取代大厨、宗教厨师、女仆甚至医生菜谱中的蜂蜜。

要想理解西班牙的甜点传统，16和17世纪许多未出版的匿名手稿至关重要。甜点的发展历史告诉我们，甜品曾是尊贵和奢侈的代名词，代表着精致和高贵。此外，糖果、美食、医学和饮食学之间也存在着密切的关系。[15]

"《绅士果园》（*Vergel de señores*）一书完美地展示了如何

制作各种蜜饯、砂糖、果酱、牛轧糖以及其他糖类和蜂蜜产品"。
《绅士果园》成书于 1490 年至 1520 年之间，被认为是西班牙关于甜品甚至含糖饮料最古老的西班牙语手稿。这是一本章节完整的书籍，除了详细列出各类食材及其烹饪方法之外，还有整整一个长章节用于描述厨具和制备食材所需的不同容器。完整的清单包括：黄铜杵和臼、带有木杵的陶瓷臼、用于从锅中舀木瓜糊用的银勺、一些碗或大盘子、烤箱、金属或棉质滤网、用于存放果酱的一些宽而浅的木盒、木制匙勺或搅拌棒，以及传统西班牙厨房中常用的其他许多器皿。遵循中世纪的传统，《绅士果园》中还描述了关于制作香油、美容产品和香水的详细信息。这些有关香氛、口味和颜色的描述非常细致，在此类书籍中相当罕见。

16 世纪还有另一位作家胡安·瓦莱斯（Juan Vallés，1497—1563），他的贡献鲜为人知。作为查理一世时期的外交官，胡安·瓦莱斯的研究领域是身体保健学、蜜饯和甜食以及它们对健康的益处。一直以来，瓦莱斯所著的《人类生活的礼物》（*Regalo de la vida humana*）仅存一册孤本可供研究，保存于维也纳的奥地利国家图书馆。直到最近，学者费尔南多·塞拉诺·拉拉约兹（Fernando Serrano Larráyoz）抄录了原始手稿，才让我们有更多的机会阅读到这本在 16 世纪让整个西班牙为之着迷的书籍。要知道，在当时西班牙的纳瓦拉，只有药剂师才能制作糖果和蜜饯。[16]

1592 年，米格尔·德·巴扎（Miguel de Baeza）撰写的《关于糖果艺术的四本书籍》（*Los cuatro libros del arte de la confitería*）在阿尔卡拉 - 德 - 埃纳雷斯出版，这本书被认为是卡斯蒂利亚出版的第一本关于糖果的书籍。德·巴扎出生于托莱多，根据他在书中的叙述，这座城市以阿拉伯和犹太人的优质甜点而闻名。这本书中充满了有趣的细节和事实，首先阐述了蔗糖是如何从甘蔗中提取的，然后描述了各种不同品质的糖。此外，作者还收集并详细讲解了很多用糖和蜂蜜制作的甜品菜谱，包括各种类型的精致果冻、水果罐头、果酱、杏仁饼、蜜饯以及杏仁糖杜隆（turrón）。最后，德·巴扎的书中还附有一份由费利佩三世在 1615 年签署的《职业糖果师行为准则》复印件。[17]

杏仁糖杜隆起源于中东，随后被引进西班牙

早在 18 世纪，西班牙糖果相关书籍的出版就比法国同类书籍的发行速度慢。这些书籍由专业厨师撰写，一般在国际上鲜为人知，但也有一个特例：胡安·德·拉·马塔（Juan de la Mata）所著的《甜点的艺术》(*Arte de repostería*)。这本书以西班牙语撰写，于1791年出版，发行后立刻蜚声厨艺界。作为一本专门研究糕点、甜点、冷热饮料、奶油、牛轧糖以及新鲜水果的专业书籍，《甜点的艺术》一经出版立即获得国王的首席糕点厨师多明戈·费尔南德斯（Domingo Fernández）的认可，这是一项非常难以获得的成就。德·拉·马塔是一位卓越的糕点师和甜品师，他的烹饪方法与前文中提到的阿尔塔米拉、萨塞特以及许多教会厨师都截然不同，尽管这些大厨们的菜谱书籍里也包含了类似菜谱。德·拉·马塔是一位现代的宫廷厨师，深受意大利和法国现代烹饪方法的熏陶，他在接下来的两个多世纪里深刻地影响了数千名专业和非专业厨师。《甜点的艺术》分为两章，叙述风格简明易懂。第一章是内容综述，介绍了厨房活动的组织、餐桌服务以及在宴会和大型庆典上提供的菜单。第二章罗列了507道菜谱。这些菜谱有些来自西班牙，有些则来自法国、意大利、葡萄牙、荷兰甚至亚洲。遵循德·巴扎的烹饪风格，德·拉·马塔大量使用新鲜水果或将其制成果冻、果酱和蜜饯。这些水果有些来自欧洲，有些则来自美洲。这一新颖别致的食材特点，使他的菜谱书从前文中提到的其他菜谱手稿中脱颖而出。德·拉·马塔十分喜爱传统的葡萄牙和西班牙式甜点、蛋糕、饼干和蜜饯，如：杏仁糖糕（mazapanes）、甜甜圈（rosquillas）、奶油杏仁饼干（mostachones）、奶油脆饼（merengues）和美味的蛋挞（yemas）。此外，德·拉·马塔的书中还包括各种类型的饮料，如：用酒精和葡萄汁制成的利口酒、冰镇果汁、巧克力以及咖啡。事实上，西班牙对咖啡的首次描述也出现在这本珍贵的书籍中。德·拉·马塔认为，咖啡可以稀释并破坏葡萄酒的功效，有助于消化，可振奋精神，并防止过度睡眠。[18]

接地气的宫廷食物

1759 年，查理三世登基，西班牙宫廷开始受到其他许多国家烹饪手法的影响，其中以意大利式风格为主导。查理三世是西班牙的费利佩五世和意大利公主伊丽莎白·法尔内塞·迪·帕尔马的儿子。在他统治时期，马德里王宫的厨房变得更加繁复且充满激情。与欧洲其他地区一样，在 18 世纪中叶，人们追求新意并渴望打破旧制度，这一理念也体现在当时人民对于食物的偏好中。

为鼓励农业、工业、商业尤其是艺术和科学的发展，18 世纪中叶众多学会如雨后春笋般设立，鼓舞着广大民众的广泛参与。其中最著名的是巴斯克地区皇家学会（La Real Sociedad Bascongada de Amigos del País），成立于 1764 年，由著名的佩纳弗罗里达伯爵（Count of Peñaflorida）主持。这一学会旨在鼓励巴斯克地区的农业、科学、文化和经济发展，随后被西班牙各地的许多其他机构纷纷效仿（这里请不要与一个世纪后在圣塞瓦斯蒂安出现的美食协会相混淆）。在这种崇尚变革的氛围下，社会改革成为了可能，新国王对此表示认可并采取了行动。这一阶段，西班牙与欧洲处于短暂的和平时期，但国内经济发展在一定程度上陷入了停滞，人民迫切期待引进务实的新思想。进行社会改革的完美时机已经到来。随着大多数人的饮食得到改善，约韦拉诺斯（Jovellanos）或卡达尔索（Cadarso）等开明的政治家们开始意识到人民的幸福感与食物之间存在着千丝万缕的联系。

　　与他的父亲不同，查理三世（1716—1788）主张相对简单

查理三世在宫廷用餐，路易斯·佩雷特·阿尔卡萨（Luis Peret y Alcázar，1746—1799）绘，1775 年

的生活且重视各阶层的民众，但西班牙宫廷传承自哈布斯堡王朝时期的繁文缛节、奢华排场和仪式仍不可避免。哈布斯堡王朝为西班牙宫廷带来了财富、奢华，但也导致宫廷和普通民众之间的距离遥不可及。在欧洲传统的影响下，宫廷偏爱的饮食在数百年间与普通民众截然不同，甚至和西班牙的贵族阶层也相去甚远。这一传统随着持有相对民主生活态度的波旁王朝的到来出现了改变。

由于一系列天时地利的因素以及王太后出色的政治谋划和操纵能力，查理三世首先成为那不勒斯王国的君主，随后又加冕成为西班牙国王，获得了西班牙在美洲殖民地的统治权。按照王室的要求，马德里王宫的午餐通常为法国和意大利式美食。午餐在巨大的王宫主饭厅举行，需要遵循严格的仪式，这是国王不得不履行的仪式性职责。在这里，国王独自坐在餐桌主位上，周围陪伴他的有部长、大使、仆人以及他钟爱的猎犬们。查理三世的晚餐风格迥然不同。这位品位朴实的国王偏爱普通的西班牙美食。对他来说，完美的晚餐仅需要一份烤牛肉、一个鸡蛋、一份沙拉、一杯加那利群岛出产的葡萄酒以及少量饼干。

注定要失败的社会改革

18 世纪 60 年代，小麦接连三次歉收，导致面包价格急剧上涨。由于深处内陆，远离可以进口意大利小麦的海港，马德里的粮食价格涨势失控。首都的局势动荡不安，这不仅仅是由于面包匮乏而导致的。即便国王的饮食已经趋于平民化，马德里人民仍然认为，宫廷里的外国势力正威胁着首都居民的传统生活、价值观念甚至服装风格。埃斯奎拉奇部长（Minister Esquilache）声称，为了确保街头市民的安全，冬季禁止男子穿戴传统斗篷和帽子。这一行为最终引发了起义，埃斯奎拉奇不得不引咎辞职。此外还有其他的社会问题，尤其是梅斯塔牧主公会和封建地主的古老特权持续造成粮食歉收并引发饥荒。这些古老的特权阶级强迫民众从事牧羊业，生产羊毛，导致很大部分的土地无法生产粮食。此时务必一劳永逸地解决土地种植分配不科学的问题！作为回应，查理三世命令市政当局将普通土地分成小农场，分配给失地农民。在部长们的建议下，他还下令在新开放的道路旁建立新的社区。

由于市政当局的腐败，小农场落到了本已享有特权的人手中，第一次改革很快就被证明失败了。尽管如此，安达卢西亚的莫雷纳山区一些新开垦的地段仍然短暂地繁荣了一段时间。奥拉维德部长（Minister Olarvide）负责推行这一雄心勃勃的莫雷纳山区项目，旨在让安达卢西亚未经耕种或荒废的地区焕发生机。哈恩省的拉卡罗莱纳城（La Carolina）、塞维利亚省的拉路易斯娜城（La Luisiana）和科尔多瓦省的拉卡洛塔城（La Carlota）等城镇就是由 6 000 多名来自奥地利、德国和法国的工人建立起来的，他们来到西班牙寻找新生活。为了避免土地聚集在少数人手里，这些工人被禁止购买不动产。但他们也有幸免于缴税，要知道沉重的税赋几百年来一直困扰着西班牙农业的发展。此外，我们也不要忘记，贵族、教会或市政当局都从未缴纳过这些税款。此时，大部分当地居民仍是金发碧眼，他们保留了来自故乡的"彩绘蛋日"和"狂欢节"等一些节日传统。莫雷纳山区项目是奥拉维德部长的理想项目，约瑟夫·汤森（Joseph Townsend）曾对此进行过详细研究。这位专家著有《1786—1787 年穿越西班牙的旅程》（*A Journey through Spain in the Years 1786 and 1787*），曾在 1787 年旅行至马德里和塞维利亚。在这次旅行中，他曾借宿于莫雷纳山区的新定居点阿尔穆拉迭尔小镇（La Concepción de Almuradiel），村民为他提供了脏兮兮的亚麻布床单，他当即就拒绝了。他在镇上买了他平时爱喝的葡萄酒、面包和羊肉，但是他最爱的食物牛肉在当地市场上却根本买不到。第二天早晨，他在同行旅伴的陪伴下继续南下旅行，途经圣埃琳娜城（Santa Elena），在这里：

> 虽然土地耕种程度很高，却仍有不少树木。因此从不远处看，整个区域看起来就像一片广阔的森林。在一座小屋里，我们看到了家养的松鸡。它们像诱饵鸭一样受过训练，以吸引真正的松鸡靠近。[19]

在另一个位于拉卡罗莱纳城郊区的新定居点，汤森与该项目的幕僚奥拉维德部长进行了交谈。当时，奥拉维德部长受雇于卡斯蒂利亚议会总督阿兰德伯爵（Count d'Aranda），他提出了在荒芜的莫雷纳山区引进农业和艺术的想法。由于这一地区长期以来普遍存在着强奸和暴力行为，因此落实项目的难题在于留住民众定居在当地。他雇用了一名巴伐利亚的图里格尔人，负责招募 6 000 名男子来该地区耕种。但和计划相左的是，这名图里格尔人最终没有招来农民，却带来了一大批流浪汉，这些流浪汉来了，要么一命呼呜，要么作鸟兽散，枉费了部长为招募他们花费的巨大成本。于是，当局开始大量邀请德国各地的人们来莫雷纳山区定居。为了鼓励定居，每位新移民都可以得到一块土地、一栋房子、两头牛（其中一头是怀孕的母牛）、一头驴、五头绵羊、六头山羊、六只母鸡、一只公鸡、一把犁和一把镐。每人刚开始都可以分配到 50 蒲式耳的土地（相当于 929 平方米 / 10 000 平方英尺），如果把这些土地耕种完，那他们还可以另外获得 50 蒲式耳的土地。这些移民定居的首个十年租金全免，在此之后，也只需缴纳皇家什一税。

时尚饮品

随着可可豆销售网络的扩张，饮用巧克力的风尚已经从马德里扩展到了西班牙的各个地区。很快，这种新型饮料就完全融入了西班牙文化，并成为国家的新象征，即来自西班牙的神奇饮品！巧克力饮品的迅速发展受到诸多天时地利因素的影响。其中一些因素与经济、贸易和殖民政治有关；另一些，尤其是 17 世纪

60 年代后，则多与文化、科学、医学以及宗教思想有关。16 世纪，埃尔南·科尔特斯发现墨西哥阿兹特克人对可可豆及巧克力饮品倍加推崇。对阿兹特克人来说，这些可可豆不仅是神圣的，还能提供能量和营养，这也是可可豆如此迅速地在欧洲传播开来的另一个原因。

16 世纪末，西班牙韦拉克鲁斯、加的斯和塞维利亚港口的可可豆托运量逐年增加，可可豆贸易成为盈利颇丰的生意。第一家巧克力工厂很快在塞维利亚开业。和科尔特斯在蒙特祖玛的宫廷里尝到的难以下咽的饮料相比，巧克力饮品已经脱胎换骨，从由可可豆粉、辣椒粉、胭脂树红和紫萼路边青（orejuela）冲泡而成的苦味冷饮演变成了一种截然不同的饮料。西班牙最早的巧克力饮料配方《关于巧克力天然属性和品质的四点探索》（*Curioso Tratado de la Naturaleza y Calidad del Chocolate Dividido en Cuatro Puntos*）由安东尼奥·科尔梅内罗·德·勒德斯玛（Antonio Colmenero de Ledesma）于 1631 年在西班牙出版。安东尼奥的巧克力饮料配方中仍然包含辣椒粉（也可以用黑胡椒代替）、烘焙后研磨的可可豆粉、茴香、香草豆荚、肉桂、杏仁、榛子、糖以及原始配方中的胭脂树红和紫萼路边青。紫萼路边青在中美洲一直被用来调味巧克力，其辛辣的芳香气味备受阿兹特克人和玛雅人的喜爱。随着巧克力在西班牙越来越流行，胭脂树红和紫萼路边青逐渐在配方中消失。在《食品事务》（*Food Matters*）一书中，卡罗琳·A. 纳多（Carolyn A. Nadeau）曾进行了一次有趣的比较，分析不同社会阶层对来自中南美洲食材的接触和接受程度，如西红柿和土豆。在教会和贵族的保护下，巧克力作为一种相当精致的饮料横渡大西洋。其配方起源于美洲，但西班牙人在保留其原始制备方法的同时，也对原始配料进行了不少改良。[20]

　　西班牙人创造了很多有关巧克力的配方。这些配方大多用于制作提神的热饮，最终成品一般都是含有可可和多种香料的饮料，非常符合欧洲人口味。香料包括大茴香、芝麻、香草，通常还有肉桂和糖。糖改变了世界各地人们的味蕾，并与财富紧密联系在一起。美国人类学家西德尼·明茨（Sidney Mintz）在《甜蜜与力量：糖在现代历史中的地位》（*Sweetness and Power：The Place of Sugar in Modern History*）中指出，糖"体现了有钱有势者的社会地位"[21]。毫无疑问，巧克力走的是同样的路线。对于西班牙王室而言，可可是美洲第二重要的产品，地位仅次于白银。由于墨西哥种植园耗损严重以及其他经济原因，到17世纪，可可的种植已成功地扩展到了南美洲，尤其是加拉加斯、马拉开波和瓜亚基尔。而在墨西哥，对商人和当局来说，开矿比可可种植更为重要。

巧克力杯"季卡拉"和巧克力套杯"曼切里纳"：
对巧克力的深入探索

　　在前卫的西班牙糕点师手中，巧克力成了一种有力的工具。奥里尔·巴拉格（Oriol Balaguer）、恩里克·罗维拉（Enric Rovira）和阿尔伯特·阿德里亚（Albert Adrià）等大厨打破了甜味和咸味之间的界限。他们回溯历史，给西班牙的巧克力世界带来了革命性的改变。即使他们在甜点、蛋糕和夹心巧克力糖中使用的巧克力与玛雅人和阿兹特克人利用可可粉和其他当地食材制成的巧克力饮料相去甚远，但依然显示出西班牙厨师开始使用巧克力中一些最原始的配料，尤以辣椒粉最为突出。

　　西班牙最早的巧克力饮料配方距今已有五百年。当时的配方包括：795克（1.75磅）可可豆、55克（2盎司）香草、400克（14盎司）辣椒粉、14克（0.5盎司）丁香、700克（1.5磅）糖和少量的胭脂树红。胭脂树红也曾被阿兹特克人用来将身体涂抹成红色。根据编年史家贝尔纳尔·迪亚斯·德尔·卡斯蒂略的报告，巧克力在蒙特祖玛宫廷一般使用黄金杯盏饮用，是一种泡沫丰富的苦味饮料。在墨西哥传统中，巧克力需要使用特制的木搅拌棒（molinillo）在传统的巧克力锅中充分打发，这种巧克力锅通常和木搅拌棒配套使用。用西班牙语撰写成的第一份巧克力配方很快就得到了改良，用以取悦西班牙人相对简单的口味。改良配方中去除了辣椒粉和胭脂树红，加入了可可粉、牛奶、糖、蜂蜜、香草，有时还有肉桂。在西班牙，人们曾使用与阿兹特克人手工研磨盘相似的工具研磨可可豆。随后，18世纪的工业化解放了人工。但即便到了18世纪，在西班牙，可可豆的研磨仍然遵循阿兹特

克人的方式。当地的工匠仍使用磨石挨家挨户地为
客人研磨豆子。在西班牙和新西班牙，人们曾使用
陶瓷的巧克力杯"季卡拉"（jícara）盛装巧克力。
季卡拉一词来源于一种使用葫芦树果实制作的容
器（Nahuatl xicalli）。后来，秘鲁总督曼斯拉侯爵
（the Marques of Mancera）发明了一种名为"曼切
里纳"（mancerina）的巧克力杯和杯托套装，用于
饮用巧克力。曼切里纳套杯由杯子和杯托组成，用
于盛装热巧克力时避免杯子过烫发生事故。

即使巧克力在 16 世纪已经在马德里广为人知，但它

"曼切里纳"巧克力杯和杯托套装，这种巧妙的器皿可帮助人们在闲聊的同时尽情享用热巧克
力和饼干

真正变成首都日常生活的一部分则要等到 17 世纪，甚至 18 世纪。巧克力在 1606 年传入意大利，在 1616 年借由路易十三和西班牙哈布斯堡公主安娜的婚礼被引进法国。当时，人们一天要喝好几次巧克力饮料。无论是在宫殿、修道院、中产阶级家庭还是旅馆，巧克力、香草和肉桂混合起来的香甜口味都为日常生活增添了不少异国情调。直到 19 世纪出现咖啡馆之前，人们都在被称为"波提耶利亚"（botillería）的酒水店中享用巧克力饮品。

西班牙人爱喝的杯装热巧克力比法国人青睐的热巧克力要浓稠得多，原因很简单：西班牙人喜欢在浓稠的巧克力中蘸着各种糕点、饼干和油条一起吃。

最初，只有西班牙的贵族才能享用巧克力。随着时间的流逝，巧克力也在欧洲其他国家的贵族中流行起来，可与咖啡和茶的流行程度相媲美。但与咖啡和茶不同，巧克力被认为是西班牙的特色。如今，西班牙人使用了更为简单的配方，把巧克力当作早餐饮料或下午茶享用。

1796 年，安东尼奥·拉韦丹（Antonio Lavedan）医生撰写了一篇有关烟草、茶和巧克力的文章，论及它们的用途、滥用后果、特性和优点，详细描述了如何在西班牙制备和饮用这些饮料。总体而言，他认为巧克力是一种神圣的、能带给人天堂般感受的饮料，也是一种万能的灵药和通用药物。根据他的报告：为了获取制备巧克力饮料所需的可可糊或可可粉，人们首先要烘烤可可豆，将其表层的硬壳去除。烘焙通常使用铁制或铜制的烤盘，或被称为"帕拉"（paila）的大炒锅。为了避免烤煳可可豆，首先需要在烤盘上加热白沙，再将豆子倒入白沙。这种方法在去除可可豆硬壳的同时，还不会破坏豆子里含有的可可脂和极易丢失的芳香成分，这是制成高品质可可粉的关键。当我们将可可豆从硬壳和白沙中分离出来后，需要将其放置于已经在火盆中加热过的两块石头间碾碎。经过这一步骤，可可豆变成了浓稠的糊状物。此时，我们需要将其与糖混合，然后二次碾压。这时，可可糊仍较为温热，通常需要将其放置在金属或木制容器中冷却硬化，或将其灌入和可可豆原始形状类似的模具里单独成型。根据一些医生的观点，将巧克力与少量香草和肉桂混合可以改善消化功能。有些巧克力生产商也会在巧克力中加入胡椒和生姜的成分，尽管这两种口味的巧克力在西班牙并不怎么受欢迎。拉韦丹进一步发展了两种不同的巧克力制作方法。第一种方法是：将巧克力片或巧克力块掰碎，放入巧克力锅，并加入冷水。随后，文火加热，同时使用特制的木搅拌棒搅拌，其间不间断地旋转手柄，直到巧克力完全溶解。拉韦丹认为，这一制作过程中最重要的是持续供应温和的热量，以防止巧克力糊结成固体和脂肪，最后变成难以消化的饮料。他还建议，最好在巧克力饮料刚刚制作好的时候就喝掉，切勿再次加热。此外，拉韦丹还提出了第二种方法，他认为相比之下，这种方法效果更好。首先将可可豆捣成粉状，放入巧克力锅中后加水，使用木搅拌棒不断搅拌并用文火加热，使其完美混合。使用这种方法，巧克力的不同成分没有足

巧克力瓷砖画：制作于 20 世纪的瓷砖画，展示了 1710 年制作巧克力饮料的场景，现存于巴塞罗那设计博物馆

够的时间得以分离，都完美地保存了下来。

冷饮派对和下午茶派对

18 世纪，西班牙生活的另一重大特征是社会和文化发生了变化，尤其是在大城市里，这些变化更加明显。不论出于何种理由，都值得组织一场茶话会（tertulia），这种在时髦咖啡馆中举办的文学或政治讨论会在西班牙全国各地都非常流行。这一时期，同样具有代表性的是冷饮派对（refresco）和下午茶派对（agasajo）。这些派对是在宫廷及奢华的私人住宅中举行的社

交聚会，聚会上通常会有各种甜点、饼干、冰激凌、冰糕、冷饮和热饮。但无论聚会地点在哪里，无论东道主的财务和社会地位如何，聚会上人们享用的饮料都是极其相似的。巧克力热饮或冷饮永远是这类聚会的主角。在漫长而炎热的夏季里，通常还有各种果汁和其他冰镇饮品：新鲜的油莎草大麦汁（horchata）、柠檬水和橙汁、冰沙和冰糕、新鲜牛奶、奶油味或牛轧糖味的冰激凌，以及由罗伯特·德·诺拉发明的使用牛奶、鸡蛋和杏仁制成的皇家奶冻。

　　社交活动的风靡不仅限于马德里，在瓦伦西亚、塞维利亚尤其是加泰罗尼亚精英阶层中，这些社交聚会同样很受欢迎。巴塞罗那是一座新崛起的大都市：受益于美西贸易，巴塞罗那作为港口的地位变得越来越重要，而且它已经摆脱了卡斯蒂利亚古老落后的农业模式。作为加泰罗尼亚省的首府，巴塞罗那是一座具有重商精神的独特城市：它试图追随英国人和荷兰人的脚步，同时也归顺于西班牙宫廷古老的贵族体系，正如《萨尔特的抽屉》（*El Calaix de Sastre*）一书中描述的那样。《萨尔特的抽屉》作者是拉斐尔·达马提·德·科尔塔达（Rafael d'Amat i de Cortada），又称巴隆·德·马尔达（Barón de Maldà）。该书撰写于18世纪下半叶，全面描述了加泰罗尼亚地区贵族中常见的品质生活和饮食方式。

　　巴隆使用大量的篇幅详尽描述了贵族们在早餐、午餐、晚餐和社交活动中享受的乐趣：五道菜组成的丰盛午餐和晚餐，早晨和下午各饮用一次巧克力，在远足或散步时享用大米和煎蛋，在四旬斋的时候则食用鳕鱼。巴隆还详细描写了加泰罗尼亚的冷饮派对，尤其是诱人的甜点和美味的蛋糕：被称为"贵妇手指"的牛奶曲奇（melindros），用杏仁、榛子、牛奶、可可粉和糖制成的夹心巧克力丸子（catanies），来自马洛卡岛配方的奶油蛋糕（besquits），来自巴利阿里群岛配方的轻甜蛋糕（ensaimada），被称为"手臂包"的甜面包（brassos），用鸡蛋、糖、柠檬和黄油制成的海绵蛋糕（pessic，pans d'ou）等。在加泰罗尼亚贵族私宅举办的众多聚会中，葡萄酒可能不如其他饮品那么流行，但也和咖啡一样大量供应。而在大多数普通民众的饮食里，土豆、洋葱和葡萄酒则占有主要地位。[22]

咖啡，作为一种最初仅供王室享用的饮料，在欧洲各地的知识分子阶层和新兴资产阶级中赢得了广泛的追随者。人们聚集在咖啡馆举行公开聚会，点上一两杯咖啡这一新潮又不上瘾的饮料，一边交流分享时兴的新闻和思想。咖啡于公元6世纪在埃塞俄比亚被发现，途经阿拉伯半岛和土耳其，于16世纪传到欧洲。这一时期，巧克力已在社会的各个阶层中流行起来，而喝咖啡这一深色、苦味和提神的新潮饮料，很快也成为西班牙的一种生活方式。在18世纪，时髦的咖啡馆吸引着当时的政治阶层和知识分子。咖啡馆是休闲和讨论政治与社会问题的地方。从那时起，咖啡就成为午餐或晚餐后一道不可或缺的饮品。西班牙人每天在早餐、十一点左右或下午茶时段会消费掉数百万杯的黑咖啡、浓缩牛奶咖啡、牛奶咖啡、冰咖啡。时至今日，西班牙人会在一天中的任何时候，在家里、酒吧或遍布全国街道和广场的咖啡馆中享用咖啡，完全不需要任何特定的时间或理由，需要的可能仅仅是喝咖啡时加的那一点糖。

1763 年，七年战争结束，西班牙战败于英国，并因此失去了在美洲的殖民地古巴。但随后，根据美国独立战争结束后在 1783 年签署的《巴黎条约》，古巴又被有附加条件地归还给了西班牙。尽管西班牙割让了佛罗里达州作为交换古巴的筹码，查理三世仍感到非常满意。对西班牙来说，古巴不仅是需求量日益增长的食用糖的主要产地，而且是一个战略要点。西班牙开始在古巴岛重新布局武装力量。经过多次协商和让步，古巴摆脱了西班牙在加勒比海建立的贸易垄断，西班牙则获得了从美国用糖购买谷物和农业设备的权利。西班牙在新大陆的统治地位开始进入尾声。

欧洲七年战争带来的另一个后果是英国人向古巴引进了数千名黑人奴隶，这是一支强大的廉价劳动力，深刻地改变了甘蔗种植园的面貌。一个多世纪以来，古巴得益于新制糖技术，一直是世界上最主要的食糖生产国。而咖啡作为另一种高盈利的农作物，也给商人带来了巨大的财富，不少咖啡品牌至今还拥有着西班牙的名字。

"壮游"

尽管 18 世纪的西班牙知识分子和政治家们为追赶其他欧洲国家前进的脚步付出了巨大努力，但这还不足以说服英国的贵族家庭们将西班牙加入他们子女们春季毕业后的冒险之旅中。这样的旅行被称为"壮游"。对于他们来说，法国和意大利有着丰富的美景、历史、艺术和美食，可以使人受益终生；而西班牙仍掌握在专制国王、无能政府和保守的天主教手中，被现代社会远远抛在了后面。在他们眼中，西班牙是一个迷失在过往荣光中的国家，但这些荣光却再也不会回归。最终，终于有人穿越比利牛斯山脉来到西班牙旅行，但他们却并不是"壮游"的游客，而是一些带有批判眼光的旅行撰稿人。他们试图寻找一些异国的奇闻逸事，用来吸引观众，赚取名声或金钱。在他们当中，亚瑟·杨（Arthur Young）、威廉·贝克福德（William Beckford）、约瑟夫·马歇尔（Joseph Marshall）和亚历山大·贾丁（Alexander Jardine）等作家的描述相对正面，他们欣赏西班牙民族的独特性，试图了解西班牙迷人的一面。而另外一部分人来到西班牙，则是手持新教圣经，试图拯救西班牙人脱离天主教会暴政的苦海。这类人物的代表为约瑟夫·汤森和乔治·鲍罗（George Borrow）。最后，还有另一小部分人，他们是富有的冒险旅行者，一心陶醉于探索异国情调和未知事物。

有偏见的外国观点

从 17 世纪初期开始，到西班牙旅行的外国作家们就一直强烈批判西班牙本地的乡村旅馆和客栈中所提供的食物。尽管这些旅行作家的冒险活动并不总是符合他们的期望，但比利牛斯山脉之外异国土地的强大吸引力着实让他们无法抗拒。初抵西班牙，在乡村客栈吃上一盘像样的食物，然后在舒适整洁的床上好好睡上一觉，这是非常难得的经历。对于旅行作家来说，实事求是地记录真实情况是远远不够的，他们需要发挥想象力来修饰这些冒险故事。在西班牙，他们找到了发挥想象力的沃土。在大卫·米切尔（David Mitchell）的《西班牙旅行者》（*Travellers in Spain*）的序言中，汤姆·伯恩斯（Tom Burns）写道："才刚刚抵达第一家乡村客栈，旅行作家们就深感必须立刻提笔写下自己的经历。"[23] 汤姆指出，这些旅行者认为乡村客栈和当地旅馆提供的食物颇为糟糕，甚至有时候还会出现吃不上饭的情况。他们认为，西班牙的生活水平远比不上他们的祖国。经验丰富的旅行者威廉·利思高（William Lithgow）在 17 世纪 20 年代著书评论道："你必须首先去一个地方购买薪火，然后去肉店买肉，去小酒馆买葡萄酒，再去市场买水果、牡蛎和草药，最后把它们全部背到客栈里去。"[24] 在大多数情况下，他们强烈的批评都毫无理由，基本都和事实相去甚远。这些来自意大利、法国、英国和德国的作家知道，他们的故事和文章将带来巨大的正面反馈。激动人心的冒险总是和跳出舒适区的艰辛感形影相随。随着知名度的提高，这些旅行作家一旦结束旅行回到家中，便会吸引社会各界的人们来到他们家，或被邀请到社会名流的家里。所有人都渴望聆听他们那些神奇的冒险经历。

　　此时的西班牙是一个君主专制的天主教国家，拥有迷人而漫长的历史。从西班牙的历史中，我们可以汲取很多有关专制主义和宗教保守主义的经验教训。这些话题进一步吸引了众多作家专门研究西班牙的历史、气候、地理、地方习俗、政治、传统甚至饮食。从相对不那么学术的角度来看，法国作家奥洛尼夫人（Madame d'Aulnoy）撰写了 17 世纪最著名的两本关于西班牙的旅行游记，尽管现代的历史学家普遍认为这位女作家从未踏足过伊比利亚半岛。一本是出版于 1690 年的《西班牙宫廷回忆录》（*Mémoires de la court d'Espagne*），另一本是出版于 1691 年的《西班牙游记》（*Relation du voyage d'Espagne*），这两本书在时尚之都巴黎都取得了立竿见影的成功。[25] 西班牙男人与女人交谈或交往的方式、女性使用传统蕾丝薄纱（mantilla）修饰发型、人们在社交聚会上以伊斯兰式的坐姿盘坐在地板上，这些都被奥洛尼夫人的追随者们视为当时最迷人的故事。奥洛尼夫人写道，她尝过西班牙的巧克力饮料和甜食，也试过西班牙式烤松鸡，她认为这样烹制的松鸡味道鲜美但口感略干。作为 17 世纪末法国最具传奇色彩的童话式旅行作家，不论奥洛尼夫人是否真的去过西班牙，她都成功地获得了有关西班牙生活方式最详尽的信息。这些信息有可能来自掌握第一手资料的作家们发表的手稿、散文和论文。奥洛尼夫人甚至以极其巧妙和相当吸引人的方式，通过自由的文学创作手法，抄袭了一位法国大使的个人回忆录，或更准确地说，西班牙宫廷中一位大使助手的工作笔记。

不列颠群岛的作家们看待西班牙的方式则与法国人不同。他们花费大量的时间在旅途中，态度极其严谨：毕竟，他们在充满

安达卢西亚的一家旅行客栈

未知的地区旅行，这些未知因素不仅限于地理，还涉及文化和行为差异。宗教是一个不可触碰的话题！他们中的一部分人厌恶旅行中所见到的一切，另一部分人则习惯了这样一个迥然不同的世界，并且兴趣盎然。大多数情况下，安达卢西亚是最吸引人的地区。气候温和的西班牙南部对英国人的吸引力如此强烈，以致他们通常把塞维利亚、格拉纳达和马拉加作为家庭居住的最佳选择，并以此为基地，前往西班牙其他地区探索寻找更多的奇闻逸事。

大众饮食

18 世纪末，西班牙的政治形势尚未稳定，经济发展情况仍令政府担忧，但在街头巷尾、咖啡馆和客店这些场所里休闲的普通民众大部分都抱有乐观的态度。外国旅行者开始认可西班牙菜肴以及西班牙文化传统的优越性和独特性。面包十分美味，红辣椒和红甜椒的颜色和味道深受人们喜爱。西红柿和土豆已经完美融入了当地菜肴中。干豆、小扁豆和鹰嘴豆炖菜仍然使用牛骨和香肠调味。香肠则通常调有大蒜和香料，尽管在加泰罗尼亚地区，香肠只加红甜椒，不加大蒜。人们已充分了解如何完美地烹制烤羊肉，也知道如何烹饪小型野味：通常可用浓汤炖制，或使用橄榄油和醋稍作烹调。西班牙真正的民族特色饮食起源于乡镇小区，这些社区通常共享农业、集市和饮食。社区饮食在加利西亚、巴斯克、纳瓦拉和瓦伦西亚地区初见雏形，呈现出丰富的多样性和地域性。在加泰罗尼亚，美食作家们开始谈论一种肉菜炖锅（escudella de can d'olla），这道菜使用肉、蔬菜、豆子和香肠炖制，在加泰罗尼亚的不同地区略有差异，上自国王下至农民都对这道菜青睐不已。人们用猪油、松子和苏丹娜葡萄烤制乳鸡，用葡萄酒和少量巧克力烹制松鸡。大厨和家庭厨师则通常会制备黄油炖肉（fricassée），这是一种横跨比利牛斯山脉的法式烹饪方法。甜品的种类极其丰富：牛轧糖、果冻、油煎团子、甜杏仁、水果蜜饯和牛奶布丁。在比利牛斯山另一侧的时尚之都巴黎，已经被广泛用于普通西班牙美食的土豆仍然是这里最热门的话题。

　　18 世纪末，在现实的打击下，建立公平的社会的梦想很快破灭了。尽管开明的查理三世做出了诸多努力，西班牙社会和经济仍无法避免像乘坐过山车一般迅速衰落的命运。法国大革命的冲击，加上历任西班牙国王对国家现代化需求的无视，导致了西班牙帝国走向最终灭亡的终点。在 1731 年至 1829 年之间，西班牙王室对公共预算的支出分配没有任何明显的变化。在一部分人仍挨饿受冻的情况下，西班牙将 75％的公共支出继续分配给了国防领域。

Delicioso
A History of Food in Spain

第六章

餐桌上的政治

根据西班牙的习俗，伴随着 12 点跨年的钟声吃上 12 颗葡萄，新的一年就会有好运。但在 1800 年初，当法国人和法国文化在欧洲无处不在的时候，葡萄并没有给西班牙人带来好运。

无处不在的法国人

法国大革命中的一些领导人曾采取斯巴达式的饮食习惯，而大革命本身也造成了食物生产及分配的中断。随着法国大革命的结束，餐饮的乐趣在巴黎和整个法国逐渐回归。正是在这一时期，"美食"（gastronomie）和"美食家"（gourmand）这样的词开始在法国巴黎出现。知名的大厨不再为贵族工作，转而在社会上寻求就业机会，加入餐厅工作甚至自己创立餐厅。和从前不同的是，在这里他们的服务对象是人民大众，尤其是日益壮大的资产阶级。此外，正在寻找赚钱机会的投资者们也发现了餐饮业的巨大潜力。内斯托·卢扬（Néstor Luján）在《美食的历史》（*Historia de la gastronomía*）一书中提到："高端烹饪已从宫殿转移到了街头巷

尾。"他补充道，巴黎的饭店数量已恢复到了 1810 年时的 2 000
家的正常水平。[1]

这一时期，玛里·安托万·卡莱姆（Marie-Antoine Carême，
1784—1833）等大厨确立了关于"经典烹饪"的一系列基本原
理。时至今日，对想要掌握"烹饪艺术"的人来说，即便他们在
未来职业发展中遵循的不是法式烹饪风格，对法国经典的烹饪方
法进行透彻的学习仍然至关重要。卡莱姆作为一名知名大厨，不
仅为法国的新社会精英阶层服务，还在欧洲各地贵族的多个厨房
中担任主厨。他曾前往伦敦为未来的英国国王乔治四世服务，曾
在维也纳宫廷和俄罗斯亚历山大一世的厨房中担任主厨。英国驻
巴黎大使、罗斯柴尔德男爵（Baron de Rothschild）也都曾是他
的雇主。作为一名多产的作家，卡莱姆的作品将经典的法国美食
带到了世界许多地区，包括西班牙。他出身寒微，最初是一名糕
点师。这一点体现在他的两本著作中：《巴黎皇家糕点师》（*Le
Pâtissier royal parisien*）和《别具一格的糕点师》（*Le Pâtissier
pittoresque*）。此外，卡莱姆还编写了一些烹饪纲要，供欧洲乃至
更远地区的专业厨师研究。在这一时期，法式美食非常普及。但
在西班牙，由于法国挑起战争且西班牙君主孱弱无能，普通民众
奋战的地点在战场上而不是厨房里。

正如戈雅于 1800 年为查理四世及其家人绘制的这幅画像，西班
牙的查理四世，作为另一位波旁王朝的君主，是一位爱好和平且容
易知足的国王。他十分享受餐桌的乐趣。这幅巨大的油画从来没有
成为戈雅最受欢迎的作品之一，艺术评论家对此的评价也相当尖

锐，充满了争议。在发表于巴黎的一篇文章中，比利时记者卢西安·索尔维（Lucien Solvay）写道："西班牙王室看起来与任何体面的杂货店主之家并无二致。他们挑选了一个幸运日来到画室，安静而正式地为画家摆好造型，这就是他们美好周日的全部了。"[2]

《西班牙的查理四世及其家人》，弗朗西斯科·戈雅绘于 1800 年至 1801 年间

　　查理四世在早餐前喜欢喝一杯热巧克力，午餐则偏爱美味的松鸡和鹌鹑。出人意料的是，他不喜欢喝酒，也不喜欢像他的父亲查理三世那样，在产自加那利群岛的马尔瓦西亚葡萄酒中加入

少量清水稀释后饮用。和查理三世一生在餐桌上表现出的节俭和克制迥然不同，查理四世是个极度热爱美食的人，对宫廷厨房的要求极高。在那里，著名的"餐巾厨师"（cocineros de la servilleta）是唯一有此殊荣为王室烹制美食的厨师团体，这些大厨包括：曼努埃尔·罗德里格斯（Manuel Rodríguez）、加布里埃尔·阿尔瓦雷斯（Gabriel Alvarez）和弗朗西斯科·瓦莱塔（Francisco Valeta）等。也许让人有些出乎意料，但这些大厨全

红脚松鸡。查理四世和查理三世一样，也是一位狂热的猎人，非常喜爱吃松鸡

都是土生土长的西班牙人。即便王室的预算不能满足国王奢侈的要求，查理四世还是会经常在菜单外加菜，额外的费用由他个人支付。尽管如此，这些菜肴有时仍不足以满足他的食欲，更不足以平息他对肉食无止境的渴望。幸好，查理四世还是一位身手敏捷的猎人。尽管大量食用肉类在当时早已过时，但国王却离不开肉食。国王的餐桌上摆满了各种美食：填满栗子和香肠的火鸡、萝卜炖鸭肉、猪肝、烤面包片、炸黑布丁、西班牙风味的炖牛肚、火鸡炖通心粉、韭菜酱猪排、烤鹅、腌肉煎鸡蛋或炖牛排。此外，国王还异常偏爱各种美味的香肠。

查理四世在当时不少著名艺术家的画室里摆出了众多造型，留下了无数的画像，但他并没有因此而被历史记住。相反，令查理四世闻名后世的是他不公正的统治、匆忙退位以及与法国的结盟，后者直接导致 1808 年拿破仑军队入侵西班牙，造成了悲剧性的后果。如果这些还不够，那不得不提到，在他统治期间西班牙长期面临的农业问题毫无改善。通过在巨大的油布上描绘 1808 年 5 月 2 日法国人处决西班牙人的可怕场景，戈雅用最富戏剧性的方式展示了他独特的艺术创造力。

19 世纪，西班牙仍在努力捍卫它在欧洲和海外殖民地摇摇欲坠的统治。在欧洲，主要的战争国是英国、法国、葡萄牙和西班牙，这些国家无一例外，总是按利益需求改变阵营和同盟。在殖民地，独立之风越吹越烈。在海上，西班牙被英国击败，失去了曾经的海上霸主地位，跨洋贸易也受到巨大威胁。而英国与葡萄牙的结盟，则使情况变得更加复杂。法国对英葡同盟感到十分不安。在西班牙国王的授意下，备受质疑的西班牙首相戈多伊（Godoy）和拿破仑·波拿巴达成共识，决定共同合作，掣肘英国贸易的发展。为了打击英国的长期盟友，西法两国最终决定入侵葡萄牙。于是，法国人越过比利牛斯山脉加入了西班牙军队。第二年，西法军队征服了葡萄牙。由于此时法军已经驻扎在伊比利亚半岛，法国人便投机取巧地拒绝从西班牙撤兵。在国家动乱和受到胁迫的情况下，踌躇不决的查理四世最终退位，传位给儿子斐迪南七世，但这一决定很快就让所有人感到失望。

查理四世父子之间有着严重的政治和社会观点分歧，法国元帅穆拉特将军（General Murat）说服双方一同前往法国的巴约讷（Bayonne）面谈，试图调解他们之间的矛盾。适得其反的是，查理四世父子在此地均被迫放弃了对西班牙王位的继承权。拿破仑的哥哥约瑟夫·波拿巴（Joseph Bonaparte）被立为新的西班牙国王，他因酗酒无度而在西班牙被称为"酒瓶佩佩"（Pepe Botella）。至此，西班牙似乎已被征服，法国人终于美梦成真。但实际上，情况远非如此。拿破仑不仅低估了西班牙人民反抗的力量，而且低估了英国拆散西法联盟、铲除心腹大患的决心。尽管政治和经济的失败令西班牙人产生了一种漠不关心的态度，但他们在面临可能要再次遭受他国入侵的威胁时，仍然做出了强烈的反抗。作为一种抗击敌人的非常规方式，游击战重回战场，战果极富成效。这不仅超出了西班牙人的想象力，也让惠灵顿公爵付出了沉重的代价。

1808 年 5 月 2 日，马德里人民对法国侵略者发起了进攻，随后全国其他地区的人民也纷纷揭竿而起。人民要求复辟西班牙王室。西班牙和法国之间爆发了一场让所有西班牙人永远铭记于心的五年战争。1813 年，当斐迪南七世最终重新返回西班牙继位时，西班牙国内原就十分薄弱的基础设施几乎荡然无存。随着斐迪南七世的继位，西班牙实现了与法国之间短暂的和平共处，但是已错失了实现政治自由和加入欧洲其他国家经济大发展潮流的最佳时机，严重地落后于时代发展的脚步。斐迪南七世滞留法国时，在紧急状态下管理国家的临时政府曾为建立更公平的社会做出了诸多努力。但年轻的新国王复辟后，决定恢复彻底的专制统治。毫无意外，他得到了拥有大量土地的教会和贵族的坚决支持。1812 年，作为国王缺席期间唯一存在的合法权威，西班牙科尔特斯议会曾制定了加的斯宪法。但是在国王、教会和贵族看来，1812 年宪法给予了过多的公民自由和思想自由。1814 年，斐迪南七世宣布在加的斯举行的科尔特斯议会投票是非法的，并废除了加的斯宪法。至此，允许人们自由投票、建立更加开明平等社会的理想在西班牙就此告一段落。但斐迪南七世并不知道，他对西班牙自由社会理想的压制却为其他许多西方国家随后实现民主铺平了道路。

西班牙菜谱和将军的妻子

在半岛战争（又称独立战争）期间，西班牙的许多修道院和教堂被法国军队破坏或摧毁。但这只是西班牙天主教会悲惨篇章的开端，天主教的权力随后日益被削弱。1807 年，拿破仑的军队在前往葡萄牙的途中，对埃斯特雷马杜拉省的阿尔坎塔拉修道院进行了洗劫。据记载，修道院菜谱书中的松鸡菜谱（Perdiz al estilo de alcántara）落到了朱诺将军（General Junot）的妻子阿布兰特斯侯爵夫人（Marquise of Abrantes）手中。由于侯爵夫人在回忆录中从未提及这一菜谱，因此自那以后，围绕着这道菜谱一直存在很多争议。那么，这道菜谱以及修道院的整本菜谱书，是否真的存在过？除了在西班牙中部极其常见的松鸡，这道菜谱中还包含了大量昂贵的珍贵食材，例如鹅肝和松露。修道院僧侣是否曾使用鹅肝酱和松露作为食材？又或者他们在烹制这道菜肴时使用了哪些当地的食材来替代鹅肝和松露？由于埃斯特雷马杜拉省位于迁徙鸟类往返非洲的路途上，修道院僧侣有可能用鸭肝代替了鹅肝，用当地一种和松露极其相似的马蹄菌（criadillas de tierra）代替了真正的松露。产自葡萄牙边境小镇波尔图的波尔图葡萄酒是菜谱中另一项重要的配料。

我们也可以推测，也许是一位到访阿尔坎塔拉的法国修士将这道菜谱带到了那里；又或者是位法国厨师按照当时的传统用他自己的名字命名了菜谱，与阿尔坎塔拉并没有太大关系。在法国，人们通常把那些无法证实来源地的菜肴称为"加泰罗尼亚菜""瓦伦西亚菜"，甚至"阿尔布费拉菜"（albufera）。伟大的卡莱姆曾创作了一道菜肴来纪念半岛战争的英雄絮歇将军（Mariscal Suchet），这位将军曾获封阿尔布费拉公爵（Duke of La Albufera）。随后，在《烹饪指南》（*Guide culinaire*，1903）一书中，作者奥古斯特·埃斯科菲耶（Auguste Escoffier）也加入了烹饪野鸡、鹬和阿尔坎塔拉松鸡的菜谱。制备这道充满争议的松鸡菜肴（一人份），首先要在松鸡肚子里塞满鹅肝，在波尔图葡萄酒中腌制一整夜。随后，将松鸡沥干后，在高温下用鸭油煎炸，直到表面变成金黄色，捞出后放入装有汤料和波尔图葡萄酒的大烤盘中。将松鸡在烤箱中以文火烤至外焦里嫩，最后再佐以一些调味料。1814 年，半岛战争结束。惠灵顿的部队和西班牙游击队一起庆祝了这场伟大战争的结束，他们畅饮葡萄酒，但食物则少得可怜。法国部队以在战场地区高效获取粮草而闻名，但在半岛战争中，法军失败的一个重要原因就是没有将粮草运到西班牙。西班牙人想尽一切办法确保法国士兵无法找到任何食物。相反，英国的惠灵顿将军则采用了极其有效的方法来确保盟国（尤其是英国）一直拥有安全的粮草供给线路。

生还是死：失败的西班牙资产阶级革命

　　独立战争的结束揭开了西班牙美食史的新篇章。新兴的工薪中产阶级，为西班牙的烹饪饮食习惯提供了除了上层和底层阶级之外的第三种思路。需要指出的是，在欧洲其他国家看来，西班牙的中产阶级并不是严格意义上的资产阶级。独立战争结束初期，在西班牙的大部分地区，中产阶级依旧缺乏足够的经济独立性。在 19 世纪初，上层阶级的饮食方式仍受到法式风格的强烈影响，而西班牙的中产阶级由于缺乏政治、社会或烹饪方式的革命性变革，所以他们的饮食习惯仍然深受传统烹饪风格的影响。这种情况在马德里、巴塞罗那和加的斯表现得尤为明显。在一段时期内，加的斯这座城市在西班牙的政治中扮演着相当重要的角色。

19 世纪上半叶，经济现代化和中产阶级崭露头角是社会的两大主题。法国和西班牙虽然遵循着不同的道路，但相互纠缠于彼此间频繁的战争并保持着活跃的思想交流。此时，西班牙大多数先进的思想都来自法国。

与 18 世纪末的法国大革命类似，独立战争也给西班牙的上层社会带来了灾难性的后果。为了逃离法国大革命，许多西班牙和法国大厨都来到西班牙的大都市，在名门望族的厨房里主事，此时他们不得不重新开始寻找新的落脚点。最终，他们在一些乡绅贵族家庭中重新找到了岗位，这些贵族在教会和国王的保护下，得以保持古老的特权。除此之外，另一部分人则创立了法式风情的现代餐厅，但即便是在马德里或巴塞罗那，这些法式餐厅的饭菜仍无法与神话般的巴黎美食相媲美。他们试图复制法式美食风格、菜谱和餐厅服务，但除去极少数的个例外，这些努力大多都失败了。和法国大革命对法式美食的影响相比，独立战争对西班牙美食的影响完全无法相提并论。

1812 年宪法为西班牙开启了现代化进程，促进了自由主义思想萌芽，但万众瞩目的斐迪南七世从法国归来继承王位却带来了令人失望透顶的结果。西班牙再次陷入分裂和动荡。追求进步和自由的亲法派站在一边，保守派则与国王一起捍卫着传统和贵族的绝对权力。与大多数人的看法相反，许多亲法派并不完全赞同大革命后的法国思想和时尚，他们更关心法国大革命对现代世界的积极贡献，为此一些亲法派不得不离开法国，远走他乡。

蜡拉的梦想

1818 年，流亡数年后，亲法派的玛利亚诺·何塞·德·蜡拉（Mariano José de Larra）一家回到马德里。此时，蜡拉立志成为一名出色的记者、政治评论家和活动家。但很快，年轻的蜡拉就意识到西班牙缺乏自由和普遍落后的特点。浪漫的蜡拉把他短暂的人生奉献给了对社会革新的全力支持和对西班牙政治无能的不懈抨击。他始终坚持着爱国主义梦想和对祖国的信仰。在成功的自由主义散文家的手里，讽刺的写作手法是一件强大的武器。蜡拉以"费加罗"（Fígaro）为主人公创作了大量文章，发表在《西班牙杂志》（*Revista española*）上。在他的一些杂文中，食物是他针砭时事的强大武器，尽管被提及的方式并不一定恰当。令人叹息的是，蜡拉在 28 岁时自杀身亡。

19 世纪初期，西班牙的中产阶级对各种社会活动都有着新奇的构想，其中也包括饮食。蜡拉曾在他的三篇代表作中对西班牙饮食进行讨严厉的批判：《精灵来信》（*Correspondencia del Duende*）、《新式饭店》（*La fonda nueva*）和《老式西班牙人》（*El*

castellano viejo）。对蜡拉来说，食物既是文化也是娱乐。但他从法国回来后发现，和他曾习以为常的法式美食相比，西班牙的饮食中缺少了这两大元素。在《精灵来信》和《新式饭店》中，主人公费加罗对马德里众多旅馆和饭店提供的劣质食品充满了怨念。在这些地方，不仅餐食平庸，侍应生的服务水平也让人无法忍受，而顾客们对美食和服务的期望值也低到让人无法想象。在《新式饭店》中，主人公费加罗是位法国游客，他徒劳地努力寻找着在西班牙根本无法获得的卓越美食和餐厅服务。费加罗说："在马德里，没有赛马、没有马车、没有公共舞池，更没有饭店能提供像样的精制餐点。"在让人拍手称妙的《老式西班牙人》一文中，蜡拉对西班牙中产阶级的爱好也进行了严厉的鞭笞。这篇文章的主人公费加罗应西班牙公务员布劳略先生的邀请，前往他家里共进午餐。费加罗认为，这位公务员先生"非常粗鲁，完全不了解文明社会的最基本行为准则"。很明显，从一开始，费加罗对布劳略家里的一切都感到不满，餐食也不例外。对费加罗来说，这次经历就是一场彻头彻尾的灾难。即使费加罗承认某些菜肴的味道还不错，他还是认为，炖肉是一种卖相极差的古怪菜肴，完全无法登上大雅之堂。他也不喜欢"碎肉卷"，觉得口感就像嚼不动的腌鸡，而看起来就像是由对烹饪一窍不通的仆人在几天前胡乱准备的隔夜菜，甚至更糟，可能是主人从当地餐馆打包带回来的外卖。他对女主人的描述也好不到哪里去，更别提主人们挑选的葡萄酒了。[3]

实际上，蜡拉对西班牙中产阶级饮食的评论是相当不公平的。

19世纪初，尽管西班牙烹饪书籍十分匮乏，家庭厨师仍成功地为新兴中产阶级准备了美味、营养丰富均衡的菜肴。

再谈家庭烹饪

事实上，如果蜡拉居住在19世纪末的安达卢西亚，可能会改变他充满批判性的观点。在那里，新式和旧式的家庭菜谱手稿十分流行。这些手稿将西式烹饪传统发扬光大，同时也成为社会经济和文化信息的重要来源。通过将烹饪纳入宗教课程和宗教教育机构，年轻女性得到了接触这些手稿的机会，并进一步有助于这些手稿的继续传播。

这些烹饪手稿一部分引自众多代代相传的家传菜谱原稿，另一部分则是当时的原创。塞维利亚大学的人类学教授伊莎贝尔·冈萨雷斯·特尔莫（Isabel González Turmo）研究了43道菜谱手稿，这些手稿涵盖了塞维利亚、加的斯、韦尔瓦和格拉纳达地区大小城镇中近200年历史的安达卢西亚美食。在冈萨雷斯·特尔莫看来，家庭菜谱手稿提供了关于一些食材的相关信息，但描写的却并非现实中普通家庭食用的食物。这些手稿还展示了一系列深受人们喜爱的食物，分享了关于家庭厨师常用食材的一些见解以及一些新的烹饪技术。此外，它们还展示了烹饪知识是如何代代相传的，以及究竟传授给了哪些人。在《烹饪历史两百年》（*200 años de cocina*）一书中，冈萨雷斯·特尔莫强调了女性在西班牙烹饪知识传播中扮演的重要角色，但显而易见的是，作者将烹饪知识和烹饪艺术两者明显地区分了开来。在家庭烹饪中，烹饪艺术一直被认为是一种"天赋"，是有些人天生就有的才能，但不一定可以被遗传或传授给他人。《烹饪历史两百年》一书不仅描述了安达卢西亚地区 200 年来生活和饮食的发展，还描述了西班牙试图追赶先进的绿色食品风尚和欧洲北部正在发生的工业革命的历程。冈萨雷斯·特尔莫写道："19 世纪的西班牙就像改革派和保守派的结合体，充满了矛盾和复杂。"[4]

　　与 18 世纪相反，在 19 世纪上半叶，用西班牙语出版的菜谱取得的成就非常有限，除了两本广受赞誉的 17 世纪书籍，它们备受欢迎以至多次重印：马丁内斯·孟蒂尼奥的《烹饪的艺术》和胡安·德·阿尔蒂米拉斯的《烹饪的新艺术》。而在烹饪领域，加泰罗尼亚则再次成为人们关注的焦点。

《加泰罗尼亚的女大厨》

　　自中世纪以来，菜谱书大多出版于卡斯蒂利亚和加泰罗尼亚地区。在 19 世纪，历史舞台的聚光灯开始向加泰罗尼亚地区转移。当卡斯蒂利亚的经济长期处于混乱时，加泰罗尼亚（尤其是巴塞罗那）的经济却取得了显著发展。纺织工业的巨大成功为不断增长的中产阶级赚取了大量财富，对美好生活的追求使得人们对食品和菜谱的兴趣与日俱增。《加泰罗尼亚的女大厨：由一流厨师撰写的简单、实用、安全和经济的烹饪方法》(*La cuynera catalana: o sia, reglas utils, facils segures i economiques per cuinar be, escudillas dels autors qui millor han escrit sobre aquesta materia*) 是一本诗歌形式的匿名烹饪书籍, 于1851年在巴塞罗那出版。这本书被认为在加泰罗尼亚的美食领域具有开创性意义, 它针对性地描写了加泰罗尼亚的妇女在家中如何烹饪和娱乐。这一点非比寻常, 因为当时出版的大多数菜谱仅仅满足了专业男性厨师的需求。

在一首诗中,《加泰罗尼亚的女大厨》建议使用大量橄榄油来制备美味的索夫利特酱, 同理可用于松鸡、羊肉、鸡肉和牛肉等菜肴的制备:

> 请不要关注成本,
> 更不要查看盈利,
> 只有使用大量的橄榄油,
> 索夫利特酱才不会死去。
> 听我的话,
> 看书上怎么说,
> 你就会知道如何烹制松鸡、羊肉、鸡肉和牛肉。
> 是的, 女士, 我受够了,
> 没人关注味觉感受。[5]

《加泰罗尼亚的女大厨》一书让我们能够轻松地理解当今加

泰罗尼亚美食的基本烹饪原理。它以上下部的形式分成四小册出版：在关注实用性和指导性的同时，也包含了不少具体的菜谱。上部涉及的两大主题为：如何成为一名熟练的家庭厨师以及如何在厨房中保持清洁有序。除此之外，书中还包含了大量菜谱：三十道肉汤、清汤和炖菜，二十道蔬菜和绿色食物，以及五十道肉菜和杂肉内脏。书籍的下部则主要介绍了在家招待客人时的最佳待客之道和礼仪指南。在这一部分，作者详细讲述了如何使用各种食材（包括糖果和蜜饯）制作甜咸口味的糕点和馅饼，总体都遵循了旧式的中世纪方法，这一点在加泰罗尼亚的烹饪方法中永不过时。这些甜点中有一道被称为"修女乳清干酪"（mató de monja）。这道甜品的名字相当具有迷惑性，因为它实际上并不包括意大利乳清干酪。"修女乳清干酪"源于中世纪的白肉冻，在《圣萨尔维奥》和《烹饪书》中均有记载。和白肉冻的区别是，修女乳清干酪的主要配料中不包含鸡胸肉。到了19世纪，修女乳清干酪已经从甜美的主菜演变成一道完美的甜品。制作修女乳清干酪（又称佩德拉巴干酪）需要的食材主要有：杏仁奶、牛奶、柠檬皮、肉桂、糖、水和少量玉米。首先，将杏仁去皮、研磨后，在水中静置数小时。当杏仁变软时，压榨杏仁以获取尽可能多的杏仁奶。另起一锅，将牛奶、糖、柠檬皮和肉桂粉一起煮沸，然后过筛。与此同时，准备一碗新鲜牛奶，将玉米粉倒入其中，充分搅拌。最后，将准备好的三样调料——杏仁奶、调过味的牛奶和牛奶玉米粉混合在一起，不断搅拌，文火煮沸，最后再次过筛并装盘。

《西班牙旅行者手册》

理查德·福特（Richard Ford）在《西班牙旅行者手册》（*Handbook for Travellers in Spain and Readers at Home*）中写道："西班牙民族的烹饪风格是东方式的，主要原理是炖制。"[6] 理查德·福特（1796—1858）是一位经济独立的绅士，他曾在西班牙进行过广泛而深入的旅行，回到英格兰后出版了他的旅行手稿。作为一名毕业于牛津大学的律师，福特最大的爱好是收藏旅行艺术品。此外，他也是一位坚定的反教皇派和反法派。在撰写这部《西班牙旅行者手册》时，他与家人定居在塞维利亚。随着这本旅行手稿的出版，福特声名鹊起。

如前所述，从 17 世纪开始，尤其是在 19 世纪，外国旅行作家们对西班牙的评价大多都是毫不留情的批判，仅仅在凤毛麟角的特例中给予了西班牙正面评价。这些旅行作家中包括美国人、法国人、英国人甚至丹麦人。尽管他们对西班牙有诸多批评，许多人最终还是着迷于这个原汁原味、色彩斑斓且未受工业化破坏的世界。在这些旅行家的祖国，社会被工业化和金钱主导，这样的纯粹早已消失殆尽。来自上流社会的英国旅行作家们在西班牙发现了无数可以戏谑嘲讽的槽点。正如过去两个世纪以来的传统一般，对西班牙的批判性评论通常可以确保旅行作家们获得图书发行商和银行赞助商的认可。这些作家通常会嘲讽西班牙强大的神职人员、无能的贵族、自我毁灭式的大男子主义，以及危险的拦路抢劫犯。一般情况下，这些作家的评论都夸夸其谈，带有

侮辱性，但有时也有一定的事实依据。这些讽刺作家包括大仲马
（Alexandre Dumas）、蒂菲尔·戈蒂埃（Théophile Gautier）、乔
治·波罗（George Borrow）、汉斯·克里斯蒂安·安徒生（Hans
Christian Andersen）、拜伦勋爵（Lord Byron）以及《西班牙旅
行者手册》的作者理查德·福特。对于旅行手稿类主题的书迷而
言，福特的旅行手册一直是最引人注目的书籍之一。这本旅行手
册记载了作者多年来在西班牙各地的旅居生活，描写详尽，研究
深入，于1845年在伦敦出版，一经出版立即获得巨大成功。《西
班牙旅行者手册》充满了幽默感和精致的细节，涵盖了政治、历
史、艺术、饮食以及作者在乡村旅馆里学到的当地俗语。毫无疑
问，对于重视生活乐趣的旅行者福特来说，旅途中能否品尝到美
食和可否方便地找到乡村旅馆有着同等重要的地位。尽管西班牙
旅馆从未达到过外国旅行者的期望值，但事实证明，这些旅馆却
是获取新奇刺激写作题材的宝贵来源，因为旅行者总是能在这里
遇到形形色色、魅力四射的人物。福特在旅行手册中完美地使用
了大量西班牙俗语，这不仅体现出他对西班牙语的深刻理解，而
且展示出西班牙民众在日常生活中对俗语普遍而精准的运用。福
特学会了和当地人舒适地坐在火炉前，喝上一杯红酒，畅聊西班
牙俗语。

福特在《西班牙旅行者手册》中以精确的方式罗列出了一份
关于西班牙经典菜肴的详尽清单。这份清单源自福特的家仆在他
位于塞维利亚的家中所提供的西班牙菜肴，清单上的菜品和他在
书中提到的一家西班牙客栈中的菜品风格也十分类似。和过去一

马里亚诺·索里亚诺·弗埃特斯创作的查瑞拉歌剧《卡尼伊塔斯叔叔》中的一幕，古斯塔夫·多雷（Gustave Doré）绘于 1874 年

样，美味的食物一般不会出现在外国旅行者歇脚的客栈里，这些客栈通常只是旅行者遮风避雨的栖息点，在这里能免于跳蚤的袭击就已经是万幸。出于这个原因，福特建议旅行者在旅途中雇用一位合格的当地仆人随行，这样才能体味西班牙美食的真正魅力。在西班牙旅行，购买和烹饪食物是重中之重。客栈老板通常为住客提供烹饪设施，如果运气够好，也能遇到客栈为旅客提供菜肴，不过食材的质量一般十分堪忧。

　　毫无意外，福特的菜谱汇编以最传统的大锅炖（olla）开篇。对于福特来说，大锅炖是西班牙式晚餐的代名词，尽管他的大锅炖版本相当原始。他建议读者使用两个锅而不是一个。这完全错会了大锅炖的重点，因为在同一个锅里炖煮各种肉、豆类和蔬菜才是大锅炖的精髓。根据福特的大锅炖菜谱，首先需要在一个锅中放入鹰嘴豆、南瓜、胡萝卜、唐莴苣、意大利面、豆类、芹菜、大蒜、洋葱、少量弗里斯生菜并倒满水炖煮。在另一个锅中，放入来自蒙田奇斯镇的香肠、来自维克镇的加泰罗尼亚肉肠、黑布丁、半只盐腌的猪头（已脱盐）、一只鸡、一块牛肉，注入大量水并烹煮数小时。和所有的大锅炖一样，这道菜肴可以分成三道菜上桌。头盘是浓稠的肉汤，副菜是豆类和蔬菜，主菜是嫩香肠和肉。福特的书中还涵盖了其他菜谱，如：洋葱汤、蔬菜肉蛋饼、油炸腌猪脑，以及用龙蒿和洋葱配香醋制成的沙拉。

此外，福特还在《西班牙旅行者手册》一书中提到了松鸡、野兔炖肉以及西班牙凉菜汤（gazpacho）的菜谱。西班牙凉菜汤源自罗马和阿拉伯，福特在菜谱中列出的配料包括洋葱、大蒜、黄瓜、辣椒、面包、水、橄榄油、醋和盐，但没有西红柿。当时，西红柿被当地民众广泛食用，却没有被上层阶级采纳。《西班牙旅行者手册》中甚至还包含了另一种源自阿拉伯的调料酱——在西班牙称为"agraz"或"verjus"的青汁。这种酱料在欧洲中世纪通常作为调味品，用于改善菜品的口味。时至今日，人们依旧使用传统的方法，通过压榨绿葡萄制成青汁。此外，在安达卢西亚地区，青汁也是一种用糖、水以及碎葡萄制成的清凉饮料。人们通常会在这种饮料中加入冰块，甚至一两滴苹果雪利酒。

福特还对西班牙不同地区使用的油脂类型十分感兴趣，如橄榄油和猪油。尽管西班牙黄油的质量不能与爱尔兰或佛兰德斯地区生产的黄油相比，福特对西班牙人广泛使用橄榄油代替黄油仍然感到十分惊讶。福特自问：古伊比利亚人是否真的像古罗马地理学家斯特拉波所记录的那样，曾大量使用黄油？出人意料的是，福特在《西班牙旅行者手册》一书中并没有涵盖关于西班牙土豆蛋饼的菜谱，这道卑微的菜肴通常用橄榄油烹制，总是出现在 19 世纪出版的西班牙菜谱书中。在《西班牙旅行者手册》中，有两道使用橄榄油的菜谱非常具有启发性：橄榄油煎蛋（huevos estrellados）以及瓦伦西亚风格的鸡肉米饭（pollo con arroz）。福特确信他收录在书中的地方美食菜谱是当时西班牙美食的最佳范例。

西班牙土豆蛋饼，展示了理查德·福特菜谱中煎蛋饼的外形

一位胃口极佳的女士

当斐迪南七世的大女儿伊莎贝拉公主在皇家花园中玩耍时，另一场战争（这次是内战）也正在酝酿中。这一年是1833年。在垂死之际，斐迪南七世废除了费利佩五世从法国引进的《萨利法》中有关女性继承的限制，这将允许伊莎贝拉公主在母亲的摄政下登上西班牙王位。斐迪南七世的兄弟唐·卡洛斯（Don Carlos）无论如何也不愿接受关于继承法的这一改变。作为一名男嗣，他认为自己是西班牙王位的合法继承人。随着伊莎贝拉登基成为女王，国内出现了两股相对立的新旧价值观：女王和王太后在治国上表现出自由主义倾向，唐·卡洛斯则捍卫专制主义和文书主义。西班牙随即爆发了灾难性的内战。巴斯克、加泰罗尼亚和阿拉贡的一些地区，尤其是天主教传统根深蒂固的纳瓦拉地区，都选择支持唐·卡洛斯。为了捍卫伊莎贝拉二世的权力，王室急需加强保皇派军队的力量。增强军备需要强有力的财政支持，但国库却根本无法支付。结果，很大一部分教会财产被王室征用，波旁君主也终于接受了1812年宪法所确立的自由思想原则。从此，国家主权由王室和两院（众议院和参议院）议会分治。对于所有人来说，结束第一次卡洛斯战争（1833—1840）是当务之急。财政部长门迪扎巴尔（Mendizábal）找到了解决方案。他决定再次实施土地改革计划，首先取消教会对市政和教堂财产的所有权，收回什一税，并将历史上一直归教堂的各类捐款收归国有。随后，各州政府以赚取丰厚的利润为导向重新分配土地。第一次卡洛斯战争结束，但出售土地却并没有为门迪扎巴尔部长带来他预想中的社会利益。很大一部分土地仍然留在了富裕阶级手中，而真正需要土地的人却无地可耕。1855 年颁布的《土地法》规范了普通土地出售的法律法规，却进一步剥夺了人们的权利。普通民众将永远丧失使用这些土地狩猎、制造木炭或放牧的权利。但是，纳瓦拉地区是个例外。代表女王和政府的埃斯佩特罗将军（General Espartero）与代表卡洛斯的马罗托将军（General Maroto）签署了《维加拉和平协议》，不仅结束了战争，而且使得纳瓦拉设法保留了其古老的自治权和公共土地。

尽管改革派的部长们成功地使西班牙恢复了统一，并在一定程度上实现了土地的重新分配，但他们仍未能实现他们最终的目标：尽管西班牙的小麦供应在当时暂时得到了保障，但自由市场迫切需要更高的农业产量来做支撑。

对于喜欢面包的西班牙人来说，这是个好消息。由于小麦的耕种面积扩大，小麦在人们的饮食结构中开始占据与土豆同等的地位，并开始替代低质量的谷物。在被称为"西班牙绿地"的西班牙北部地区，种植用作动物饲料的玉米是 19 世纪农业取得的巨大成功。仅仅三十年后，拉曼恰、里奥哈、瓦伦西亚和加泰罗尼亚地区葡萄的种植面积大幅增加，超越了辉煌的玉米种植。当时，根瘤蚜虫导致法国 40% 的葡萄园遭到破坏，随即引起了法国葡萄酒危机。受此影响，西班牙葡萄酒出口在 1877 年至 1893 年间处于非常有利的形势。但是，接下来的美国鼠疫给西班牙带来了同样毁灭性的打击。在相当漫长的一段时间内，西班牙的农产品出口在与北美、阿根廷和巴尔干地区的激烈竞争中遭遇了极其严重的挫折，这段时期成为历史上最糟糕的时期之一。[7]

伊莎贝拉二世是一位充满热情、胃口极佳、爱吃甜食的女士，她对宫廷中的非正式厨房进行了一些调整，好赶上中产阶级厨房中的最新潮流。所有西班牙人都十分喜爱面包以及其他简单但美味的食物，伊莎贝拉二世也不例外。在她统治期间，面包业大受裨益。此外，她还偏爱由专业厨师烹制的地域性特色美食。女王的偏好导致正式场合中王室餐桌上的法式菜肴也出现了变化。女王非常喜欢酱汁肉丸子（albóndigas en salsa）、番茄酱鳕鱼、藏红花鸡肉米饭，经常在午餐时点上好几份。她还十分热爱西班牙海鲜饭、炖肉，尤其是马德里风格的炖肚丝。另一道女王最爱的菜肴是炸丸子（croquetas），作为一道法国流行菜的西班牙版本，这道菜用口感轻柔、美味的贝恰米拉酱（salsa bechamela）调味，并用橄榄油炸制。女王和她的先祖一样喜欢打猎，但是她没有继承他们对于吃的巨大热情。她仅仅继承了先祖们对浓巧克力饮料和奶油饼干的热爱。

伊莎贝拉二世经常光顾首都马德里最时尚的餐厅，在这一时期，西班牙各地的餐厅如雨后春笋般冒出来。这些餐厅开发出时尚的服务生制服，提供精致的法式美食以及许多深受欢迎的西班牙地区美食。拉迪就是这样一家在王室和贵族中广受好评的餐厅，它于 1839 年在马德里的圣杰罗尼莫大道开业。这家餐厅由瑞士企业家奥古斯汀·拉迪（Agustín Lhardy）创立，在巴黎和波尔多也设有同名餐厅。在马德里，拉迪餐厅纯正的法式清汤、传统炖肉和供应至今的甜咸糕点无人可以超越。位于首都的其他餐厅，如福诺斯（Fornos）、英国酒店（El Hotel Inglés）和老博定（El Viejo Botín），也吸引了众多忠实的顾客。在巴塞罗那，法兰西大餐厅（Grand Restaurant de France）和七扇门餐厅（7 Portes）广受好评。与此同时，受到 19 世纪西班牙平等主义精神的熏陶，餐厅美食开始以积极的方式影响着中下资产阶级偏爱的客店（mesones）和饭馆（casas de comida）中提供的传统美食。当然，这些客店和饭馆的菜肴要想达到卓越的水平，还有很长的路要走。

铁路使得从前不可能的运输路线成为了现实，并开始运送旅客。这些旅客到达城镇后需要获得食物或点心。于是，咖啡馆迅速流行起来，完美取代了从前供应巧克力和点心的老式糖果店和巧克力店。18 世纪末，让-玛丽-杰罗姆·弗勒里奥特·德·朗格（Jean-Marie-Jérôme Fleuriot de Langle）在他广受赞誉的《费加罗的旅程》（*Voyage de Figaro*）一书中指出，尽管他的法国同胞们通常对西班牙的一切有诸多批判，但他们不得不承认西班牙的咖啡馆确实很棒：

> 我相信马德里是地球上可以品尝最好咖啡的地方。这里的咖啡比世界上任何利口酒都好喝上一百倍……咖啡使人快乐，给人能量，让人充满动力。咖啡给我们带来无数绝妙的灵感……[8]

到了 19 世纪，咖啡已经与西班牙的政治阶层和知识分子阶层联系在一起，尤其是非正式的政治辩论。这种政治辩论在西班牙被称为政治茶话会（tertulias），通常在全国各地著名的咖啡馆举行，展开对自由主义和保守主义的讨论。西班牙的咖啡馆是装饰精美的优雅场所，摆放有舒适的沙发与小巧的餐桌。合格的服务生通常穿着时髦的白衬衫和长长的法式黑围裙，这样的着装绝对可以完美获得一个世纪前那位挑剔的利亚诺·何塞·德·蜡拉的认可。与此同时，街道上的气氛却十分紧张，经过一场短暂的革命后，1868 年伊莎贝拉二世和她的家人远走巴黎，再也没有回来。

位于马德里的拉迪餐厅，伊莎贝拉二世女王最喜爱的餐厅

　　尽管十分短暂，1868 年的这场革命还是成为西班牙近代史上最有趣的一段时期。它标志着西班牙的君权从斐迪南七世过渡到他的女儿伊莎贝拉二世，再到他的孙子阿方索十二世。当时担任美国代表团第一书记的美国外交官爱德华·亨利·斯特罗贝尔（Edward Henry Strobel）记录道，1868 年 9 月 30 日，王室成员在圣塞瓦斯蒂安城聚集的人群中保持沉默不语，随后便流亡法国。在法国的比亚里茨，拿破仑三世的妻子欧涅妮·蒙蒂霍（Eugénie de Montijo）正在等候着西班牙伊莎贝拉二世的到来。[9] 斯特罗贝尔和其他历史学家一致认为，伊莎贝拉二世未能兑现西班牙全国上下对她的期望。她在政治和个人生活（包括饮食）中放纵无度，最终导致了她的垮台。海军在加的斯城起义，这座城市代表着自由和伊莎贝拉二世废除的宪法。随后，整个军队和全国其他地区也纷纷起义。两年后，1870 年 6 月 24 日，伊莎贝拉二世在巴黎宣布退位，希望其子阿方索·德·波旁（Alfonso de Bourbon）继承西班牙的王冠。但是，西班牙政界对此分歧严重，政客们也在努力寻找国家元首的继任者。最终，西班牙摄政团选择了萨瓦伊王朝的阿马多一世王子担任西班牙君主，并建立了西班牙第一共和国。尽管如此，这些举措并没有为西班牙带来政治和经济稳定。建立崭新的君主制似乎是唯一的解决办法。

　　后来担任首相的著名政治家安东尼奥·卡诺瓦斯·德·卡斯蒂略（Antonio Cánovas del Castillo）在西班牙波旁王朝的复辟中发挥了重要作用。随着阿方索十二世流亡归来，西班牙进入了漫长的波旁王朝复辟时期。阿方索十二世给西班牙带来了崭新的

位于蓬特韦德拉现代咖啡厅前的雕塑：茶话会

乐观主义情绪，尽管国王在度蜜月期间，曾在皇家马车经过马德里埃尔雷蒂罗公园时遭到一名叫奥特罗的面点师的枪击。

　　卡诺瓦斯·德·卡斯蒂略部长还负责起草了新君主立宪制国家的宪法。令人遗憾的是，这项基于英国制度的宪法，虽然立意高远但设计拙劣，最终以失败告终。从那时起，西班牙开始由两大政党轮流执政，军事政变时有发生，对政治予以人工干预。

西班牙式汤还是法式汤？

　　理查德·福特批判了专业厨师在西班牙通过向上层阶级复制

和提供法式菜肴来获得成功的方式。他认为，对外国人的一味模仿摧毁了西班牙烹饪。可以说，除了地域性美食和传统菜谱中质朴的菜肴之外，在法国的阴影下烹制出的西班牙菜肴更多的是制造噱头，却不能带来享用美食的愉悦。对西班牙城市中快速增长的中产阶级来说，主要的文化参照仍然是巴黎，而不是马德里。

东施效颦法国菜谱、使用错误的食材和调料，这些因素导致西班牙美食在上自信誉良好的餐厅下至普通的家庭饮食中都留下了不好的名声，这样的情况至少还要再延续一个世纪。法国烹饪书籍对西班牙美食的介绍则进一步加剧了这种情况。19世纪上半叶，在西班牙出版的大多数烹饪书籍都是法文的翻译本，或以法文直接出版。在这种情况下，真正地道的西班牙菜肴——地域性美食开始寻求自己的定位。地域性美食是否可以被认为是西班牙的"民族美食"？这个问题引起了菜谱作家和评论家们的激烈辩论。随着时间的流逝，这些批评家中有一部分人出版了那个时代最具代表性的菜谱书。此外，不少西班牙著名的小说家也将美食纳入文学创作的范畴。在他们的努力下，美食写作成为政治和社会的讨论话题。西班牙作为一个国家必须前进，必须努力追赶其他欧洲国家已经取得的现代化进步。

19世纪末20世纪初，由美食专家、评论家和公关人员撰写的西班牙美食评论反映了当时不同思想流派之间存在的冲突。一些作家捍卫着法式和大都市风格及其对大众文化的影响，其他人则认为法式菜肴对西班牙的烹饪传统构成了严重威胁。[10] 对于后者来说，地域性美食代表着西班牙的民族特色，充满了希望和本土元素，但多年来一直被忽视。他们认为，西班牙不同地区的美食充满个性和多样性。另一小批人则采取更加现实的思考方式，试图在法式或其他国家的菜肴之外找到一个属于西班牙地区特色菜肴的位置，一个独立于其他国家美食之外、真正属于西班牙式菜肴的独特定位。在这里，我们可以列出一长串的名单（主要是作家和少数专业大厨），他们在报纸、散文和书籍中强有力地表达了自己的立场，如：D. 马里亚诺·帕多·菲格罗亚（D. Mariano Pardo y Figueroa，1828—1918）、何塞·德·卡斯特罗·塞拉诺（José de Castro y Serrano，1829—1896）、安赫尔·穆罗（Angel Muro，1839—1897）、艾米莉亚·帕多·巴赞（Emilia Pardo Bazán，1851—1921）和曼努埃尔·玛丽亚·普加·帕尔加（Manuel María Puga y Parga，又称"皮卡迪奥"，1874—1918）。随着 20 世纪的到来，更多的名字被加入这个名单：狄奥尼西奥·佩雷斯（Dionisio Pérez），又称"后天方夜谭博士"（Post-Thebussem，1872—1935）；玛丽亚·梅斯塔耶·德·埃夏格（María Mestayer de Echagüe），又称"帕拉佩雷伯爵夫人"（Marquesa de Parabere，1877—1949）；以及两位雄辩的大厨和多产作家伊格纳西·多米尼（Ignasi Domènech，1874—1957）和特奥多罗·巴尔达吉（Teodoro Bardají，1882—1958）。

《现代餐桌》（*La mesa moderna*）出版于 1878 年这一波旁王朝复辟的核心时间点，体现了西班牙当时迫切需要的民族主义观点。此时的西班牙掌握在一个处于失败边缘的政治阶级手中，无法施展正确的战略，在迷茫中努力寻找自己的定位。《现代餐桌》既不是烹饪书，也不是菜谱词典，更不是讽刺小说。这本书是两位作家朋友之间交流往来的书信汇编，他们和其他人一样清楚地意识到西班牙经典美食所处的不利局势，强烈反对法式菜肴的绝对统治地位。马里亚诺·帕多·菲格罗亚是一位律师和美食作家，又称"天方夜谭博士"（Dr. Thebussem）。这个单词源自西班牙语单词"embuste"（谎言），马里亚诺在这个单词前加上定冠词"the"以示其国际化视野。何塞·德·卡斯特罗·塞拉诺则是一位法官和美食评论家，他以"陛下的大厨"（Un Cocinero de Su Majestad）作为自己独树一帜的笔名。两位作家都是阿方索十二世的拥护者，决定共同撰写这本书献给国王。在这两位著名文学大师的书信来往中，我们可以看到对 19 世纪西班牙美食的两种不同意见：传统派与现代派。"天方夜谭博士"狂热地捍卫着西班牙光荣的美食传统，而"陛下的大厨"显然将自己定位于法式高级美食的拥护者，尽管他也对西班牙的地域性美食表示支持。最终，两位作家一起强烈批评了他们认为对西班牙经典美食和国家福祉构成威胁的各大因素。毕竟，法式传统中难道没有无数不受欢迎的不健康做法吗？这些信函发表于《西班牙和美洲图鉴》（*La ilustración española y americana*），在 1869 年至 1921年期间每年分四次出版。这本西班牙杂志借鉴了不少其他著名的欧洲杂志的经验，如意大利的《意大利图鉴》（*L'illustratrazione italian*）、法国的《图鉴》（*L'Illustration*）和《世界图鉴》（*Le Monde illusté*）。在他们的信函中，"天方夜谭博士"和"陛下的大厨"阐述了他们的两个主要目标：首先，分析西班牙饮食的不良状况；其次，鼓励作家和厨师们抛弃法国大革命和"美好年代"（Belle Époque）对西班牙上流饮食的影响，返璞归真，捍卫原始和真实的西班牙饮食传统。

"天方夜谭博士"提问道："为什么宫廷里的庆典菜谱必须用法语书写？"他追问道："如果在各国的宫廷里，英国人愉快地享用英式烤牛肉、德国人享用德式酸菜（Sauerkraunt）、意大利人享用意式波伦塔玉米粥（Polenta），那么为什么西班牙国王的餐桌上不能出现西班牙的国菜——烂炖锅（Olla Podrida）呢？"他收到了"陛下的大厨"激情澎湃的回复：

> 和现代外交一样，法语是现代餐桌上的官方语言……法语是唯一能道明美食精髓的语言。其余的国家只是在用方言做饭。[11]

随着书信交流的深入，两位作者的立场更加明确。虽然"陛下的大厨"不反对使用不同国家和地区原有的语言来称呼来自这些地方的特色菜肴，但他坚决反对所有菜肴、餐桌装饰、食物的烹制、摆盘及食用方式全部遵循法国的习俗。他认为，在餐桌的中央放置用于装饰的大托盘、水果和蜡烛完全没有任何必要，因为它们带来的唯一效果就是阻碍绅士们欣赏坐在桌子对面的女士们那美丽的风姿。"陛下的大厨"也不喜欢矩形的长桌子，他认为这样会给就餐者之间的顺畅交谈带来困难。在他看来，可以允许八到十位用餐者轻松交谈的小型圆桌最为理想。此外，"陛下的大厨"也不喜欢服务生，认为他们穿的衣服比客人还要精致，还操控着用餐者的饮食分量。他还认为，所有的菜肴都应当全部摆放在桌子上，这样人们就可以随意享用自己想吃的东西，同时还可以帮别人夹菜。

没有任何细节能够逃脱"陛下的大厨"的法眼，包括上菜的顺序。为什么鱼类要排在汤类之后、肉类之前？为什么油炸食品作为烹饪艺术的最佳范例却被尽量减少食用？在他看来，法国人并不真正懂得油炸的艺术。油炸食品是生活中的一种乐趣，而法国人只是担心食物油炸之后，再无法用其他浓郁的酱汁遮盖住食材本身不新鲜的口感。此外，"陛下的大厨"还评论了在各种体面的晚宴上与菜肴同等重要的另一个话题：葡萄酒。首先，他认为葡萄酒的种类应该写进菜单，以便人们可以明确地知晓自己接下来将要享用什么酒水和食物。其次，他倡导餐桌自由，即每个就餐者都有权从菜单上自由地选择他想要喝的葡萄酒。为此，他建议使用类似女士跳舞时使用的小型便签，以标明酒水的顺序。这样，服务员可以轻松地读取每位客人为每种菜肴搭配的葡萄酒，从而避免服务员和客人之间不必要的交流。对于"陛下的大厨"来说，使用便签条还可以改善当时西班牙上流社会饮用葡萄酒时混乱的搭配方式：牡蛎搭配苏玳葡萄酒（Sauternes），汤类搭配雪利酒，鱼类菜搭配啤酒，前菜搭配波尔多葡萄酒，禽肉菜搭配托考伊葡萄酒（Tokay），烤肉搭配香槟。他深信，西班牙的葡萄酒饮用方式需要进行彻底的改革。"天方夜谭博士"对此表示支持，尽管他对"陛下的大厨"的某些说法持不同意见，但对大部分还是深表赞同的。两位作家付出了巨大的努力，但《现代餐桌》最终并没有成为一部有着突破性成就的作品。但它带来了深远的影响，启发了后世的作家，如狄奥尼西奥·佩雷斯，他甚至借用了作者的笔名，自称为"后天方夜谭博士"。

1894 年，安赫尔·穆罗撰写了《实用手册：烹饪完整指南和如何处理剩饭菜》(*El practicón：tratado completo de cocina al alcance de todos y aprovechamiento de sobras*)。这本书不仅被许多学者认为具有重大的文化意义，而且是有史以来"最畅销"的西班牙菜谱书。穆罗出生于安达卢西亚，他其实并不是厨师，而是一名公关人员和新闻记者，曾为《黑与白》(*Blanco y Negro*)、《地球》(*La Esfera*)、《君主制》(*La Monarquía*)等报纸和杂志撰稿。此外，他还曾是波多黎各日报《公正者》(*El imparcial*)在南非的驻外记者。随后，他在巴黎居住和工作了多年，正是在这里，他对所有与食物相关的话题产生了浓厚的兴趣。作为一位才华横溢的多产作家，他留下了大量文章和菜谱，并提出了很多实用的建议，为西班牙餐厅和波旁王朝复辟时期（1874—1931）上层中产阶级的饮食提供了重要启示。按照当代的流行口味，《实用手册》既捍卫了西班牙美食的传统，又肯定了大都市餐饮的优势，不仅涵盖了法式风味，还包含了意大利甚至德国风味。没有任何细节能逃脱作者的注意。除了数百道菜谱，穆罗还撰写了一本烹饪术语词典、一本关于葡萄酒和厨房卫生的指南以及一本关于餐桌礼仪的纲要。[12]

《实用手册》，安赫尔·穆罗著，1982
年版

　　艾米莉亚·帕多·巴赞伯爵夫人（Countess Emilia Pardo
Bazán，1851—1921）是一位著名的小说家，也是法国哲学家
埃米尔·佐拉（Émile Zola）的仰慕者。她以"女性图书馆"
（Biblioteca de la mujer）为主题出版了一系列书籍，尽管这些
书籍涉及的主题不一定都与女性相关。在这里，作者的意图非常
明确，她希望向西班牙女性提供有关欧洲女权主义发展的最新信
息。作为一位成功的小说家，她决定撰写两本菜谱书的举动非同
寻常。艾米莉亚·帕多·巴赞伯爵夫人戏称这两本书为"灶台书
籍"（libros de fogón）：《西班牙传统厨房》（*La cocina española*

antigua，1913 年）和《西班牙现代厨房》(*La cocina española moderna*，1917 年）。[13] 作者使用略带贬义的"灶台书籍"来戏称这两本书，似乎是在有意将读者从她经常讨论的严肃话题中解放出来，进入一个无可争议的女性世界之中。事实上，随着这两本菜谱书的出版，她加入了西班牙知识分子圈有关美食的辩论。遵循穆罗现实主义的思维方式，帕多·巴赞从各个角度全方位地记录了西班牙的饮食：地域性美食、传统菜肴、现代饮食、法式烹饪方法。

圣地亚哥大学的丽贝卡·英格拉姆（Rebecca Ingram）认为，帕多·巴赞的烹饪书籍"与更广泛的民族建设话语保持了一致，重塑了西班牙以自由民族主义为核心的阶级划分"[14]。帕多·巴赞的《西班牙传统厨房》一书，汇编了大量普通民众的各式菜谱。这些菜谱有些来自作者的出生地加利西亚，有些来自西班牙其他地区，还有些是作者借鉴于当时在西班牙工作和写作的著名作家和大厨，例如多米尼、穆罗、普加·帕尔加。英格拉姆写道：

> 巴赞在《西班牙现代厨房》中提供的烹饪方式开始成为焦虑的中产阶级的一种烹饪习惯，她用优雅代替了传统，并使其成为西班牙饮食中最卓越的特征。

那么，帕多·巴赞到底是亲法派还是西班牙坚定的支持者？专家们一直在研究这个问题，大多数专家认为她更倾向于西班牙。墨

位于加利西亚的艾米莉亚·帕多·巴赞雕像，她是一位杰出的作家

尔本大学的西班牙和南美研究专家蜡拉·安德森（Lara Anderson）
则持有不同意见。她认为，帕多·巴赞作为一位严肃的作家和
思想家其实非常自相矛盾。她明确地表示想要宣扬西班牙美食传
统，但为了照顾文学需求，又不得不借鉴现代法国文化。[15]

难忘的一年：1898 年

很明显，西班牙帝国正在崩溃。到 19 世纪 20 年代，斐迪
南七世仍在位时，阿根廷和智利已经获得独立，西蒙·玻利瓦
尔（Simón Bolívar）正在解放着南美北部的其他地区。西班牙掌

握的殖民地只剩下菲律宾、波多黎各、古巴和加勒比群岛的蔗糖种植园。从 1895 年到 1898 年，巨大的变革即将到来。在西班牙政治阶层和知识分子阶层看来，他们可能希望这三年只是南柯一梦。丧失中美和南美的殖民地给西班牙的贸易带来了严重后果，尤其对卡斯蒂利亚和加泰罗尼亚的小麦和纺织品贸易而言更是如此。尽管如此，西班牙仍然以积极的方式对此做出了反应：增加了与欧洲以及与最重要的贸易国古巴之间的贸易税。但是，在当时，糖不仅对英国至关重要，而且在美国也已成为不可或缺的商品。至此，西班牙帝国的气数将尽！1898 年，西班牙输掉了美西战争。西班牙在古巴、菲律宾和波多黎各的驻军，作为"最后一批"部队，不得不在挫败感和羞辱中返回西班牙。有趣的是，丧失这些殖民地岛屿给西班牙经济带来的影响没有丧失美洲本土殖民地来得严重。至于古巴，岛上大多数西班牙人拥有的商贸和财产并没有受到古巴独立的影响，大多数的西班牙船运公司也得以继续经营。

　　西班牙人丢了面子，无法接受战败的现实。在他们看来，西班牙人在美洲长达 400 多年的殖民历史是一次激动人心且代价高昂的冒险。而 1898 年发生的一系列戏剧性事件不应只与美西战争失败和彻底丧失所有殖民地联系在一起。一些现代历史学家认为，西班牙过度消极的反应以及关闭通向国际市场的大门的决定，进一步延迟了该国的工业化进程和社会的进步。正如经济史中所讲的那样，贸易保护主义措施并不能保证贸易成功，结果往往恰恰相反。西班牙无法跟随欧洲其他国家走向繁荣和现代化的脚步，再次落后。这几乎再次重演了两个世纪前的那一幕。整个西班牙陷入困境，急需重建。有趣的是，文学界的人们又一次率先做出了努力，他们决心恢复西班牙失去已久的科学和文学国际领先地位。在文学领域，涌现出了一大批各有所长的散文家和小说家，他们引领潮流，被称为"98代"：米格尔·德·乌纳穆诺（Miguel de Unamuno）、阿索林（Azorín）、巴列-因克兰（Valle-Inclán）、皮奥·巴罗哈（Pío Baroja）、布拉斯科·伊巴涅斯（Blasco Ibañez）和何塞·奥特嘉·伊·加塞特（José Ortega y Gasset）。他们都有着一个共同的愿望，那就是将西班牙人民从冷漠中解放出来，使之恢复民族自豪感。"98代"中的大多数人使用的创作语言都非常简单易懂，这也激励着美食作家、记者和大厨们努力捍卫西班牙在悠久历史中传承下来的独特美食和葡萄酒文化。[16]

《小卡门，一位好厨师》

要准备"世纪末兔肉煲"，首先需要将洋葱和西红柿切碎，放入传统的陶制炖锅中，并加入猪油煸炒。同时，另起一个平底煎锅，煸炒兔肉块。随后，将煸炒后的兔肉加入陶制炖锅，与洋葱和西红柿一起翻炒，并加入杏仁碎和柠檬皮调味。此外，还需要使用烫过的菊苣叶制作小煎蛋卷作为配菜。最后，在上菜前，将煎蛋卷放入陶制炖锅中。

这道菜的原始菜谱来自一位加泰罗尼亚母亲写于1899年的

菜谱书，这位母亲希望她的女儿有一天能够像自己一样准备菜肴养活全家人。这本菜谱书汇编了巴塞罗那一座中产别墅中曾使用过的丰富菜谱。尽管当时大部分的出版商只对著名大厨的法式菜谱感兴趣，但《小卡门，一位好厨师》（*Carmencita, o la buena cocinera*）一经出版立刻成为畅销书。1899 年 1 月 5 日，巴塞罗那最负盛名的报纸《先锋报》（*La Vanguardia*）推荐了这本书。这是前所未闻的，许多享有声望的加泰罗尼亚大厨都提出了抗议。《先锋报》报道称：

> 知名作家伊拉迪亚·德·卡皮内尔女士（Señora Doña Eladia M. de Carpinell）新出版了一本非常有用的菜谱书：《小卡门，一位好厨师》。我们非常推荐这本书，因为它思路清晰，对食材用量的建议也非常精准。读者们可以在以下地址直接从作者那里购买：洛杉矶街 16 号 1 楼 2a。也可以从圣佩德罗隆达 38 号的帕德罗斯杂货店和劳里亚街 66 号的安东内尔杂货店购买。

但伊拉迪亚女士没有预料到的是，在下个世纪，巴塞罗那和西班牙将遭受连年的饥荒和萧条。尽管如此，她的书因为畅销，仍然重印出版了很多次。[17]

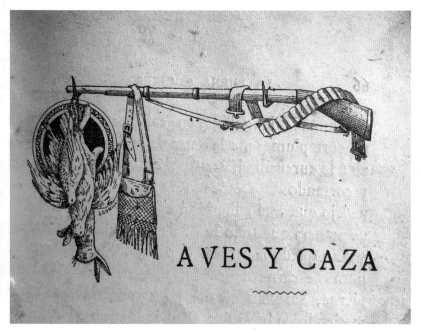

《小卡门，一位好厨师》的插图，1899 年

Delicioso
A History of Food in Spain

第七章

饥饿、希望与成功

　　西班牙闻起来像热面包、像刚熨过的亚麻布、像尘
土和海洋的味道。西班牙闻起来还像冬天屠宰的牲口、
夏天的新鲜水果、友谊和鲜花、未烘烤前的陶器胚、葡
萄酒、香菜、斗牛、新鲜的牛奶、小山羊、醋、红甜
椒、黑色的烟叶、茴香利口酒、绵羊以及很多其他的
事物……

　　　　——伊斯梅尔·迪亚兹·尤贝罗（Ismael Díaz Yubero）[1]

　　20世纪，尽管电力为人们的生活和饮食方式带来了巨大变化，西班牙却不得不背负从上个世纪沿袭而来的沉重的经济和政治负担，负重前行。

　　1902年，王太后摄政王退位，阿方索十三世正式亲政。由于父亲阿方索十二世早逝，阿方索十三世自1886年出生以来一直在等待亲政。不幸的是，对于西班牙来说，阿方索十三世并没有魄力统治这个处于政治经济混乱局面中并努力寻求国际认可的国家。他与英国公主——巴登堡的维多利亚·尤金妮（Victoria

Eugénie of Battenberg）的联姻对此也徒劳无益。根据西班牙媒体的记录，在这场皇家婚礼宴会上，人们首次使用了婚礼蛋糕。宴会上所有的一切都遵循了外国传统。婚礼蛋糕高达 1.1 米（43 英寸），重达 300 公斤（660 磅），用冰糖装饰，代表着西班牙的葡萄园，由英国糕点师为庆祝新王后的加冕而特地准备。

　　在当时，西班牙的议会制在全世界"鹤立鸡群"，政党和首相的更迭比季节变化的速度还快，这导致国王的处境越来越糟糕。阿方索十三世任命米格尔·普里莫·德·里维拉（Miguel Primo de Rivera）为首相的决定被证明糟糕透顶。作为声名显赫的贵族和军官，米格尔·普里莫·德·里维拉上任后逐渐成长为只手遮天的独裁者。而阿方索十三世的糟糕决策最终则使他自己丢掉了王位。与此同时，包括美食作家和大厨们在内的西班牙作家们仍在孜孜不倦地寻找着民族身份的定位。1888 年，"陛下的大厨"在《西班牙现代厨房》中写道："每个西班牙大区的特色菜肴都足以在世界各地的宫廷饮食中占据一席之地。让我们询问每个普通人的菜谱，制作一套完整而卓越的西班牙传统菜谱汇编。"[2]

　　著名作家迪奥尼西奥·佩雷斯（Dionisio Pérez），作为西班牙地域性美食的坚定捍卫者，在他的一本著作的扉页引用了这段话作为开篇。他撰写的这本书是西班牙美食史上重要的里程碑。作为一名才华横溢、博学多才的作家，迪奥尼西奥·佩雷斯下定决心要努力报效祖国。他不仅出版了各种文章和书籍，还积极推广西班牙的一项特色：西班牙的地域性美食。迪奥尼西奥·佩雷斯对政治尤为感兴趣，而且对西班牙特色美食抱有强烈的民族主义自豪感。在他看来，是时候结束外国美食尤其是法式菜肴在西班牙举足轻重的影响力了。

迪奥尼西奥·佩雷斯在他的第一本书《西班牙美食指南：西班牙地域性美食的历史和特色》（*Guía del buen comer español：historia y singularidad regional de la cocina española*）中指出，只有接受和理解西班牙地域性美食的特点，才能真正理解西班牙美食的精髓。[3] 他热情洋溢但略显草率的评论引起了人们的关注。尽管不够严谨，迪奥尼西奥·佩雷斯对西班牙百科全书式的知识储备仍然令人钦佩。任何想要了解西班牙美食的人都不可错过这本必读书籍，它介绍了西班牙美食的构成、传统和多样性。迪奥尼西奥·佩雷斯的另外两本著作也让人着迷。其中，《制备和食用橙子的艺术》（*Naranjas：el arte de prepararlas y comerlas*）[4] 一书由迪奥尼西奥·佩雷斯与格雷戈里奥·马拉尼翁（Gregorio Marañón）共同创作，这位著名的医生和历史学家对西班牙美食的多样性感到如痴如醉。《西班牙经典美食：特色、改良、历史和菜谱》（*La cocina clásica española：excelencias，amenidades，historia y recetarios*）则主要涉及西班牙的经典美食。[5]

在"后天方夜谭博士"的眼中，迪奥尼西奥·佩雷斯是一名糟糕的厨子、卓越的小说家。几年后，玛丽亚·梅斯塔耶·德·埃夏格（María Mestayer de Echagüe，1877—1949）在法式菜肴和西班牙地域性美食的碰撞中立场模糊。玛丽亚·梅斯塔耶·德·埃夏格又称"帕拉佩雷伯爵夫人"，是曾居住在毕尔巴鄂的一名法国外交官的女儿，后来成为著名的餐厅老板和美食作家。由于外交官女儿的身份，帕拉佩雷伯爵夫人从小就受到西班牙和法国两种文化的共同熏陶，此外毕尔巴鄂这座工业和商业都十分发达的城市也功不可没。19 世纪末，毕尔巴鄂已经有了六家报纸和十五家杂志，而这一数字在 20 世纪的前二十五年还在继续增加。只要文笔好，即便是女性，在毕尔巴鄂也可以很容易获得成功。

　　此时，烹饪成为一种时尚，所有的知识分子都自称是优秀的厨师，也许正是这样的情况鼓舞了帕拉佩雷伯爵夫人开始美食创作。在她的美食写作或餐厅点评中，帕拉佩雷伯爵夫人一方面代表了法国现代主义，但另一方面也捍卫了西班牙的地域性美食。著名的《烹饪完整手册》（*Cocina completa*）一书就是出自她的笔下。这本专门研究法国美食的食谱书一经出版立即成为畅销书，并为帕拉佩雷伯爵夫人于 1936 年在马德里开设的餐厅大获成功做出了贡献。此外，帕拉佩雷伯爵夫人的著作《蜜饯、蛋糕、点心、开胃小菜和沙拉》（*Confitería，repostería，entremesas，aperitivos y ensaladas*）至今仍被大厨们奉为指导书籍。这里的点心指的是凉菜，如熟食、开胃饼干或贝壳类菜肴，通常在头盘之前上桌。帕拉佩雷伯爵夫人的另一本书《巴斯克菜肴精选》（*Platos escogidos de la cocina vasca*），即使不可避免地带有作者的出身和所属社会阶级的色彩，但仍然可以看出作者努力让内容显得尽量通俗易懂。自出版之日起直到今天，《巴斯克菜肴精选》一直被巴斯克人民视为对他们悠久饮食传统的重要贡献，尽管这本书只在 1935 年由著名的格里格尔莫出版社于毕尔巴鄂发行了限量版，并从未再版。西班牙内战试图抹去这本书在西班牙国内和国际上取得的成功。1937 年，帕拉佩雷伯爵夫人的家宅遭到佛朗哥麾下的摩尔士兵的洗劫，人们以为《巴斯克菜肴精选》的手稿彻底佚失。但幸运的是，人们最终在巴斯克作家若泽·玛丽亚·布斯卡·伊苏西（José María Busca Isusi）的收藏品中找到了这份手稿的副本。[6]

《遗珠：经典菜肴》（*El Amparo：sus platos clásicos*）的作者是三位杰出的巴斯克厨师：乌苏拉·德·阿兹卡赖（Ursula de Azcaray）、西拉·德·阿兹卡赖（Sira de Azcaray）和维森塔·德·阿兹卡赖（Vicenta de Azcaray）。值得一提的是，维森塔·德·阿兹卡赖在毕尔巴鄂开设了一家和她同名的餐厅。三姐妹手稿的特色是融合了经典的法国和国际美食以及最优秀的巴斯克传统烹饪，于 1939 年在圣塞瓦斯蒂安首次出版。事实证明，在 20 世纪初期，西班牙的许多餐厅已经可以向顾客提供世界上各个地区最出类拔萃的美食。但这个想法遭到了民族主义者的强烈反对。1886 年，"遗珠"作为一家小酒馆开门营业，由店主菲利帕·德·爱基雷奥（Felipa de Eguileor）掌勺。随后，这家小酒馆慢慢演变成了一家优雅的餐厅，由菲利帕的三个女儿——才华横溢的乌苏拉、西拉和维森塔共同经营，她们从母亲以及不少法国专业机构那里学到了精湛的烹饪艺术。在"遗珠"餐厅，三姐妹为客人们提供美味多汁的正宗美食，受到评论家的广泛好评，并得到了城里有着最挑剔味蕾的专业人士的认可，许多著名大厨都对这家餐厅赞不绝口。

《遗珠：经典菜肴》中菜谱的丰富性从该书的总索引中就可以看出，包括：肉汤、清汤、色拉、豆类菜肴、前菜、蜜饯、配菜、装饰性面点、酱汁、果汁、鸡蛋、煎蛋饼、鱼类菜肴、油炸食品、酱肉、猪肉、羊肉、酱野味、酱家禽、烤肉、烤家禽、烤野味、香肠、冰饮、布丁、冰激凌、糕点、法式点心、蛋糕、果酱、果冻、酒精水果和糖渍水果。

紧随时尚，《遗珠：经典菜肴》中的一些菜谱以完美的法语撰写，这些菜谱均采用西班牙和法国市场上最优质的食材制作而成：法式皇家浓汤、牛肝酱、奶油浓汤、法式浓汤、夏多布里安牛排、法式面包盒、法式水果蛋糕盒和精致的点心。同时，作者也为喜欢西班牙风味的人们准备了用西班牙语撰写的巴斯克特色菜，如：蛤肉汤（sopa de pan de chirlas）——一道使用蛤肉精细烹制的面包汤。绿叶蔬菜木薯汤（sopa "verde prado"）则是一道木薯粉清汤，制备十分简单，仅需要煮五分钟就能完成。三姐妹指出，制作这道汤，仅需一茶匙木薯粉就可以满足每多一个用餐者所需要的食材量。绿叶蔬菜木薯汤通常配以菠菜泥、芦笋尖和豌豆，色泽诱人，在毕尔巴鄂也被称为阿尔贝继亚汤（arbejillas）。此外，面包鸡蛋馅饼和油条煎蛋也是这家餐厅的特色菜。

同所有餐厅一样，海鲜、野味和各种肉类菜肴是"遗珠"餐厅菜品的重头戏。这里有用鳗鱼、幼鳗和腌鳕鱼准备的几道经典巴斯克菜。在当时，鳗鱼和幼鳗非常便宜，在市场上也很容易买到。在《遗珠：经典菜肴》中，作者以其为主要食材精心讲解了六种不同的制备方法，如：使用橄榄油、大蒜、欧芹和干红椒酱腌制，并加入豌豆；或当时最流行的鳗鱼菜谱——鳗鱼煲（angulas en cazuela）：将鳗鱼加入橄榄油、大蒜，在陶制炖锅中慢炖。三姐妹们建议，在烹制鳗鱼煲时，最好使用木制或银色的叉子轻轻晃动细腻的鱼肉，以确保大块鱼肉能均匀受热，不至于改变其纯白的颜色。需要指出的是，在《遗珠：经典菜肴》一书中，鳗鱼煲的配料不包含红辣椒，这一点和目前的常用做法不同。一提到毕尔巴鄂美食，人们通常会联想到顶级鳕鱼。这解释了为什么在阿兹卡赖三姐妹的菜谱手稿中可以找到多达十种的巴斯克式鳕鱼菜谱，其中最著名的两道菜式为绿酱鳕鱼（bacalao in salsa verde）和比斯卡尼亚式鳕鱼（bacalao a la Vizcaína）。比斯卡尼亚式鳕鱼浓郁的酱汁里诱人的红色来自"香肠红椒"（choricero），这种细长的红辣椒原产自拉里奥哈和纳瓦拉地区。

在《遗珠：经典菜肴》一书中，有三十多道菜的食材取自松鸡、鹌鹑、野鸡、野鸭、鸽子或兔子，深刻体现出巴斯克人对狩猎的喜爱。这些菜谱中有不少是法式菜，如白葡萄酒鹧鸪（perdices à la Peregueux）。在"蛋糕"这一章中，卡布奇诺蛋糕的制作并没有完全遵循巴斯克式风格，这清楚地表明了在甜食的制作上，阿兹卡赖三姐妹取材于各个地区不同的传统做法。制作卡布奇诺蛋糕，首先需要取一打鸡蛋的蛋黄，在稍稍加热的情况下充分打发成海绵状，直到蛋液几乎呈奶白色。此时的蛋黄类似蒸布丁，一旦冷却，即可加入少量的淡糖浆。除此之外，三姐妹还在书中介绍了很多其他甜点的制作方法，如：著名的山多诺黑泡芙蛋糕（Saint Honoré）、苹果蛋糕（tarta de manzana）、奶香

毕尔巴鄂米糕

蛋白脆饼（merengues con crema）、草莓蛋白脆饼（merengues con fresas）、奶香千层饼（milhojas de crema）和法式千层酥（millefeuilles）。另外，阿兹卡赖三姐妹还详细描述了毕尔巴鄂米糕的制作方法，和法式蛋挞相比，米糕做法更接近葡式蛋挞，时至今日在整个巴斯克地区仍然非常流行。[7]

"共和国万岁！"

事实证明，阿方索十三世根本无力应对西班牙面临的政治动荡。国王不仅被政客和军队抛弃，更糟的是他也被中产阶级和农民

1920 年，卡斯提尔昆卡地区的耕种季

阶级共同抛弃，当然，他也从未在意过这两大阶级的死活。最终，国王流亡意大利。"尽管西班牙人对君主的忠诚世人皆知，但早在很久以前这种忠诚就被打破了……自 1789 年以来，没有一位西班牙君主是正常退位的。"杰拉尔德·布雷南（Gerald Brenan）在《西班牙迷宫》（*The Spanish Labyrinth*，1943）中写道。[8]

毕加索的餐桌

巴勃罗·鲁伊斯·毕加索（1881—1973），出生于马拉加，随后移居加里西亚的拉科鲁尼亚和巴

塞罗那，成年后大部分时间在巴黎度过。但不会有
任何人会反对这样一个事实：毕加索对西班牙美食
的热爱从未停止过。对毕加索来说，西班牙美食是
童年的味道，是母亲在安达卢西亚做的家常菜，是
他在最爱的加泰罗尼亚品尝到的食物。此外，毕加
索还非常喜爱位于加泰罗尼亚和阿拉贡群山之间一
座名为奥尔塔（Horta）的村庄所盛产的美味，这
些美味佳肴总是让他回想起在那里度过的夏天和冬

《大水罐和苹果的静物》，巴勃
罗·毕加索绘，1919 年，布面油
画。毕加索一生绘制了 200 多张
关于食物的画作

天的美好回忆。在奥尔塔，毕加索照顾动物，采集橄榄，用藏红花般鲜艳的颜色和秋日里悲伤的色彩作画。那是一段品尝薯条煎蛋（huevos con patatas）、豆类和香肠的日子，而最重要的是，毕加索在这里学会了烹饪米饭的不同菜谱，这些米饭菜肴美味可口，令人无比满足。随后，他被大都市繁华的灯火所吸引，离开了奥尔塔。毕加索于1906年在比利牛斯山深处的戈索尔村（Gósol）度过了一个夏天，这重新激发了他对狩猎和奥尔塔美食的热情，美味的肉菜炖锅和优质香肠更是让他欲罢不能。

最终，毕加索永远地离开了他的祖国。但是很明显，佛朗哥和毕加索并不属于同一世界。对于热情奔放的毕加索来说，食物和烹饪仍然是艺术的主题，他在众多绘画作品中反复描绘它们。今天，毕加索的静物画，和桑切斯·科坦、委拉斯开兹、梅伦德斯等大师的画作一起，存放于世界各地的国家博物馆和私人收藏中。除了静物画外，毕加索还有200多幅关于美食的画作。这里的美食包含了最广泛的含义：和朋友们常光顾的最爱的餐厅，如巴塞罗那的四只猫餐厅（Els Quatre Gats）或离毕加索位于巴黎大奥古斯丁街工作室不远的加泰罗尼亚人餐厅（the Catalan）；绘制于1896年的厨房用具静物画；以及画家本人最喜欢做的菜肴。在毕加索的一生中，美食不仅是一种激情，而且显然是他创作语言的一个重要组成部分。[9]

从阿方索十三世往前追溯，在他之前不久的历任君主中，包括摄政王太后在内的四位统治者都是被迫退位；只有斐迪南七世一人保住了王位，还是出于法国人的庇护；幸运的阿方索十二世得以善终，却是因为早早离世。

　　期待已久的第二共和国不仅无法解决历史上一直困扰着西班牙的农业问题，而且无法预见到另一件同样危险的事情：军队和教会利益的彼此对立。

　　随着 20 世纪前几十年工商业的发展，西班牙某些地区的农村条件有所改善。新农业技术的引入提高了橄榄、葡萄和柑橘等农作物的生产力，普通民众日常饮食中的卡路里含量也得到了提升。但快乐的时光总是非常短暂，随着小麦市场的崩溃，西班牙经济大幅下滑，严重威胁到该国的两个经济重镇：加泰罗尼亚和巴斯克省。此外，自 19 世纪以来，占西班牙农业总产值 75% 的小麦在国际市场上一直面临着不利的竞争形势。

　　在内战之前，西班牙人的饮食一直沿用与上个世纪相同的模式。一方面，中产阶级的饮食主要遵循西班牙的历史和地方传统，上层阶级和贵族的饮食继续受到法式风格的强烈影响。另一方面，工人和农民阶级的饮食则主要是豆类、蔬菜、劣质面粉、猪肉脂、橄榄油、稀少的肉类和腌鱼。

　　包括杰拉尔德·布雷南在内的许多作家和历史学家都认为，在 20 世纪初期，西班牙面临的根本问题是农业以及农业与工业的关系。当时，西班牙很大一部分人口仍在耕种土地，而大多数人是不会读写的文盲。根据土地的使用权、土壤肥沃程度和降雨

20 世纪 30 年代后期，西班牙内战之前，在安达卢西亚哈恩地区的橄榄和面包午餐

水平，农民勉强维持着生计。而逃离农村以追求更美好生活的城市工人也面临着另一个无法解决的问题。货币极速贬值导致粮价飞涨，即使能够找到工作，工人也根本无力承担粮价。人民普遍处于饥荒和营养不良中，这彻底摧毁了西班牙政客们仅存的威信。与此同时，教会的声望也在下降，人们急切地寻找另一种出路。恰逢此时，社会主义的理想，尤其是无政府主义的观点开始出现。在知识大传播年代，才华横溢的作家和思想家开始遵循这些思想，如皮奥·巴罗亚（Pío Broja）和亚速林（Azorín），但他们的热情随后被历史证明是十分短暂的。人们很快意识到，不受控制的狂热带来了无数暴行，而这决定了西班牙即将要走的道路。

20 世纪 30 年代，加泰罗尼亚
的小麦收成季

　　与此同时，国王和政府仍在试图解决困扰了西班牙数百年的
不动产和土地使用权问题。查理三世和他的部长们天真地梦想着
将一片土地分割成小块土地，分配给租户所有，然后这些租户就
可以养家糊口。在 19 世纪，政府颁布了好几项教会财产私有化法
令，以帮助国家减少债务。政府还努力践行更公平的耕地分配。
但是，在实施过程中，尤其是在有产阶级的利益面前，这些计划
统统失败了。贵族和大地主的权力仍然凌驾于教会之上，这导致
教会成为社会改革的主要目标。政府为私有化了的教会土地规定
了固定的价格，但仍超出了农民的承受能力，这大大有益于作为

新富阶层的中产阶级。

　　出人意料的是，在 20 世纪的第一个十年，随着西班牙工业化程度的加深，情况得到了改善。在铁矿资源丰富的北部和纺织业发达的加泰罗尼亚，经济发展首先取得了一定的成效。但采矿业，尤其是铁路业仍掌握在法国和英国的投资者手中，而遵循历史惯例，他们获取的利润并没有留在西班牙国内。这一时期，欧洲朝着全面工业化的进程加速前进，德国和意大利等国家获得了政治统一，西班牙却大幅落后了，当局仍在保护低效的农业模式，国家也将再次分裂。公平地说，一场真正的土地改革最终在 1931 年由第二共和国实行，但为时已晚。在接下来的五年，一场可怕的内战将摧毁西班牙人民的希望。

女权主义者和女性

　　许多人已经不记得 1936 年西班牙内战之前的第二共和国。但不得不说的是，很多人受益于当时开展的各种项目，尤其是女性，她们对新政治制度带来的成就表达了高度赞赏。女性，至少是那些努力捍卫自己权利的女性，出乎意料地得到了知识分子阶层的支持。在 1933 年，虽然大多数的西班牙女性都很乐于继续扮演母亲和家庭厨师的角色，但仍有 680 万女性第一次行使了大选的投票权，其中不少是女性作家。

厨房是家庭中准备食物的实验室，因此运行的准则应该是方便、安全和经济。厨房应位于房屋底层、卧室的楼层之下，还应当配有能迅速将食物带到饭厅的食品升降梯，这样能避免在家里的其他位置闻到厨房飘出的气味。在任何情况下，厨房都应当尽可能地与卧室隔开。厨房应宽敞且光线充足。保持通风良好有利于保存食物，尤其是易受湿度影响的豆类。此外，还应当格外注意消除异味。将洗涤室与用于存放杂货和其他食物的储藏间彻底分开是一个很好的选择。厨房应仅用于准备和烹饪食物。墙壁应使用油性涂料或乳胶漆涂成白色，地面则应该用瓷砖或油毡覆盖。炊具应放置在光线充足的区域，抽油烟机需保持清洁。一个合格的厨房里还需要有一个时钟，来确保制备食材、烹饪食物的时间准确无误。木桌上应覆盖有锡纸，其余家具也应使用易于清洁的木头制成。厨房中央应摆放一张大桌子，以方便准备摆盘、玻璃杯等并带去饭厅。切肉应在同一张桌子上进行……[10]

这段关于 19 世纪 30 年代中产家庭经典厨房的描述来自《您想吃得好吗？》（¿Quiere usted comer bien?）一书。这本厨师手册由卡门·德·布尔戈斯（Carmen de Burgos，1867—1932）撰写，于 1931 年在巴塞罗那出版。其目标读者是家庭厨师，也适用于希望参与厨房工作和家庭管理的主妇。卡门·德·布尔戈斯，又称"哥伦拜恩"（Colombine）。与艾米莉亚·帕多·巴赞一样，卡门·德·布尔戈斯也不是一位专业的美食作家，但她自认为是一位能够以精致方式自娱自乐的好主妇。她描述的菜肴通常由专业而熟练的住家厨师采用优质食材在家庭厨房中烹制而成。

巴塞罗那是一座有着浓厚烹饪传统的城市，与法国有着天然的渊源，但也受到其他国家（尤其是意大利）的影响。在德·布尔戈斯的书中，有很多用意大利面制作的菜肴，尤其是通心粉。这表明在加泰罗尼亚地区，意大利面非常受欢迎。此外，她的菜谱书中还阐述了意大利宽面、馄饨和加乃隆碎肉卷的做法。原创性最高的菜谱当属斋月通心粉或"找乐子通心粉"（Macarrones de Vigilia o Divertidos）。这道菜谱的名字相当矛盾，因为一方面"vigilia"代表四月斋，而"divertidos"在西班牙语中则表示有趣。制作斋月通心粉，首先需要将通心粉在沸腾的盐水中煮软，随后过水，加入番茄酱炒制。然后，将一层面皮均匀地平铺在被称为"蛋糕锅"（tartera）的陶制平底锅中，盖上一层打发过的蛋黄，再盖上一层打发过的蛋白，然后撒上帕玛森芝士。随后，重复相同的步骤，按以上顺序继续加置几层相同的食材，并确保最后一层是鸡蛋和芝士层。最后，将备好的菜品放入烤箱中，充分烘烤至金黄色。除了这道菜之外，"哥伦拜恩"还会使用通心粉来搭配其他菜肴以及汤品。

我们认为，"哥伦拜恩"不仅是一位家庭主妇，还是一名作家、新闻记者和战地通讯员。没错，她还是西班牙历史上第一位女性战地通讯员。此外，"哥伦拜恩"还活跃于捍卫女性权利的活

《你想吃得好吗？》，作者为卡门·德·布尔戈斯，又称"哥伦拜恩"，1931 年

动。她为女性享有自由离婚的权利而辩护，这不仅激怒了教会，甚至还激怒了佛朗哥。而她自己本身就是一位离异女性。从 1939 年到 1974 年，德·布尔戈斯的书籍和文章都被归为"危险类读物"，但这反而为它们更增加了神秘的吸引力。

饥饿的岁月

一口破旧的炉子里燃烧着木头和垃圾的混合物，一口大铁锅突突地冒着蒸汽。整个厨房雾气缭绕，萦绕着蒸汽，唤起了人们关于家庭美食那早已被遗忘的回忆。

西红柿、干豆、大蒜香肠，还有煮熟的去皮鸡肉，各种
食材烹煮时的香味芬芳四溢。

——劳丽·李（Laurie Lee）[11]

从西班牙内战时期（1936—1939）直到 20 世纪 50 年代初，
对许多西班牙人来说，获取食物纯粹是有关生死的生存问题。这
一整体贫困的情况导致西班牙的正宗美食，即在中等偏上的中产
阶级厨房中烹制的地域特色美食，也受到了沉重的打击。想要恢
复元气，需要投入大量的时间和专业的工作。

在胡安·埃斯拉瓦·加兰（Juan Eslava Galán）的著作
《可怖之年：新西班牙，1939—1952》（*Los años del miedo：la
nueva España，1939-1952*）封面上 [12]，有四个穿着黑色衣服的年
轻女性、一个男人和一个孩子。所有人都面带微笑，左手拿着白
面包，右手向法西斯主义致敬。这张照片应该拍摄于 20 世纪 40
年代初内战刚刚结束时塞维利亚或萨拉戈萨的某个地方。面包则
很有可能是从黑市上购买的。这些地区盛产小麦、各类谷物、豆
类、蔬菜和水果，在内战中支持民族派。如果是在巴塞罗那、毕
尔巴鄂、阿利坎特或任何支持共和派的地区，那么白面包根本买
不到，人们也不会有心情在内战刚刚结束的第一时间拍摄照片。
在内战期间，社会主义思想主要在工业城市里得到了重大支持，
这些地区工业化发达，但食品生产通常落后于工业。

由于内战，所有的西班牙人都遭受了贫困、营养不良甚至饥
荒。在接下来数年的战后时期，食物定量配给和排队供应成为常

20 世纪 30 年代后期的西班牙内战时期，妇女排队购买基本食品

态。西班牙人对此毫无准备，尤其是那些在内战中支持共和派的
人，许多人甚至因此锒铛入狱。由于第二次世界大战爆发，欧洲
其他国家与西班牙的边境被关闭，跨大西洋贸易也变得危险重
重，严重影响了南美友邦国家对西班牙的供应。

　　佛朗哥曾向西班牙人许诺过一项他根本无法提供的东西：食
物。除了那些在黑市上有手段买到任何东西的人之外，西班牙的
其余人遭受了难以忍受的苦难，尤其是在大都市和城镇中。在农
村，情况略好一些。在这里，至少人们可以自己种植蔬菜和水
果，或决定宰杀鸡鸭、兔子、野猪或昂贵的家猪。1939 年 5 月
14 日，西班牙开始实行食物定量配给；但到了 1943 年，粮食短

缺已达到临界点。当局用旱灾作为托词，但实际上这不是食物短缺的真正原因。饥荒的主要原因是由于土地和农业状况总体不佳。从 1936 年到 1954 年，政府推行了从自由农业到正规农业的过渡政策，这造成农业生产力几乎降至低于内战前的水平。

面糊粥和霍米戈面包饼

面糊粥是一种十分常见的粥，也被称为波达拉达粥（pusada）、帕切粥（pache）、法拉佩粥（farape）和法尼塔粥（farineta）。自伊比利亚半岛开始生产陶器开始，面糊粥喂饱了无数的西班牙人。直到 20 世纪 50 年代，面糊粥开始被人们当作低质量黑面包的替代品。可以说，在所有能够抵御饥饿的食物中，旮沙粥是最经济、最管饱的食物。制作面糊粥，仅仅需要捣碎一些谷物，放入一个可以加热的容器中，将其与水混合，在烹煮时不断搅拌，然后趁热食用。随着时间的流逝，面糊粥已演变成更美味的菜肴，尽管仍然保持了类似于内战前的烹饪做法，但人们通常会在粥里佐以大蒜、洋葱、橄榄油和盐。

为了应对饥荒，西班牙人充分发挥想象力的另一个例子是霍米戈面包饼（hormigo），也被称为福米戈（formigo）、奥尔米戈（ormigo）和霍米吉洛（hormiguillo）。这道富有创意的菜谱，在富人和穷人中都很受欢迎。霍米戈面包饼的做法极其简单，是一种用面包、牛奶或水、鸡蛋、橄榄油或猪油制成的煎蛋饼。其口味可以是咸味或甜味。自中世纪以来，霍米戈面包饼以不同版本被西班牙的美食作家和厨师们所记录，其中包括罗伯特·德·诺拉和安东尼奥·萨尔塞特（Antonio Salsete）。萨尔塞特的霍米戈面包饼配料中不包括牛奶、面包甚至鸡蛋。在他的食谱书中，萨尔塞特建议读者使用不同的方法制作霍米戈面包饼，尽管他认为最好的选择是用榛子制作：

> 烤榛子时要格外小心，不要烤焦。烘烤之后，可以用一块布包住榛子，用以去壳。捣碎榛子，将榛子末放在平底锅里，加水慢慢加热。水一烧开，就可以捞出榛子。在煮熟的榛子末里加入少许肉桂、丁香、糖，一起捣碎，注意避免口感过于油腻。不要添加任何蜂蜜、盐、藏红花、香料、面包或油……[13]

20世纪初，著名的加利西亚作家玛丽亚·梅斯塔耶·德·埃夏格（又称"帕拉佩雷伯爵夫人"）和曼努埃尔·玛丽亚·普加·帕尔加（又称"皮卡迪奥"）也在各自的著作中描述了霍米戈面包饼的做法。她们的做法更像是用面包做了一个蛋饼。[14]时至今日，尽管具体的制备方法不详，但在阿斯图里亚斯和加利西亚的边远地区，刚分娩后的产妇通常会在第一时间吃一个撒了糖的霍米戈面包饼。

在圣诞节期间，葡萄牙的多米尼奥或特然斯奥斯蒙特斯地区仍然保持着制作霍米戈面包饼的传统。相比西班牙版本，这里的面包饼虽然也遵循类似的制作方法，但更加可口，口味也更甜美。葡萄牙版本的面包饼配料主要有面包、牛奶、鸡蛋、猪油和少量水，有时还会包括葡萄酒、葡萄干、松子、肉桂和酸橙。

在饥荒年代，妇女们创造了奇迹，她们使用剩饭、野菜和低价值的食材为家人烹制饭菜。很明显，在这一时期，人们几乎用不上菜谱书，但由于政府的文化审查员认为菜谱书在政治上毫无威胁，《烹饪资源》（*Cocina de recursos*）一书仍然于1940年出版。出乎意料的是，这本书一经出版立刻成为畅销书。它由著名厨师、餐厅评论家和知名作家伊格纳西·多米尼（Ignasi Domènech）撰写，是菜谱和创意的完美结合，其主要目标在于帮助厨师克服因为食物匮乏带来的困难。此外，作者还大力批评了佛朗哥的干预主义政策——它在困难局面中无法以巧妙的方式解决问题。《烹饪资源》中的煎蛋饼菜谱是作者创作思想的完美体现——最大限度地利用了人们在温饱时期根本无法想象到的食材。伊格纳西·多米尼的煎蛋饼菜谱配料里没有鸡蛋，仅需要面粉、苏打、欧芹、大蒜、红甜椒（如果有）、芹菜叶、水和几滴橄榄油。他甚至还发明了没有鸡蛋和土豆的土豆鸡蛋饼。这是一

20世纪30年代和40年代饥荒时期的面包票

项天才的发明，为西班牙传统美食中最受赞赏的菜肴提供了体面的替代品。制作这道菜肴仅需橙皮、大蒜、面粉、苏打、白胡椒粉、姜黄、油和盐。[15]

多米尼的世界

尽管伊格纳西·多米尼对美食的专业态度及卓越的写作才能有目共睹，但他的一些早期作品在一定程度上损害了他的声誉，如1915年首次出版的《优雅的西班牙新式饮食》（*La nueva cocina Elegante española*）。[16] 多米尼的这部早期作品被大多数批评家认为"自命不凡"且"充满矛盾"，"天方夜谭博士"和

"陛下的大厨"也对此颇有批评,认为它"叛国辱权""唐突冒犯"。这个例子完美地展示了一本国际化的食谱书如何被西班牙传统美食的捍卫者所鄙弃。在《优雅的西班牙新式饮食》一书的扉页上,我们可以看到作者的署名是"伊格纳西·多米尼,他是《白色大厨帽》(*El gorro blanco*)杂志的总监,曾为多名社会精英掌勺,如:杜克·德·梅迪纳塞利公爵、阿尔奎耶斯公爵夫人、冯·弗雷德王子、韦德尔男爵、亨利·德拉蒙德·沃尔夫爵士,以及英国、瑞典和挪威大使"。

作为对评论家们的回应,20世纪30年代,多米尼出版了《巴斯克饮食》(*La cocina vasca*),这本书被认为是有关巴斯克饮食有史以来最好的菜谱书之一,尽管作为地地道道的加泰罗尼亚人,这个议题对多米尼来说曾略显陌生。作为一名旅行爱好者,多米尼的足迹遍及四方,他收集了各地的菜谱,不断更新,然后以新闻工作者的叙述风格呈现给读者、大厨和家庭厨师。他不仅详细地描述了配料和制备方法,而且从大厨的视角出发,确保菜谱的各项数据都精准无误。奶油泡芙(Canutillos de crema)是这本书中的数百道菜谱之一。在薄薄的面点中注入奶油夹心——奶油泡芙被认为是19世纪毕尔巴鄂的代表美食,尽管它在整个巴斯克地区都很受欢迎。

伊格纳西·多米尼和特奥多罗·巴尔达吉(又称"阿拉贡人"),被认为可能是20世纪上半叶最有影响力的两位西班牙大厨和美食作家。这两位大厨的有趣之处在于,他们完全理解内战前和内战后的西班牙美食属于两个完全不同的世界:内战前仍由法式风格主导，内战后则变得非常西班牙化。在不到半个世纪的时间里，多米尼成功出版了 26 本食谱书。

特奥多罗·巴尔达吉是一位自学成才的大厨、记者和杰出作家，他以前所未有的方式为西班牙美食带来了现代性和创新性。与备受欢迎的多米尼不同，当巴尔达吉开始受到出版商的冷眼后，他卓越的知识能力和烹饪技艺似乎就完全消失了。

1940 年，西班牙正努力从内战的灾难中恢复过来，却面临着再次卷入战争的危险。于是，西班牙被迫在第二次世界大战中宣布中立。1947 年，旨在帮助欧洲在战后重建经济和基础设施的美国广泛援助计划将西班牙排除在外，却允许其他的欧洲国家参加。此刻，独裁者佛朗哥仍在掌舵。随着美国援助计划逐渐成熟，这项被称为马歇尔计划的援助项目不幸将西班牙这个急需帮助的国家排除在外。西班牙漫画家路易斯·加西亚·贝兰加（Luis García Berlanga）导演了一部可笑但颇为可悲的电影：《欢迎马歇尔》（*Welcome Marshall*，1953），描绘了西班牙中部的一个小镇为美国外交官的到访做足了准备。牧师、市长和其他官员期待所有的一切都能得到宽恕，希望美国人会因为他们的努力而给予小镇经济援助。整个城镇都被装饰成了安达卢西亚风格，居民们穿着塞维利亚长裙和科尔多瓦传统服装（经典的西班牙代表性服装），在道路两旁不耐烦地挥舞着星条小旗。最终，一长列豪华轿车飞驰而来，却丝毫没有停下的意思。

《厨房手册》（1950）——
本有争议的书

一本有争议的书

　　1950 年，安娜·玛丽亚·埃雷拉（Ana María Herrera）撰写了一本名为《厨房手册》（*Manual de cocina*）的食谱书。此时，特奥多罗·巴尔达吉笔下的《她们的厨房》（*La cocina de Ellas*）等烹饪书籍已不再吸引读者，但《厨房手册》却大获成功。作者埃雷拉在马德里的洛佩·德·维加学院担任美食老师，这个学院隶属于法西斯长枪主义运动（Fascist Falange）的女性阵营。《厨房手册》出版于西班牙面临严重经济困难和粮食供应极度短缺的时期，因此所有的菜谱都使用经济实惠、可简易获取的食材制成，通常味美物廉且易于制作。此外，它还对另一个重要的时代议题做出了回应：妇女处境的变化。在这一时期，女性逐渐告别作为家庭主妇在家操持家务的地位，开始外出工作。对她们来说，时间是非常宝贵的商品。在佛朗哥政权的支持下，《厨房手册》成为面向新婚女性、经验丰富的家庭厨师甚至厨房专业人士的完美书籍。甚至祖母们也购买了它，以期有朝一日送给她们的孙女。

然而，对于法西斯长枪主义运动女性阵营来说，这本手册实在太过成功。作者在退休后去世，她的名字也从《厨房手册》的作者署名栏消失。《厨房手册》被归入法西斯长枪主义运动女性阵营的系列丛书，以集体作品的名义再版。佛朗哥去世后，法西斯长枪主义运动女性阵营解散，《厨房手册》被列入文化部的待编辑名单，并搁置了数十年。1995 年，经过漫长的 40 年之后，《厨房手册》的作者署名权最终被归还给了安娜·玛丽亚·埃雷拉及其家人。今天，《厨房手册》可以在西班牙的众多图书馆中找到。作为畅销书和经典食谱书，《厨房手册》最终成功地从可怕的西班牙分裂时期幸存了下来。

《厨房手册》第一部分是概述，阐述了有关食材、屠宰、刀法和鱼类制备的一般信息以及烹饪术语的高级词汇表。在第二部分中，根据一年四季的变化，作者设计了很多用于午餐和晚餐的组合菜单，这大大简化了厨师的工作量。例如，作者设计了一款春季晚餐的组合菜单，包括：头盘——黄油和奶酪土豆泥、主菜——鳕鱼煲（使用新鲜鳕鱼、菠菜、牛奶、黄油、橄榄油和少许面粉制成）。[17]时至今日，即使全球化给西班牙的美食传统带来了巨大冲击，西班牙人仍然更偏向于将蔬菜与肉类或鱼类分开食用，这一点和安娜·玛丽亚·埃雷拉在《厨房手册》中所描述的情况不谋而合。

主流之外发生的一切

尽管巴尔达吉、多米尼等大厨做出了很大的努力，但到了20世纪中叶，西班牙的美食业明显急需更新换代。长期以来，西班牙美食业的发展一直处于停滞状态，无法与时俱进，甚至步入歧途，盲目跟随其他国家的美食传统，机械地抄袭别国却很少创新。

12世纪，艾默里克·皮科德（Aymeric Picaud）在《圣雅各之书》（*Liber Sancti Jacobi*，又名 *Book of St James*）第五卷中写道："这是一个语言古怪、民风彪悍的国家，位于森林深处和封闭的山区。这里根本找不到面包，除了牛奶和苹果酒之外，无酒可饮、无餐可食。"艾默里克·皮科德如何能预见到巴斯克式美食以及西班牙地区美食随后展现出的光明前景？从20世纪后期开始直至今日，多亏了无数专业大厨们富于创造性和创新性的努力，西班牙已成为当之无愧的世界美食大国。

尽管西班牙没有任何公认的"美食首都"来统领整个国家的

美食风俗，但地域美食的传统不容小觑，如：巴斯克和加泰罗尼亚美食，在历史上就已超过了马德里美食的人气，20 世纪 70 年代更是得到了扬名天下的绝佳机会。70 年代，西班牙美食终于摆脱了战后的消极影响。尤其重要的是，在经过将近四十年的独裁统治后，民主之风正在西班牙兴起。加泰罗尼亚和巴斯克在历史、地理和文化上是西班牙最接近欧洲的地区，这里的传统美食开始进入重塑时期。所谓的"后埃斯科菲耶运动"（Post-Escoffier immmobility）已经在法国蓬勃发展了几十年。而全世界，尤其是巴斯克地区，都对这一风潮保持着充满期待的关注。

　　1968 年 5 月，巴黎爆发抗议活动，年轻人开始寻求"后埃斯科菲耶运动"的替代方案。在这一时期，一些法国大厨的名字在当代美食史上脱颖而出：阿兰·沙佩尔（Alain Chapel）、米歇尔·盖拉尔（Michel Guérard）、罗杰·威尔盖（Roger Vergé）、特罗格罗斯兄弟（Troigros）等。对巴斯克大厨们而言，最大的影响来自法国大厨保罗·博库斯（Paul Bocuse）。1973 年，这些巴斯克大厨们领导了一场洗礼式的"新菜式"（nouvelle cuisine）烹饪革命。这项新菜式革命基于一系列理念，极大地改变了专业烹饪领域：伴随着高品质原材料和时鲜食材的使用，烹饪技术也出现了重大改变，如：缩短烹饪时间和减少动物脂肪的使用。需要强调的是，在"新菜式"运动的背后，是大厨们为顾客提供健康美食的强烈愿望。1976 年，保罗·博库斯在马德里举行的美食圆桌会议上发表讲话，两位巴斯克大厨——佩德罗·苏比亚纳（Pedro Subijana）和胡安·玛丽·阿扎克（Juan Mari Arzak）由此得到了强烈的启发。他们认为，巴斯克美食具备所有必备的元素，可以在世界美食中占据有趣而独特的一席之地。于是，两位大厨合作撰写了《新巴斯克美食》（*Euskal sukalderitza berria*）一书，开始了他们的美食革命之旅。在写作之初，他们还得到了另外十名才华横溢的巴斯克大厨的支持。随着时间的流逝，数百名西班牙专业大厨紧随其后，每位大厨都展现出自己独特的才能和个人风格，充分阐释了西班牙美食的多样性。但正如费兰·阿德里亚（Ferran Adrià）在 2016 年出版的《巴斯克，创意之地》（*Basque，Creative Territory*）一书中所指出的那样，变革之路一开始充满了困难：

> "新菜式"运动带来的多米诺效应最初使我们西班牙的美食大为孤立。在一开始，我们需要一个过渡期。慢慢地，西班牙逐渐调整适应，开始与西欧其他国家的烹饪接轨。[18]

在西班牙，每个地区都有自己的特色美食，因此也以多种不同方式来诠释"新菜式"运动。在不少地方，人们需要在新式和旧式烹饪方法之间找到折中点。

《新式巴斯克美食》（*la nueva cocina vasca*）一书将使阿德里亚提到的转变变成可能，而且这本书绝不是对"新菜式"运动的简单抄袭。可以肯定的是，巴斯克大厨在新规则下创造的菜肴大部分都来自地地道道的巴斯克式灵感，对食材的处理遵循了巴斯克独特的烹饪传统。这不足为奇。除了巴斯克地区，很少有厨师有着理想主义者般的民族自豪感和正直感，并将之践行于烹饪的艺术中。巴斯克大厨坚信烹饪是国家或地区文化遗产的一部分，饮食习惯更是巴斯克人身份不可或缺的组成部分。有趣的是，作为美食革命先行者的大多数巴斯克大厨都来自圣塞瓦斯蒂安，尽管在那里人们通常并不十分重视烹饪传统。在法国大革命之后的一个多世纪中，国际美食在圣塞瓦斯蒂安占上风，给原汁原味的本土美食带来了相当大的冲击。在整个这段时期，特别是在"美好时代"，圣塞瓦斯蒂安是西班牙贵族的传统避暑胜地。贵族的厨师把经验和技术传授给了当地的专业大厨以及在夏季雇来帮厨的当地妇女。因此，许多参与美食革命的巴斯克大厨都受到了巴斯克式家庭烹饪方法和专业的国际烹饪方法的共同熏陶，这也为美食革命的顺利开展提供了帮助。除此之外，这些巴斯克大厨中大多数人的家庭都世世代代专业从事烹饪业。

20世纪80年代初，美食革命过渡期的大量菜谱进一步证明了这一点。著名大厨胡安·玛丽·阿扎克发明了鳕鱼蛋糕（Pastel de krabarroka），同时还创立了一家用他名字命名的餐厅。制作鳕鱼蛋糕需要新鲜的番茄酱、低脂奶油、鸡蛋、韭菜、胡萝卜、少许黄油、面包屑、盐和白胡椒粉。这道经典的菜式首先需要使用隔水加热的技巧将鳕鱼煮熟，冷却后配上加入花生、少量雪利酒醋制成的蛋黄酱。

巴斯克作家和记者胡安·何塞·拉皮兹（Juan José Lapitz）是渔

"新式巴斯克烹饪"运动的创始成员

民的后裔。他曾穿越大西洋寻找优质鳕鱼。在美食革命过渡期，胡安·何塞·拉皮兹也十分关注新运动的发展。他的第一本书《吃在巴斯克》（*Comer en Euskalherria*）于 1982 年出版，是巴斯克烹饪界的经典。

　　紧随其后，胡安·何塞·拉皮兹出版了第二本书：《巴斯克现代烹饪》（*La cocina moderna en Euskadi*），汇编了20世纪80年代末圣塞瓦斯蒂安、毕尔巴鄂和阿拉瓦周边一些顶级现代巴斯克美食餐厅里的最佳菜品。[19]这些餐厅包括古利亚餐厅（Guria）、花篮餐厅（Panier Fleuri）和卡斯蒂略餐厅（Castillo）。在毕尔巴鄂的古利亚餐厅，格纳罗·皮尔达因大厨（Genaro Pildain，也被称为"鳕鱼之王"）有一道著名菜品："大厨鳕鱼"（El Bacalao del Chef）。这道菜将鳕鱼切成精致的小块，并搭配了巴斯克美食中的各种美味酱汁：绿酱、皮尔皮尔辣椒酱（pil-pil）和比斯开香肠酱（vizcaína）。作为美食革命运动初期十二位创始人中唯一的女大厨，塔图斯·丰贝里达（Tatus Fombellida）在圣塞瓦斯蒂安创办花篮餐厅时，她的姓氏已经代表着圣塞瓦斯蒂安城里顶级的美食。塔图斯·丰贝里达没有对她父亲在伦特里亚镇高档餐厅中提供的菜品大改特改，而是选择继续在花篮餐厅供应一系列高水准的法式和巴斯克菜肴。这些知名菜肴通常使用鲽鳒鱼、石斑鱼、龙虾或丘鹬烹制，如：文也鱼柳（Lenguado a la Florentina）、多诺斯蒂拉石斑鱼（Mero a la Donostiarra）、美式龙虾（Homer a la americana）或雅文邑白兰地丘鹬（Becada al Armagnac）。尽管菜名和从前相比没有变化，但塔图斯·丰贝里达的烹饪方式却越来越接近新巴斯克美食的风格，这也标志着她未来几年的发展轨迹。

　　作为美食革命运动的另一位创始人，乔斯·胡安·卡斯蒂略（José Juan Castillo）曾在古普斯夸省奥拉伯里亚地区创办了一家以他的名字命名的餐厅。这是一个非常有趣的案例。乔斯·胡安·卡斯蒂略在"新式巴斯克烹饪"上投入了很多时间和精力。他买下了圣塞瓦斯蒂安的标志性餐厅尼古拉之家（Casa Nicolasa），并应顾客的要求，在这里恢复了传统的巴斯克烹饪方法。在乔斯·胡安·卡斯蒂略的指导下，这家餐厅在27年间为人们提供着众多巴斯克经典菜肴：黑豆（alubias rojas）、土豆金枪鱼煲（marmitako of potatos）、炭烤蓝黄红菇（guibeludiñas la plancha）和精致的牛杂猪杂（mollejas salteadas）。

新烹饪运动另一位重要的创始人当属路易斯·伊里扎尔（Luis Irizar），他于1976年在巴斯克地区开设了第一所专业烹饪学校，培养出了一大批出类拔萃的大厨，如：佩德罗·苏比亚那（Pedro Subijana）。1990年，圣塞瓦斯蒂安阿克拉拉尔餐厅（Akelarre）的主厨苏比亚那接受了西班牙政府的邀请，在伦敦的多切斯特酒店为英国媒体制备餐饮。这是西班牙首次使用现代美食作为宣传手段。青椒鲈鱼（lubina a la pimienta verde）在此次活动上大受好评，尽管这道菜仍体现出经典法式烹饪对圣塞瓦斯蒂安大厨的影响。制作这道菜，需要在鱼里脊肉中加入葱、青椒、橄榄油、少量黄油、巴斯克苹果白兰地和适量奶油，随后一起烹饪。随着时间的流逝，西班牙地区美食传统和现代烹饪方法的融合愈加深入。苏比亚那的经典西红柿沙拉（ensalada de tomate del país）和西红柿金枪鱼沙拉（bonito marinado）看似简单，但其实做起来并不容易。这两道菜是夏天的绝配：在熟透了的西红柿里加入全西班牙最受欢迎的高品质长鳍金枪鱼

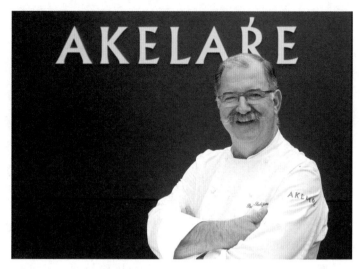

佩德罗·苏比亚那在圣塞瓦斯蒂安的阿克拉拉尔餐厅。他是"新式巴斯克烹饪"的创始人之一

（bonito del Norte）。长鳍金枪鱼相比其他金枪鱼，脂肪含量较少。制作这道菜时，首先需要将长鳍金枪鱼在柠檬皮和适量的苹果醋中腌制数小时。与此同时，正好可以准备两种调味料：一种是用盐和胡椒粉调味的番茄酱，加入几滴柠檬汁；另一种是用青椒制成，需要将青椒事先煮几分钟。此外，摆盘也同样重要。首先摆上适当调味后的番茄片，轻轻地抹上调制好的两种酱料，最后再将腌好的金枪鱼里脊小心地摆放在最上面。

在地中海和其他地区

记者卡门·卡萨斯（Carmen Casas）在《吃在加泰罗尼亚》

（*Comer en Catalunya*）一书中指出，最好的加泰罗尼亚食物可以在位于加泰罗尼亚最北部、与法国接壤的赫罗纳省安普尔单地区找到。[20] 时间证明，加泰罗尼亚的其他很多地区同样适用她的这一推断。在那一时期，加泰罗尼亚地区涌现出了众多传奇大厨，如：已故的桑蒂·桑塔玛利亚（Santi Santamaría）、独步天下的费兰·阿德里亚（Ferran Adrià）、卡梅·鲁斯卡拉（Carme Ruscalla）和罗卡（Roca）兄弟。

当卡门·卡萨斯做出她的论断时，众多加泰罗尼亚顶级餐厅一方面保留了强大的地方烹饪传统，另一方面也已经在开发更现代的烹饪方法。这些餐厅包括：巴塞罗那的阿维尼翁餐厅（Agut d'Avignon）、小小黄金国餐厅（Eldorado Petit）、汽车旅馆餐厅（El Motel）和法贝斯角落餐厅（El Racó de Can Fabes，桑蒂·桑塔玛利亚的餐厅）。十年后，年轻一代的大厨将跟随这些前辈的脚步，在巴塞罗那和赫罗纳继续烹饪事业。此时，这些大厨的菜式仍保留着浓郁的地中海风味，但他们的烹饪方法已经符合"新式烹饪"和"新式巴斯克烹饪"的原则。很快，弗洛里安餐厅（Florian）、罗伊格·罗比餐厅（Roig Robí）和阿祖莱特餐厅（Azulete）就成了当地的热门话题，这不仅是因为这些餐厅的大厨碰巧都是漂亮的女性，更是因为这里提供的菜肴出类拔萃，尤其烹饪方式更是独树一帜。[21] 而此时，有一位年轻的厨师注定会深刻影响全世界。他就是费兰·阿德里亚。

桑蒂·桑塔玛利亚于 2011 年去世，享年 53 岁。作为"新式烹饪"运动在西班牙的最初践行者之一，他于 1981 年在巴塞罗那的圣塞洛尼地区开设了法贝斯角落餐厅。1994 年，法贝斯角落餐厅被授予米其林三星。这是整个加泰罗尼亚的第一家米其林餐厅。此外，桑蒂·桑塔玛利亚还是当时著名的作家和记者。2011年 2 月 17 日，《每日电讯报》（*The Telegraph*）为纪念桑蒂·桑塔玛利亚发表了一篇感人的文章，一位记者描述了他在法贝斯角落餐厅用餐时诗意的体验：

> 这勾起了他的回忆，那是母亲在重要聚餐时经常使用的白色桌布的触感……这位大师拥有神奇的魔力，只用火就可以将生食变成美味佳肴。他的作品可能是让您失去理智的鲜美大虾，也可能是让月亮落在盘子上的马铃薯和鱼汤。

桑蒂·桑塔玛利亚对当地食材充满热情，但这给他眼中最出色的地中海美食和西班牙美食却带来了威胁，并最终在专业烹饪界引起了争议和分歧。在《裸奔美食》（*Cocina al desnudo*）[22]一书中，桑蒂·桑塔玛利亚对快餐店的兴起表示遗憾，并愤怒地抨击了费兰·阿德里亚积极倡导的"分子美食"。对许多人来说，此刻正值西班牙的前卫美食开始获得国际认可和赞誉的大好时机。尽管作者在书中提出的一些问题的确存在由来已久，尤其是关于食材安全性的质疑，但《裸奔美食》的一些观点仍显得过于苛责且毫无必要。会不会是嫉妒激发出了他最糟糕的一面？对于那些非常了解桑蒂·桑塔玛利亚的人来说，这个推断完全不合时宜。正如费兰·阿德里亚在其职业生涯之初一样，桑蒂·桑塔玛利亚是当地食材和地中海美食文化的坚定捍卫者：遵循历史传统，从海洋和高山中获得真正的美食。去最靠近海边的港口午后市场买鱼，去最近的山区买蘑菇和羊肉，去比利牛斯山脚下的维克镇买香肠和新鲜的松露，这些食材经过专业的当地大厨之手，就可以飞升到美食体验的最高境界。

往北边 100 公里处，是西班牙著名记者约瑟夫·普拉（Josep Pla）最喜爱的安普尔丹地区。在这里，费兰·阿德里亚采用了独特的烹饪方法，他的斗牛犬餐厅（El Bulli）风靡一时。费兰·阿德里亚的作品令人叹为观止，他所遵循的方法完全是原创的。约瑟夫·普拉被认为是当代加泰罗尼亚文学的最佳叙述者、杰出的美食评论家和传统加泰罗尼亚美食的捍卫者。他是否体验过当时斗牛犬餐厅的菜肴？谁知道呢。但是，我们绝不能低估美食爱好者们的能力，包括约瑟夫·普拉。在斗牛犬餐厅成为成千上万的年轻厨师、年长厨师和美食评论家的关注点之前，在费兰·阿德里亚以极端前卫的烹饪方式登上《时代》杂志的封面之前，也许约瑟夫·普拉早就去过斗牛犬餐厅了。在西班牙，专业烹饪的历史可以分为两个阶段：费兰·阿德里亚之前和费兰·阿德里亚之后。

斗牛犬餐厅原名庄园斗牛犬餐厅（La Hacienda del Bulli），位于著名的布拉瓦海岸，距离玫瑰港 7 公里，在法国和德国的美食爱好者中曾广为人知。庄园斗牛犬餐厅的主打风格是地中海美食，由德国医生汉斯·席林（Hans Schilling）和他的捷克斯洛伐克妻子马尔凯塔（Marketta）共同创立。席林夫妇有一只纯种法国斗牛犬。

1975年，让－路易斯·内歇尔（Jean-Louis Neichel）被任命为首席厨师兼经理。内歇尔受到了阿兰·沙佩尔的强烈影响，他的到来标志着这家餐厅今后的发展方向，并使它最终成为全世界最具创意和创造力的餐厅。1976年，斗牛犬餐厅被授予米其林一星。随后，紧接着被授予米其林二星。此时，餐厅的主打风格是带有浓郁法国风味的正餐。

1981年，新任经理朱迪·伊索莱尔（Juli Soler）极有远见地聘用了一名22岁的加泰罗尼亚厨师。这名厨师虽经验不足，但才华横溢，他就是费兰·阿德里亚。对于阿德里亚来说，烹饪更像是本能，而不是一项职业。除此之外，伊索莱尔还决定简化餐厅的名称为斗牛犬餐厅。伊索莱尔和阿德里亚开始了漫长的学习过程，而斗牛犬餐厅也开始发展自己的风格，最终成为世界上最卓越的餐厅之一。这段旅程深刻地影响了伊索莱尔和阿德里亚独特的风格和思维方式。就像之前对内歇尔一样，席林夫妇也给予了阿德里亚完全的支持，他因此得以在国外工作学习了几个月的时间。1987年，这位年轻厨师已经成为斗牛犬餐厅厨房的负责人。

夏季，餐厅向公众开放，供应午餐和晚餐。冬天，阿德里亚和他的团队则努力为来年准备新的菜单。一开始，他们的灵感很明显都来自地中海，或更确切地说，来自安普尔丹地区和海边的玫瑰港。在那里，传统的地道美食通常是美味的米饭、鱼肉、雪梨炖鹅、萝卜炖鹅，或更为精致的"山味和海味"风格（西班牙语是"mar y montaña"，在英语中又称"surf and turf"）。紧接着，新式美食以及其他料理（例如日本料理）的影响就显而易见了。开心果天妇罗就是日本料理对斗牛犬餐厅菜肴影响深刻的一个很好的例子。开心果壳可以吃吗？好吃吗？阿德里亚的答案是肯定的，其他人也表示同意。

阿德里亚的第一本书《斗牛犬餐厅：地中海的味道》（*El bulli: El Sabor del Mediterráneo*，1993）让人们对厨师这个处

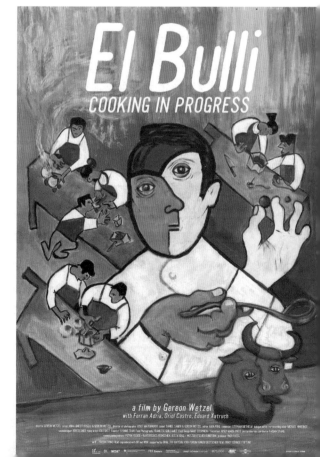

《斗牛犬餐厅：烹饪进行中》，海报，
2010 年

于不断发展中的职业有了一定的了解。书的索引介绍了在菜肴准备工作中可以遵循的一系列新方法：基于艺术形式的"灵感"，对已经存在的菜谱进行"调整"，以及以随机方式搭配各种元素。阿德里亚称最后这种方式为"关联"[23]。书中展示的食谱分成不同的章节：小吃（Tapitas）、山味和海味（Mar y Montaña）、玫瑰港特产（Subasta de Roses）、斗牛犬餐厅特色（El Bulli）和基础菜谱（Recetas Básicas）。在斗牛犬餐厅，午餐和晚餐上菜之前，您可以在一个俯瞰大海的漂亮露台上享用各种小吃：这些小型艺术品使用的食材搭配绝妙、口感极佳，搭配喝上一杯雪利酒，就是再完美不过的用餐体验。这些小吃有：烤茄子、培根和兔排骨作浇头的古柯（coca）、贻贝茴香汤、焗海胆、墨鱼大骨酢浆草……

当阿德里亚决定在他的第一本书中展示安普尔丹地区的菜谱时，"山味和海味"的概念并不是什么新鲜事。在加泰罗尼亚，咸和甜、甜和酸、红肉和白肉的组合可以追溯到中世纪。阿德里亚在《斗牛犬餐厅：地中海的味道》中写道："如果没有这种联系，我的美食根本就不可能存在。"大骨鱼子酱（Tuétano con caviar）这道菜在厨师同业和美食评论家中广受赞誉。这道菜，用烤大排和花椰菜泥做底，在上面放上丰厚的鱼子酱，就像保罗·博库斯所评价的那样，是"一道出类拔萃的菜肴"。此外，《斗牛犬餐厅：地中海的味道》一书中还包括了其他著名的菜肴，如松鸡龙虾、鹅肝扇贝、洋葱炖猪蹄、海参和牛肝菌等。这些菜肴的做法相当复杂，得到了品味不俗的人们的赞赏。随后，阿德里亚还出版了更多的书籍。在他的指导下，新烹饪技术在阿德里亚的追随者中

费兰·阿德里亚，在专业的烹饪领域
推行改革的大厨

引起广泛讨论并得到大力推广，尽管有时也会遭到一些美食评论
家和厨师的误解。当阿德里亚在发表的文章和演讲中讲解新概念
时，通常就会引起争议。在阿德里亚位于巴塞罗那的让人印象深
刻的工作室里，他不断添加着人们闻所未闻的美食产品。最重要
的是，与此同时，来自西班牙乃至全球各地的数十位年轻厨师正
在斗牛犬餐厅的厨房里接受培训，他们在一座宏伟的牛头雕塑下
进行着烹饪课的学习。

斗牛犬餐厅（极可能是当代全世界最著名的餐厅）数年来一
直站在创新的最前沿，于 2011 年最终谢幕。阿德里亚在这里举

办了告别晚宴，仅邀请了一些朋友参加。费兰·阿德里亚、已故的朱迪·伊索莱尔和斗牛犬餐厅圆满完成了他们的使命。他们的继任者是国际知名的罗卡之角餐厅（Can Roca）。与斗牛犬餐厅时代相比，罗卡兄弟的美食主张相当不同，但是创意和创新仍然是他们工作的核心。

阿德里亚从来不缺精辟的见解和新鲜的主意，他目前只专注于教育和烹饪界的未来发展。阿德里亚不必等待历史来认可他的伟大贡献；在人类的烹饪美食史上，他已经扮演了举足轻重的角色。现在，他专注于思考和演讲。

正是由于第一代和第二代的巴斯克和加泰罗尼亚大厨做出了革命性贡献，加上西班牙全国各地千千万万名厨师的共同努力，西班牙的饭店和旅馆业得以与世界其他地区相同或更快的速度发展。要知道，自中世纪以来，西班牙的情况就没这样乐观过，只有加泰罗尼亚在地中海世界稍占上风。受到初代和二代大厨们的深刻影响，西班牙第三代才华横溢的厨师们正在逐渐成长。这一代大厨包括：胡安·玛丽·阿扎克的女儿埃琳娜·阿扎克（Elena Arzak）、巴斯克穆加里兹餐厅（Mugaritz）的安多尼·路易斯·阿杜里斯（Andoni Luis Aduriz）、阿斯图里亚斯武术之家餐厅（Casa Marcial）的纳乔·曼萨诺（Nacho Manzano）、里奥哈埃乔伦餐厅（El Echaurren）的弗朗西斯·潘涅戈（Francis Paniego）。现在，西班牙的大厨们不仅在西班牙餐厅里发光发热，而且在其他国家的众多知名餐厅中也闪耀着光芒。此外，美食评论家和爱好者们也在寻找着不同类型的美食体验。在过去的几年中，西班牙大厨们更加自由地发展着自己的个人风格。有些人决定追随大师的脚步，其他人则选择返璞归真，重返母亲做的菜肴并使用自己在菜园中种植的食材。他们明确地知道该怎么做以及如何说服他人加入，他们创作的菜谱以巴斯克语、卡斯蒂利亚语、加泰罗尼亚语或加利西亚语编写。

纳乔·曼萨诺对传统美食的现代做法

Delicioso

A History of Food in Spain

第八章

西班牙的地区美食

直到 20 世纪，许多大厨和美食作家都坚定地捍卫着西班牙地区美食不容置疑的存在感。他们认为，这些传统美食成功地抵御了国际化美食的侵袭，成为西班牙经典美食的真正代表。但他们没有意识到，到了 2017 年，在西班牙，"地区"这个名词已变得政治不正确。正如本书开头提到的，根据大多数国民的投票，新宪法在 1978 年更新了西班牙的行政地图，用"自治区"代替了"地区"。那么，西班牙美食是否应当继续使用"地区"这个单词，还是最好使用各自治区特有的不同方言来命名呢？令人遗憾的是，蜡拉、巴尔达吉、多米尼、"帕拉佩雷伯爵夫人"、"陛下的大厨"、普拉和其他许多大师此刻已不再与我们同在，不然他们一定可以就这个复杂的问题分享一些见解。

在西班牙的很多地区，美食使用的食材都十分类似，尽管有些地区偏向于更浓郁、更特殊的口感。它们无一例外都受到了地理、气候、水、土壤、传统以及历史（这一点毫不意外）的影响。在绘制西班牙美食地图时，应充分承认并考虑到这些方面，并撤除掉一些民族主义和敏感性的观点。西班牙的地区美食有着

数百年的历史和文化，其独特性被西班牙美食家承认并捍卫，是
伊比利亚半岛、巴利阿里群岛和加那利群岛复杂的美食地图不可
或缺的一部分。这些地区美食通常都包括炖菜和土豆鸡蛋饼，这
两道菜肴是极少数可以被认为代表"西班牙全民特色"的菜肴。
此外，地区美食里还可以找到时尚的西班牙小吃、美味的米饭、
优质的面包、派对美食和当地葡萄酒。

西班牙的地区美食：过去和现在

近期，某记者采访了一位著名的巴斯克厨师，询问他如果与
其他大厨一起在加泰罗尼亚旅行，他们会选择去哪家餐厅就餐。
他回答说："西班牙人餐厅"（Hispania）。这是一家由帕基塔·雷
克萨奇（Paquita Rexach）和洛丽塔·雷克萨奇（Lolita Rexach）
两姐妹掌勺的西班牙人餐厅，在过去的五十年间一直为顾客提供
正宗的加泰罗尼亚菜。如果记者问的问题是这位大厨与朋友们在
巴斯克地区最喜欢去的餐厅，那得到的答案很可能是："圣塞瓦
斯蒂安的美食学会"。

西班牙人在情感上十分依恋他们的家乡和童年的食物。在西
班牙，每个村庄和城镇都有自己的特色菜。在当地人眼里，特别
是旅居国外的当地人眼里，这是人类可以享用到的最好的美食，
尤其是母亲们准备的特色菜。这一情况可能并不是西班牙独有
的，但我们在谈论到西班牙美食时，这无疑是一个需要充分考虑

的重要因素。"地方主义美食"指的是在人们的家乡（或更确切地说，出生的乡镇小区）那些遵循当地饮食传统制作的特色菜肴。乡镇小区是指根据地理、气候、土壤、农业和市集等因素而自然形成的区域划分，在许多城市中都普遍存在。随着 19 世纪铁路的出现以及 20 世纪 50 年代高速公路的通车，西班牙的地区美食几乎是第一次接触到了其他区域的影响。当然，自中世纪以来，西班牙内部曾出现过多起跨区移民潮，人们最开始从北部来到南部开荒，之后又从较贫穷的南部去工业发达的北部和东北部寻找工作，出于这一考虑，地区美食可能早就越过了地理壁垒的限制。

　　要了解西班牙的地区美食，必须回过头来分析西班牙每个地区独有的特点。这是一个复杂的问题，因为西班牙的地区多样性十分丰富。全面分析地区美食的最佳途径是绘制一张虚拟的美食地图。通过这张虚拟地图，我们可以穿行于那些自然形成的乡镇小区，探索地貌景观和市集，观察当地的人、食材、菜谱甚至炊具。现代交通和高速公路打破了那些为地方主义提供鼓励和保护的地理壁垒，其影响对农村地区最为明显。尽管如此，在许多本地市集上，食品仍然主要由本地自产自销，仅仅有很小一部分产自邻近地区，由流动商贩购入。不幸的是，这样自给自足的环境已经开始受到威胁。

从汹涌的大海到内陆高地

　　从加利西亚到西法边界，汹涌的大海、古老的山脉和半岛上最好的牧场构成了"绿色西班牙"的特色。玉米自美洲传入这里以来，就一直作为粮食和饲料被广泛种植。当地人对白豆、红豆、黑豆、猪肉、猪肉制品以及奶酪情有独钟：加利西亚的特迪亚乳房奶酪（Tetilla）、阿斯图里亚斯的卡巴莱斯奶酪（Cabrales）、坎塔布里亚的切苏可斯奶酪（Quesucos）和巴斯克地区的伊迪亚萨瓦尔奶酪（Idiázabal）尤为著名。由于冬季寒冷潮湿，加利西亚和阿斯图里亚斯的农舍通常会熏制大量的猪肉、香肠和黑布丁。而在坎塔布里亚和巴斯克地区，熏肉则相对不那么流行。在这里，最受欢迎的是从比斯开湾或大西洋里捕捞上来的海鲜：贝类、鳕鱼、鲅鳒鱼、大菱鲆、长鳍金枪鱼、沙丁鱼、鳀鱼、章鱼和鱿鱼。从海洋或高山的视角观察陆地，很容易觉得西班牙北部地区之间几乎没有差别。但事实并非如此。即使这里长年薄雾缭绕，充满了神秘感，但悠久的历史、传奇故事、人民的性格、语言和烹饪方式在方方面面彰显着各个地区独有的特点。

加利西亚、阿斯图里亚斯、坎塔布里亚和巴斯克地区

在加利西亚的乡村中，总是萦绕着海洋和燃烧木材的味道、松树和桉树的清香，以及海鲜和玉米面包的香气。作为热腾腾的肉汤和炖菜中最出彩的配料，肥厚的卷心菜装饰着伊比利亚半岛西北角的这片土地。在这里，当地人遵循古老的遗产法分配土

地。小巧袖珍的小庄园（minifundia）和狂野崎岖的海岸地貌，在当地的地域景观上留下了无法磨灭的痕迹。自远古时期以来，来到这里的探索者和定居者就认为这里是世界的尽头。最终，凯尔特人选择在此定居。在靠近内陆的地区，基督教城市圣地亚哥·德·孔波斯特拉静静等待着朝圣者抵达朝圣之路的终点，他们满怀自我救赎的希望一路前行。朝圣者期待着能在朝圣之路的终点亲吻圣徒的长袍，得到心灵的平静，也会顺便喝上一杯产自当地的阿尔巴里尼奥（Albariño）、瓦尔德欧拉斯（Valdeorras）或里贝罗（Ribeiro）葡萄酒，吃上一块全西班牙最好的土豆鸡蛋饼。在朝圣者逗留期间，这座中世纪大学城里有成百上千的小餐馆为他们提供优质的面包和一系列用土豆、栗子、牛肉、萝卜与腌肉烹制的美味佳肴，更不用说那些大受欢迎的鱼肉和贝类菜了。这些餐馆的大门永远为朝圣者敞开，满足了这些匆匆过客的饮食需求。在整个沿海地区，灰色的石头房屋、绿色的植被、多雨的灰色天空与绚丽明亮的水色和海湾海岸形成了鲜明对比，加利西亚也不例外。

炖菜

如果只能选择一道菜作为西班牙地区美食的代表，那么炖菜（也称为炖锅）绝对是不二之选。在西班牙语里，名词"炖菜"（cocido）来自动词"炖"

（cocer），也就是煮沸的意思。炖菜不是特指一道菜，而是泛指一系列的菜肴。这些菜肴的食材通常都包括蔬菜、豆类、意大利面、肉和香肠，但菜名和具体食材则根据不同地区的烹饪传统和语言略有变化，如：马德里炖菜（cocido madrileño）、加泰罗尼亚肉菜炖锅（escudella i can d'olla）、阿斯图里亚斯炖锅（pote）、坎塔布里亚野味炖锅（cocido montañés）和安达卢西亚杂烩炖（puchero）。炖菜使用的肉类通常包括牛肉、家禽和香肠，肉的数量和质量则根据各家各户具体的经济状况而定。在某些地区，炖菜分为三道菜上桌：头盘是汤，随后是豆类蔬菜，最后是香肠和肉。此外，人们通常还会在炖菜汤中加入意大利面。在马德里，当地人使用新鲜烹制的番茄酱搭配肉类烹煮，但经过长时间的炖烧后，番茄酱的口感往往会变得略干。鹰嘴豆是卡斯蒂利亚和安达卢西亚炖菜的基本配料，但在加利西亚、阿斯图里亚斯甚至加泰罗尼亚，炖锅使用的豆子则有不同种类，如：扁豆或加泰罗尼亚腰果（ganchet）。

炖菜可以最大限度地利用本地食材，它的制作难易程度和所需食材的数量在各个地区略有不同。一些历史学家就此认为，炖菜可能同时起源于不同的地区。其他历史学家认为，这道菜是中世纪的烂炖锅（olla podrida）相对低调的衍生品，甚至认为它起源于犹太人的鹰嘴豆炖羊肉（adafina）。传统上，塞法迪犹太人通常在星期五烹制这道菜，在安

息日（犹太教星期六）食用。制作鹰嘴豆炖羊肉这
道菜，犹太厨师首先使用橄榄油烹制菠菜或蘋菜叶、
羊羔肉或山羊肉、几把事先浸泡过的鹰嘴豆和几枚
带壳的鸡蛋。随后，在锅中加水并调味。为了遵守
安息日的相关犹太法律，鹰嘴豆炖羊肉一般使用即
将熄灭的篝火烹饪。人们将灼热的木炭余烬覆盖在
锅盖上，通过这个方法极其温和地将食材煮熟，并
保温直至第二天。

　　在 20 世纪 50 年代后期，压力锅的问世解放了
西班牙的家庭主妇，尤其是城市中的妇女更是获益
匪浅。即便在今天，人们也很少使用烤箱来烹制炖
菜，压力锅仍广泛用于制备一些需要长时间烹煮食
材的传统食谱。出门在外，要想找到一家能吃上地
道马德里炖菜的餐厅着实非常困难，但也不是完全
没有可能。享用炖菜最好的时机就是炖菜刚出锅的
时候，否则鹰嘴豆的嫩度还有土豆和肉的口感都会
受到影响。要想尝到完美的炖菜，绝对不可以二次
加热。时至今日，很多当地小餐馆（也被称为经济
型餐馆）仍然按照传统每天提供不同的经典西班牙
菜，其中就包括不少炖菜和炖肉，如：星期一马德
里炖菜、星期二阿斯图里亚斯炖锅、星期三加泰罗
尼亚肉菜炖锅、星期四小扁豆炖香肠、星期五斋月
通心粉、星期六炖豆锅、星期天肉菜饭或西班牙海
鲜饭。

　　这一时期，渔民的生活也发生了翻天覆地的变化，尽管这些

变化不一定都带来了积极的影响。西班牙的渔船队今非昔比，饱受激烈竞争和捕捞业绩的双重压力。尽管如此，在加利西亚仍然随处可见渔民港口和集市。这里每天售卖两次新鲜鱼类，为当地和内陆主要城市（尤其是马德里）的餐厅和集市提供各种食材。在加利西亚，海鲜烹饪是一门专业学问，当地人深谙其道，有许多不同的方法可以熟练地制作海鲜大餐。用无须鳕搭配炸土豆或炖土豆，再加上蒜泥酱（一种用橄榄油、大蒜和红甜椒粉制成的辣酱），这道菜与新鲜的扇贝和贻贝一样尤其受到人们的青睐。在最近的几十年中，当地人在加利西亚海岸大面积海域的避风港中成功地养殖了大量海鲜。这些海湾的浪漫风光甚至可以与挪威的海湾相媲美。加利西亚贻贝、扇贝、普柏磨面蟹和新鲜的海螯虾是市场上最受欢迎的海鲜。随着潮水在漫长的沙滩上开始消退，另一种"朝圣者"出现在地平线上：她们是寻找搁浅在沙滩和浅滩中的蛤蜊和剃刀蛤的妇女们。在陡峭的海边悬崖，勇敢的人们冒险去那些饱受风浪冲击的礁石，在这些尚未被过多探索的地方努力寻找贻贝和鹅颈藤壶（在西班牙，鹅颈藤壶被认为是海中最珍贵的食物）。

　　在加利西亚内陆，每日丰盛的餐食以白菜土豆汤（caldo）开始。这种白菜土豆汤通常加上一块猪油调味，外乡人对这道菜的态度分成两个极端：极其喜爱或极度憎恶。白菜土豆汤有很多不同的做法，几乎每户人家、酒吧和餐厅都有自己的版本。有趣的是，白菜土豆汤的菜名还被用于另一道菜，这道菜肴与西班牙各地制作的传统炖菜更加接近，配料主要有白豆、土豆、蔬菜、美味的猪肉和大量的当地香肠。这里的猪肉可以是猪肋、猪尾、猪耳或猪肘。猪肉和蔬菜也是另一道经典加利西亚菜——芸苔叶炖猪前腿（Lacón con grelos）的基本食材，这道菜使用萝卜和熏制腌猪前腿（lacón 在加利西亚语里表示猪前腿）烹制而成。

　　直到不久之前，加利西亚一直被认为是西班牙最贫穷的地区之一。尽管如此，加利西亚从未在夏季欢乐而丰富的节庆活动上节省开支。这里有着上千种不同的节日和圣像游行庆典。在这些节日期间，人们通常会举行野餐以纪念守护神和圣母玛利亚。章鱼是加利西亚的节日食品。任何契机都可以用来鼓舞人们生火煮沸水，用大铜锅来烹饪当地捕捞上来的大章鱼。加利西亚章鱼（pulpo á feira）通常可以在专门的小吃摊尝到，新鲜煮过的章鱼被放在盛有橄榄油和煮土豆的木盘上，再撒上红甜椒粉。肉馅饼（empanada）也是一道常见的节日美食。如果在夏日旅行、海边一日游中或家庭聚餐上没有肉馅饼，这对加利西亚人来说是无法想象的。肉馅饼的面皮使用玉米或小麦粉制成，馅则根据季节而定，通常为沙丁鱼、金枪鱼、贻贝、鸟蛤或使用腌鳕鱼加上藏红花和苏丹娜葡萄制成。此外，鸽肉、野兔肉、家兔肉或鸡肉也是不错的选择。加利西亚地区盛产的新鲜栗子，也被当地厨师用来制作浓郁的酱汁，为野味禽类和阉鸡调味。与西班牙的其他许多地区一样，在加利西亚，人们在圣诞节时通常会烹制阉鸡而非火鸡，并配以杏干、李子和甜栗子。调味后的阉鸡需要放入烤箱中烤制，表层涂上少许猪油，随后在摆盘中配上精致的栗子泥。近些年来，一些美食作家将"圣地亚哥杏仁蛋糕"（tarta de Santiago）与在犹太驱逐运动之前居住在加利西亚的塞法迪犹太人联系在一起。但是，到目前为止，还没有书面证据支持这一点。

自 14 世纪起，西班牙王室的继承人就拥有阿斯图里亚斯王子或公主的头衔。阿斯图里亚斯公国位于加利西亚、坎塔布里亚和莱昂地区之间。这是一片美丽的田园世界，大部分时间都被薄雾笼罩。在其狭窄的沿海地带，点缀着北部一些最浪漫的景点，不远处则是高耸入云的山峦和平坦的山谷。这里非常安静，偶尔能听到一些采矿的声音。阿斯图里亚斯公国的食物丰盛而美味，数百年来养育了当地的农民、海员和矿工。与比斯开湾接壤的其他地区相比，阿斯图里亚斯最大的区别也许是陆地的影响远远大于海洋的影响。在阿斯图里亚斯，作为一名农民是一件非常值得骄傲的事，他们有资本比其他地区的农民更加骄傲。尽管如此，这并不意味着捕鱼业无足轻重，只是在这里，捕鱼业退居二线，略次于农业。

在阿斯图里亚斯和西班牙的其他地区，带壳小麦家族的旧谷类食品现在变得十分流行，包括单粒小麦（Triticum monococcum）、二粒小麦（T. dicoccum）和斯卑尔脱小麦（T. spelta）。阿斯图里亚斯的发现促使学者们重新审视他们对小麦的看法。阿斯图里亚斯受大西洋天气的影响，直到最近才被那些研究新石器时代农业和关注小麦常规繁盛地区的学者们所重视。事实上，考古学家在阿斯图里亚斯发现的谷物花粉可以追溯到公元前 5000 年。这是由于脱壳小麦的特性使其能够适应当地不利的气候条件。脱壳小麦具有坚硬的颖片，可以保护谷物不受天气的影响，同时有利于谷物的储藏。它可以在贫瘠的土壤中生长，并且对疾病具有很强的抵抗力。目前，阿斯图里亚斯是西班牙仅有的几个世纪以来仍在种植旧谷类的地区。在这里，农民的收割方式仍然通过手拔或使用木棍制成的传统农具梅索里亚（mesorias）。

据说，阿斯图里亚斯美食与西班牙其他地区息息相关的主要有两道菜：炖锅（pote）和海鲜大锅煮（caldereta）。炖锅是炖菜

在阿斯图里亚斯的库迪列罗港，人们在广场的遮阳伞下享受苹果酒和鲅鳙鱼

家族里的一个版本。和西班牙大西洋和地中海地区渔民烹制的一种鱼肉土豆炖汤类似，海鲜大锅煮是这道菜的阿斯图里亚斯改良版。不过，这道菜和加利西亚、法国西北部和爱尔兰的菜肴也十分类似。毕竟，所有这些区域都曾是凯尔特人的土地。

在阿斯图里亚斯首府奥维耶多的酒吧，所有的菜单上都可以看到炸鮟鱇鱼配一两杯当地苹果酒的套餐。鮟鱇鱼在当地又被称为皮新鱼（pixin）。在奥维耶多，苹果酒被广泛用于制作许多鱼类菜肴。苹果酒炖黑椎鲷（chopa a la sidra）就是一个很好的例子。奥维耶多的另一道代表菜是法贝斯豆炖蛤蜊（fabes con almejas）。这里的河流远离大海，快速奔流的河水从山上飞流直下，河水中盛产鳟鱼和鲑鱼。玉米被广泛使用在许多菜谱中：在鳟鱼外裹上玉米面粉后油炸，并用培根调味。此外，当地人还使用玉米或玉米面粉来制作玉米饼（torto）：一种类似于墨西哥玉米饼的扁平面包，通常需要油炸。在阿斯图里亚斯，还有一种被称为波罗纳（borona）的玉米面包，这种面包与法拉普玉米糊（farrapes）一样非常流行。法拉普玉米糊是一种用玉米、水和盐制成的美味玉米粥，过去曾喂饱了穷人中最穷困潦倒的人。

来自美洲的农产品在阿斯图里亚斯地区被迅速地接纳并广泛传播。玉米自 1604 年被引进阿斯图里亚斯，就立即被种植在小麦难以生长的地区。到 17 世纪末，玉米已大大改善了当地饮食。正如在加利西亚一样，阿斯图里亚斯人也无法想象在乡村若没有奥雷欧悬空粮仓会是什么景象。奥雷欧悬空粮仓是一种传统的木制和花岗岩谷仓，通过吊脚楼的结构悬空，用于存储收获的玉米穗。作为一道通常在冬季食用的菜肴，法布达炖锅（fabada）本质上是一种豆类菜肴，配以熏肉调味。美食历史学家内斯托·卢扬、胡安·佩鲁乔（Juan Perucho）[1]和其他许多美食作家认为，法布达炖锅是阿斯图里亚斯地区美食的代表。最优质的阿斯图里亚斯豆，在当地被称为"法贝斯豆"（fabes），以区分于它的前身——来自美洲的"法瓦豆"（fava）。法贝斯豆是一种非常特殊的美洲豆变种，又称拉格兰哈豆。[2]值得一提的是，法布达炖锅橙色的色泽来自香肠、熏制黑布丁和少量藏红花。

在加利西亚和阿斯图里亚斯，玉米被保存在传统的奥雷欧悬空粮仓中

在首府奥维耶多，甜品店对游客们的吸引力不亚于市中心的大教堂和旧金山广场。除了大米布丁、饼干、苹果或榛子蛋糕，很少有人在家中制作糕点和甜品。每一层都薄如纸片的富里叙艾罗千层炸糕（frixuelos）在整个阿斯图里亚斯地区都非常受欢迎。富里叙艾罗千层炸糕又称富乐拉千层薄煎饼（fiyuelas）或法乐拉千层薄煎饼（fayueles），通常和狂欢节食品联系在一起。在西班牙的其他地区也有类似的甜品，只是各个地区叫法不同，如：加利西亚的富罗拉千层煎饼（filloas）和卡斯蒂利亚的霍乐拉千层煎饼（hojuelas）。在《烹饪和制作糕点、饼干和蜜饯的艺术》一书中，17世纪的皇家大厨弗朗西斯科·马丁内斯·孟蒂尼奥曾描述过一道被称为水果千层饼（fruta de fisuelos）的菜谱。这道甜点的配料主要有：牛奶、葡萄酒、面粉、鸡蛋和盐，首先需要用大量的猪油煎出千层饼，然后在上面撒上蜂蜜或糖。[3]马丁内斯·孟蒂尼奥有可能为他的主人阿斯图里亚斯王子，也就是未来的费利佩三世制作过这道甜点。作为一名非常细致的厨师，孟蒂尼奥为读者提供了许多细节，这些细节与富里叙艾罗千层炸糕的特点非常类似。在阿斯图里亚斯，大米布丁的起源随着时间的流逝不得而知，通常布丁上覆有一层美味的焦糖壳。卡萨迪耶尔卷（casadiele）是一种核桃奶油夹心的油炸糕点，被认为起源于罗马，尽管大多数的当代阿斯图里亚斯糕点和甜品都只能追溯到19世纪。奥维耶多的卡尔巴永盒子（carbayone）也是一种油酥糕点，由柠檬皮和杏仁制成。

　　坎塔布里亚位于阿斯图里亚斯和巴斯克地区之间，是牛奶和柠檬之乡。作为卡斯蒂利亚最主要的出海通道，坎塔布里亚的历史与卡斯蒂利亚紧密相关。今天，坎塔布里亚是一个发展成功的自治区。这里被群山环抱，欧罗巴山脉俯瞰着无数风景如画的山谷。但和阿斯图里亚斯的山脉相比，坎塔布里亚与高山之间隔着更远的距离，这使得山脉和海洋之间的过渡更加缓和。

　　蒙塔尼斯（Montañés）是坎塔布里亚人用来表达尊敬时使用的一个单词。它也可以指山区。山区居民的故乡，也是美味炖菜的起源之地。在当地人眼里，炖菜里使用的当地绿色卷心菜与肉类和鹰嘴豆一样缺一不可。与坎塔布里亚相关的菜肴还有铁路锅（olla ferroviaria）。这道菜的名字源于在木炭炉上使用的大型锅具。火车司机和售票员在火车上工作时，通常会使用这样的炊具。工作人员通常在火车头烹饪。随着火车沿着铁轨向前行驶，袅袅炊烟和土豆鸡蛋饼、烤鸡腿、烤苹果的诱人香气交织在一起，萦绕在乘客的车厢里。此外，乘务员通常会在皮革酒囊里装上南部生产的葡萄酒，时不时沿着车厢售卖。尽管在火车上，如今这一设计巧妙的炉灶早已消失，但在马塔波特拉小镇每年举行的当地比赛中，您仍然可以品尝到不同的铁路锅。

　　拉雷多、科米利亚斯、坎塔布里亚的首府桑坦德，尤其是历史悠久的桑提亚纳德尔玛，每年吸引着成千上万的游客在夏季来到这里寻找美食，参观史前的阿尔塔米拉洞穴。在拉雷多，海滩上大型烧烤与当季新鲜沙丁鱼的香气一样让人无法抗拒，这些沙丁鱼通常是在炽热的炭火余烬中快速烤制而成的。坎塔布里亚人从安达卢西亚人那里学到了炸鱼的技能，也成了这方面的专家。在当地，使用橄榄油炸制而成的炸鱿鱼片被称作拉巴斯（Rabas），口感酥脆鲜嫩。当地厨师通常不会将鱿鱼切成圈状，而是切成土豆片的形状。

在夏季开始时，人们为了品尝凤尾鱼，借机参观一些当地村庄或酒吧。新鲜的凤尾鱼被称为博卡特斯鱼（bocarte），但如果是腌制过的，则被当地人称为腌鳀鱼（anchoa）。穿过拉雷多海湾，就来到了圣托尼亚小镇，这里意大利居民几乎和西班牙人一样多。在19世纪，许多西西里人举家搬到圣托尼亚，他们带来的家庭手工业很快成为西班牙北部海岸最重要的产业之一。和当地人相比，这些意大利人更了解如何使用盐更好地保存凤尾鱼。

当地人一般使用本地的日常食材在家中烹制各式甜点。此外，这些甜点也可以在当地最受欢迎的传统餐厅里尝到。炸牛奶（leche frita）听起来不那么吸引人，但绝对值得一试。要做出口感上乘的炸牛奶，需要的食材有：用本地农场生产的黄油和牛奶制成的低脂奶油酱、面粉、糖和当地的柠檬皮。首先将奶油酱切成小方块，外表轻轻裹上一层面粉以保持形状，浸入鸡蛋液后在橄榄油中炸制。在与巴斯克地区相邻的坎塔布里亚海滨乡村地区，茂盛的柠檬树林苗壮成长，这让人尤其感到意外。

如果您询问任何一位西班牙人，在哪里可以找到全西班牙最好的美食，他们给出的答案一定是巴斯克地区。在这里，人与美食之间的完美对话成为生活的常态，甚至可以说是一种精益求精的痴迷。在巴斯克，无论是业余人士还是专业人士，每个人都可能是潜在的大厨。

如何保存鱼类是坎塔布里亚沿海地区一项代代相传的艺术

　　自史前时代以来，神秘的巴斯克人一直居住在靠近比利牛斯山脉西端的土地上。巴斯克历史大区有六个省，其中有三个位于比利牛斯山脉以北的法国。吉普斯夸省和比斯开省位于西部沿海地区，第三大省阿拉瓦则位于内陆。尽管这六个省的人们都说着相同的巴斯克语，并十分热爱辣椒，但法国巴斯克人更喜欢肉类，西班牙巴斯克人则使用鱼类作为主要食材来制作大多数的菜肴。[4]

　　想要准确地定义巴斯克美食是十分困难的。从质朴的农家菜到上层资产阶级精美的菜肴，巴斯克式烹饪有着许多不同的灵感来源，都秉承着传统的烹饪方法。内陆的阿拉瓦与沿海的吉普斯夸和比斯开之间，烹饪方式略有不同，但它们都以能充分利用当地时令食材而自豪。春季来临，市场上出现了第一批豌豆。这些豌豆产自当地的小农场菜园（caserío），品相越小越好。在巴斯克，洋葱炒豌豆（guisantes salteados con cebolletas）甚至不需要使用火腿增味（尽管在西班牙的其他地区，蔬菜和豆类菜通常都需要加入火腿）。初秋时节，博恰豆（pocha）上市。这种豆子在纳瓦拉和里奥哈地区也因其浅色而被称为"小嫩豆"，但在吉普斯夸的托洛萨镇，博恰豆的颜色是黑色的，又称阿鲁比亚豆（alubia）。在小农场的菜肴中，博恰豆一直是一种主要食材。在巴斯克和纳瓦拉北部，小农场遍布各地，每隔几公里就可以看到一家。这些小农场作为独立的经济和社会单位，仍然在巴斯克农村生活中占据核心地位。在巴斯克地区，小农场象征着美德，自觉地保护着它所蕴含的一切。每一个小农场都有自己的名字，通常以它们所属的家族命名。在这些小农场里，直到不久之前，阿鲁比亚豆仍是人们每日的主食，通常和猪五花肉、洋葱、少许橄榄油、猪排、黑布丁、当地白菜和大蒜一同烹制。此外，还会配有少量腌制的皮帕拉绿椒（piparra）。

　　几个世纪以来，巴斯克男人一直在寻找在家之外可以吃饭、喝酒以及会友的地方。在巴斯克地区，创建于中世纪的苹果酒屋和成立于 19 世纪的美食协会风头仍然强劲。在距离圣塞瓦斯蒂安不远的阿斯蒂加拉加小镇，苹果酒屋通常在 1 月至 4 月期间向公众开放。4 月开始，苹果酒就开始装瓶了。这里，顾客们可以品尝到直接从发酵大木桶中盛取的苹果酒。有时，顾客会自己带来牛排或大鲷鱼，放在苹果酒屋的公用厨房里烧烤，或者他们也会点一些苹果酒屋厨房提供的菜肴，如：炸鳕鱼和腌鳕鱼煎蛋饼，这两道菜几乎已经成为苹果酒屋菜肴的代名词。腌鳕鱼煎蛋饼，听起来不怎么样，但味道绝对比菜名听起来好吃一百倍。制作这道菜，需要用慢火翻炒甜洋葱、青椒、腌鳕鱼片和鸡蛋。

　　　　除了烹制鱼类，巴斯克美食还使用特殊的烹饪方法
　　来制备肉类、蔬菜以及各式甜点和蜜饯。但毫无疑问，
　　赋予巴斯克美食以独特个性的是其制作和烹饪海产品的
　　方法。

　　1979 年，西班牙科学家、历史学家、哲学家和作家格雷戈里奥·马拉尼翁（Gregorio Marañon）在《尼克拉斯的厨房》（*La cocina de Nicolasa*）一书的序言中写下了上面这段话。

　　在巴斯克地区，人们对鱼类的质量、多样性和新鲜度的讨论就像对天气和政治的谈论一样充满热情。在圣诞节时，鳗鱼

（angulas）和鲂鱼（besugos）可以卖出天价。在卡苏埃拉陶锅里烹制鳗鱼，仅需使用橄榄油、大蒜和干辣椒，一分钟就可以出锅。

夏天到了，正是品尝金枪鱼的季节。马米塔科金枪鱼锅（marmitako）是一种渔民炖锅，使用土豆、西红柿、青椒和一种被称为长鳍金枪鱼的浅色金枪鱼制成。贝尔梅奥新鲜凤尾鱼酱（al estilo de Berneo）是朋友聚会时的一道佳肴。聚会中，每人负责处理三到四条新鲜凤尾鱼，并轮流用一分钟左右的时间在装有热橄榄油、辣椒和大蒜的锅中快速烹煮这些食材。

无论是油炸、在烤箱中烘烤，还是用浓酱烹制，只要口感足够新鲜，无须鳕鱼就会得到巴斯克人的高度赞赏。但要想做成一道纯正的辣酱鱼（merluza en salsa verde），则需要经过美食协会认证的大厨耐心而精致的处理。在整个巴斯克、纳瓦拉和里奥哈地区都可以找到这样的平民协会，人们聚集在那里打牌、唱歌，最重要的是自己给自己做饭。这些美食协会最早成立于大约两个世纪前，但是现代巴斯克人生活方式的急剧变化正威胁着它们的生存。在历史上，妇女们被禁止踏足美食协会，直到近些年才被允许进入。如今，妇女们可以在一周的某几天通过会员的邀请来到美食协会享用午餐或晚餐，但仍然被禁止进入厨房。对那些捍卫美食协会传统精神的人们来说，"妇女破坏了和谐"。在他们看来，美食协会是纯粹属于男人的空间。这是由男人们创立的协会，他们在这里烹饪食物是为了自己独享或与其他哥们一起享用。男人们在美食协会实践着从母亲和祖母那里学到的烹饪技术，通常会使用传统的卡苏埃拉陶锅。除鱼类之外，小型野禽也是美食协会烹饪传统的另一个特色。

一些美食作家可能会说，在巴斯克地区野味菜肴备受欢迎，其原因，与其说是出于当地人对野味的由衷爱好，还不如说是当地打猎传统的结果。但事实并非如此。在巴斯克地区，野味菜肴的烹饪受到了法国、纳瓦拉和里奥哈北部地区烹饪方式的深刻影响。苹果汁酱鹌鹑（codornices con salsa de manzana）作为一道巴斯克特色美食，浓缩了巴斯克精神、苹果酒屋风俗和当地的美食协会传统。制作这道菜，需要用苹果、胡萝卜、洋葱、韭菜、白葡萄酒、苹果酒和当地白兰地制成的酱汁来烹制鹌鹑。

每年1月19日的晚上，圣塞瓦斯蒂安的美食协会向公众敞开大门，庆祝一年一度的打鼓节（La Tamborrada），这可能是一年中最重要的节日。整整一夜，身着军乐队制服的鼓手和身着白色制服的厨师组成方阵，列队游行于小镇的整个旧城区。在这里，每个美食协会都有自己的鼓手和厨师小方阵。游行结束后，所有的鼓手和厨师欢聚一堂，共进晚餐。关于打鼓节的起源有许多不同的说法。一些人认为，打鼓节可以追溯到拿破仑战争时期，当时圣塞瓦斯蒂安有重兵驻守，士兵的数量甚至多于平民。每天早上五点，镇上的面包师们会去镇上的一个公共水井处取水，此时正值卫兵换岗。面包师们半开玩笑地在大水罐和水桶上敲击节奏，以呼应卫兵们换岗的鼓声。时至今日，打鼓节上的厨师方阵是不是代表着过去的那些面包师呢？也许是吧。还有一些人持有其他观点。狂欢节化装舞会游行时，人们经常穿着滑稽的短裙、

人们打扮成厨师和士兵，庆祝圣塞瓦斯蒂安的打鼓节

　　大声唱歌讽刺当局，打鼓节会不会与此有关呢？可以确定的是，作为圣塞瓦斯蒂安最早的美食协会之一，艺术大师联盟（Unión Artesana）在 1871 年作为初创者组织了打鼓节，时至今日仍在参加每年的庆典活动。每年的 1 月 19 日，艺术大师联盟内部为民众提供传统甜点，如：核桃奶酪、果冻、乳酥（mamia）、巴斯克蛋糕（pastel vasco）和杏仁奶油饼（frangipane）。

　　距离圣塞瓦斯蒂安不远，在通往纳瓦拉小庄园的路上，比利牛斯山脚下的不少小镇里还流行着一种古老的杏仁甜汤（intzaursalsa），由核桃、糖、肉桂、水和牛奶制成，通常由外婆烹制。制作这道甜汤，首先需要将核桃包裹在一块厚白布中，用木槌将核桃压碎，直到其变成毫无颗粒感的核桃糊。随后，在核桃糊里加入肉桂，在沸水中煮熟，直到水几乎完全蒸发为止，此时再加入牛奶和糖。继续熬制，直到核桃糊变稠呈淡奶油状，最后撒上少许肉桂粉。

在比利牛斯山脉的周围

在纳瓦拉北部、阿拉贡北部和加泰罗尼亚西北部，有很多小城镇修建于西班牙一侧的比利牛斯山脉上。这些小镇的名字通常与天主教、圣地亚哥朝圣之路以及法国和巴斯克人之间的中世纪战争有关，如：哈卡、乌赫尔教区和朗切斯瓦莱斯（传说中圣骑士罗兰的葬身之地）。

圣地亚哥朝圣之路有两条不同的分支，都起始于比利牛斯山脉，分别通往里奥哈和卡斯蒂利亚－莱昂。一条分支的起始点在纳瓦拉的朗切斯瓦莱斯，另一条分支的起始点在阿拉贡的哈卡。这两条分支在蓬特拉雷纳小镇汇合，这个小镇在亚当·霍普金斯（Adam Hopkins）令人回味无穷的《西班牙之旅》（*Spanish Journeys*）一书中被描述成"地球上最美丽的乡村"[5]。

在中世纪，遵循法国的宗教指令，人们在圣地亚哥朝圣之路沿途开设了大量修道院和医院，用来向成百上千名长途跋涉穿越比利牛斯山脉前往圣地亚哥的朝圣者免费提供简单的食物。春天，高山上的雪开始融化，朝圣者又开始穿越法西边界，而当地的野外爱好者则跟随着安静的河流开启了捕鱼和采蘑菇之旅。

埃布罗河高地：河边的蔬菜田

　　埃布罗河从坎塔布里亚流入地中海，把沿岸干旱的土地变成了郁郁葱葱的菜田，一路穿越了里奥哈、纳瓦拉南部和阿拉贡等地区，绵延数百公里。这片区域被统称为埃布罗河高地。在这片肥沃的土地上，阿拉伯人于10世纪时修建的灌溉系统至今仍然在继续使用。一年中，这片土地上生产的时令蔬菜被制成了各种当地菜肴，例如：蔬菜什锦（menestra）和圣诞节特色菜杏仁酱菜豆（cardoen salsa de almendras）。蔬菜什锦是一系列菜肴的统称，根据季节而略有不同，通常使用的配料有五或六种不同类型的蔬菜，如：豌豆、洋蓟、芦笋、菜豆、蚕豆、琉璃苣和甜菜白。每种蔬菜都为菜肴增加了不同的风味和口感。制作这道菜，一些蔬菜需要分开煮熟；另一些蔬菜则需要煮熟后裹上鸡蛋液和面粉油炸，如：甜菜白。蔬菜什锦一般搭配一道用洋葱、面粉和少量芦笋汁制成的清淡酱汁。此外，人们通常还用炸大蒜和火腿丁来调味。

　　用面包、鳕鱼、羊肉以及辣椒烹制的菜肴是埃布罗河高地特有的饮食文化。这些以面包作为主要食材的菜肴不仅在埃布罗河高地非常流行，而且在西班牙的其他地区也十分常见。索帕（sopa）不仅是汤的统称，也可以用来特指埃布罗河高地一道十分普遍的特色菜：炸面包块（migas）。炸面包块最初由牧羊人在露天烹制，其历史可以追溯到罗马时代。纳瓦拉的乌胡埃是一座山顶村庄，以 13 世纪的教堂、优质的面包和炸面包块闻名。在乌胡埃，这种不起眼的食物已成为一道知名的特色菜，每个周末都会吸引数百名游客到当地餐馆来品尝。制作这道菜，首先需要将切碎的干面包用水打湿，放置过夜，以使其恢复轻盈蓬松的状态。然后将它们放在铁质平底锅中加热，并加入几勺自制番茄酱、香肠丁和五花肉。在初秋时节制作炸面包块，也可以用葡萄代替腌肉。

　　就像过去的几个世纪一样，时至今日，埃布罗河高地的人们仍然大量食用来自大西洋渔港的腌鳕鱼，但腌鳕鱼如今已变成一种更为有趣的产品。现在，市场上的腌鳕鱼含盐量更低，含水量更高。牛奶炖鳕鱼（bacalao con leche）使用的食材有牛奶、洋葱和松子，而蒜烧鳕鱼（bacalao al ajoarriero）则主要以红辣椒调味。在埃布罗河高地，茴香兔（使用大茴香、肉桂和黑胡椒烹制的兔肉）这道古老的菜肴在许多村庄仍然非常流行。另一道不太古老但同样传统的菜肴是蒜蓉辣椒炖羊肉（cordero al chilindrón）：用干红椒、青椒、欧芹、大蒜和质量上乘的土豆制成浓汤，再加入羊肉煮熟。在埃布罗河高地，许多城镇和村庄都弥漫着辣椒的味道，人们将辣椒挂在阳台上，在阳光下晒干。在纳瓦拉和里奥哈，许多菜肴中使用的辣椒都有着不同的颜色、形状和名字，如：皮奎洛腌辣椒（piquillo）、紫绿色和红色的烤五花椒（entrevarados）或瓶装的水晶椒（pimientos del cristal）等。春季，白芦笋也是特色时令菜，通常配以自制的蛋黄酱或在沸水中加醋煮熟。图德拉小镇以优良的蔬菜闻名于世，这里生产

种植在纳瓦拉埃布罗河畔的科戈略斯菜心

的洋蓟同样十分受欢迎。最近，一些餐厅也开始提供粉色洋蓟，这种古老的洋蓟品种曾出现在 17 世纪桑切斯·科坦精美的油画中，目前濒临灭绝，最终被当地厨师成功拯救。传统上来说，用杏仁酱烹制的粉色洋蓟是圣诞节期间的一道特色菜。另一道经典菜式当属菜豆汤（crema de alubias），这道菜的配料包括色彩鲜艳的红白色卡帕龙豆、猪五花肉、韭菜、胡萝卜、青椒和洋葱，不仅在餐厅里可以看到，普通人也经常在家烹制，通常需要用到老式高压锅。纳瓦拉烤乳猪也非常有名，一般搭配可口的薄脆饼干。

在里奥哈、纳瓦拉和阿拉贡，为生产葡萄酒而种植的葡萄园与橄榄园、果园和菜园平分秋色。人们在初冬修剪葡萄藤，充分利用葡萄藤的各个部分。藤芽被当作燃料，用来烘烤巴斯克红肠

（txistorra）、当地香肠和羊排。每年的 9 月 21 日，在里奥哈省首府洛格罗尼奥举行的传统节日上，烤羊排总是吸引着最多的注意。在城市的每条街道上，烧烤着成千上万的羊排，以纪念酿酒师的守护神圣迈克尔（Saint Michael）。

在埃布罗河高地，酿酒厂向游客敞开大门，欢迎他们来这里寻找一两箱优质葡萄酒和下酒菜。在这里，人们可以品尝到当地的香肠、土豆煎蛋饼、酿辣椒以及不容错过的小羊排。在过去的十年中，一些酒窖投资于最先进的餐厅和酒店，为游客提供当地特色菜、超现代菜肴和高端品酒会。

卡斯蒂利亚：旧世界的引擎

在卡斯蒂利亚的心脏地带是一片高原，俯瞰着西班牙的其他地区。卡斯蒂利亚曾是古老的西班牙王国中最高权力的所在地，如今被分为两个独立的自治区：卡斯蒂利亚－莱昂和卡斯蒂利亚－拉曼恰。

在 12 世纪，朝圣者认为沿着圣地亚哥朝圣之路的旅行可以使他们远离可口的食物，抑制过分的食欲，并消灭肥胖症。几个世纪后，圣地亚哥朝圣之路仍然吸引着成千上万的朝圣者，但是朝圣者们知道，没有什么能夺走他们应得的可口食物。旅程从纳瓦拉开始，许多朝圣者会沿着圣地亚哥之路的主要路线徒步数百公里，途经里奥哈，穿过杜罗河的北侧，横穿布尔戈斯、巴利亚多利德和莱昂，到达加利西亚省，抵达最终目的地：圣地亚哥·德·孔波斯特拉。如果选择更长的路线，朝圣者将途经数百座罗马式教堂，这些教堂宏大而简约的建筑风格让人联想起两座最宏伟的基督教建筑：莱昂和布尔戈斯的哥特式大教堂。阿维拉、萨莫拉、索里亚、塞哥维亚、巴利亚多利德和萨拉曼卡等省都属于卡斯蒂利亚－莱昂自治区。除了里奥哈和巴斯克的某些地区享有自治权之外，现代的整个卡斯蒂利亚－莱昂的范围几乎与同名的旧王国完全吻合，该王国在 13 世纪初由基督教徒实现了大一统。

为拥有如此丰富饮食传统的广袤地域提供完整的饮食指南几乎是不可能的。所有当地人都对羊肉、猪肉、熟食冷盘、优质的面包、豆类以及葡萄酒充满热情。最受人们喜爱的葡萄酒来自以下五个原产地：里贝拉德尔杜罗（Ribera del Duero）、托罗（Toro）、鲁埃达（Rueda）、西加莱斯（Cigales）和比尔佐（El Bierzo）。距离比尔佐不远的马拉加泰利亚区的马拉加托炖肉汤（cocido maragato）与卡斯蒂利亚其他地区制作炖肉汤的方法大同小异。唯一的区别是，这里一般先上肉，最后才喝汤。据传，这个风俗最初的起因是，在 19 世纪初西班牙与法国的独立战争中，一小队士兵正准备大快朵颐美味的炖肉汤，正当此时却突然有一队敌人靠近，情急之下，士兵们做出了生死攸关的决定：吃掉汤里最重要的内容：肉和香肠，留下鹰嘴豆，当然还有汤。

卡斯蒂利亚－莱昂盛产全西班牙最好的谷物和面包，其经济也相当依赖于食品生产。在当地的面包店里，人们可以购买到许多特色美食：莫耶达松饼（molleta）、侯卡萨圆形大面包（hogaza）、特雷拉黑面包（telera）和阿兰达杜罗饼（Torta de

Aranda de Duero）。侯那索蛋皮卷（hornazo）是复活节的节庆食物，馅料一般是煮鸡蛋、香肠和腌火腿。卡斯蒂利亚-莱昂的大片区域曾被罗马人选中用来改善谷物生产、制作面包并为罗马军队提供粮草。这些地区后来被称为"西班牙的粮仓"，即位于萨莫拉省的"面包之地"（la tierra del pan）和"沃土之地"（la tierra de campos）。在这里，人们传统上使用两种面粉来制作面包。用法拉玛面粉（flama）制作的面包，外壳松脆，内里软韧。而对于深深依恋着卡斯蒂利亚这片土地的人来说，最优质的面包是用坎达尔面粉（candeal）制成的。坎达尔面粉中一般只加入很少的水，如此做成的面团很难揉捏。家庭面包师必须用面杖将面团像制作油酥点心一样拉伸数次。坎达尔面团只需发酵一次。用坎达尔面粉做出的面包质地细密、光泽鲜亮、外壳光滑。如果坎达尔面包的表面使用艺术图案轻微雕花，则被称为"花花公子面包"（pan lechugino）。通常情况下，使用法拉玛面粉和坎达尔面粉做成的都是圆形的大面包，又称为侯卡萨面包，烘烤前一般需要用刀划出深深的切痕，这样有助于烘烤完成后剥开面包坚硬的外壳。

豆子曾经是穷人的食物，也曾受到卡斯蒂利亚人的喜爱。但如今，豆类却为那些有经济实力的人专享，因为现在许多豆子被冠以原产地专利名称，以非常高的价格出售。巴尔克干豆（judía del Barco）产自阿维拉，口感有着奶油的醇香。此外，阿罗西纳小豆（arrocina）和宽荚大菜豆（judión）的价格也非常高昂。

在卡斯蒂利亚，如何使用木柴烤箱烤肉一直是一门艺术。在如此高的温度下烘烤食物需要掌握特殊的技能，这些技能在当地人中世代相传。当地人通常会烤奶羔羊、小山羊和乳猪。星期三是里贝拉德尔杜罗地区罗安小镇的集市日，这里盛产优质红酒。每周三也是当地客店一周中唯一向公众提供餐点的一天。颇受欢迎的客店菜单从未有过任何变化，可能今后也永远不会改变：烤羊肉、新鲜出炉的面包搭配新鲜的沙拉。只要在生菜、西红柿和洋葱里撒上橄榄油、醋和盐，就是一道可口的沙拉。到了两点钟的时候，等桌的队伍一直排到几条街之外的菜市场。面包通常在夜晚烤制。在当天晚些时候，刚刚烤过面包的烤箱会继续用来烤

在卡斯蒂利亚，人们将羊肉放在卡苏埃拉陶锅中烧烤

肉。外壳松脆、内里软韧的圆形大面包色泽金黄，非常适合蘸着美味的肉汁食用。人们将整只羊羔放在大椭圆形的陶器中，加上一点点水和盐就可以上炉烧烤了。

塞哥维亚小镇以其宏伟的罗马式引水渠闻名于世，但更加引人注目的是小镇上多家著名的餐厅提供的特色烤乳猪。烤乳猪非常不容易制作。成功的烤乳猪薄皮酥脆，肉质多汁鲜嫩。为了证明烤乳猪极致柔嫩的口感，厨师们选择不使用刀具，而是在顾客面前用餐盘切烤乳猪。

著名的黑布丁布尔戈斯血肠（morcilla de Burgos）和新鲜的布尔戈斯奶酪（queso de Burgos）在全西班牙都鼎鼎有名。布尔戈斯最初由凯尔特伊比利亚人所建，在 11 世纪成为卡斯蒂利亚的首府。两个世纪后，人们开始在这里建造一座宏伟的哥特式大教堂。1332 年，阿方索十一世在布尔戈斯建立了一个特殊的中世纪组织：拉班达骑士团。这些骑士的主要职责是履行基督教义务。此外，他们在就餐时，都必须就座于铺有餐桌布的桌子旁，食用干净的食物，并细嚼慢咽。同时，他们还必须适度饮酒并按时就寝。大约在同一时期，许多修道院以"马耳他宗教指令"为榜样，向病人、穷人尤其是朝圣者敞开大门。最终，人们在杜罗河以北建立了 30 多所宗教性质的疗养院。其中，最受欢迎的当属叱咤风云的拉斯·韦尔加斯修道院（Las Huelgas）附属疗养院：国王医院（the Hospital del Rey）。在这家医院大楼里，有三个不同的楼层都免费发放大量食物和少量葡萄酒，包括汤、肉、白面包和红葡萄酒。出于对上帝的爱，在这里分发的餐饮全都是免费的。蛋类菜肴只提供给有特权的人，通常被安全地锁在储藏间里。这也许可以解释为什么鸡蛋在西班牙的这一地区如此受欢迎。

杂烩水波蛋（huevos escalfados con pisto）通常以浓郁的蔬菜杂烩酱作为浇头。制作这道菜，需要在水波蛋中加入橄榄油、洋葱、青椒、小胡瓜、西红柿和土豆，用慢火炖制。炒鸡蛋（revueltos）则是对传统菜谱的现代做法。这些菜肴将鸡蛋和两至三种配料进行了大胆的搭配，其中，蒜蓉大虾炒蛋（revulto de ajetes y gambas）就是蒜泥、新鲜大虾和鸡蛋的完美组合。

在帕伦西亚和布尔戈斯地区种植的卡斯蒂利亚马铃薯，特别是黄皮马铃薯，是制作"关键的炖土豆"（patatas a la importancia）的首选。这道廉价的菜肴20世纪50年代时在学校和医院中十分流行，原因很简单：管饱。制作这道菜，首先需要将去皮后的土豆切成圆形，裹上面粉和鸡蛋液，在橄榄油中油炸，然后用清汤或开水煮熟。随着清汤或水被逐渐吸收，马铃薯的口感变得浓郁可口。20世纪70年代，一些具有创新精神的厨师开始使用清淡的鱼类和蛤蜊来改善这道菜的配方，并标上高昂的价格。有趣的是，这些用土豆烹制的菜肴名称通常伴随着这样的形容词："关键的"（a la importancia）、"贫穷的"（a lo pobre）或"勇敢的"（a la brava，这道菜的浇头是番茄酱和辣椒酱）。

在卡斯蒂利亚北部，当地的甜点种类非常有限，但种类丰富的手工糕点、蛋香糖果、饼干和小馅饼完美地弥补了这一点。这些传统的糕点通常在修道院、本地面包店和糕点店中制作而成。

周日时，祖父母和父母常常会购买这些糕点，用来当作下午茶时的甜品，不少人至今还保留着这一习惯。节日和圣徒日的传统食品是历史悠久的罗西起亚炸甜甜圈（rosquilla）。罗西起亚炸甜甜圈是一种用鸡蛋、橄榄油、糖、面粉、茴香酒和白兰地制成的油条，表面裹有糖粉。相比之下，"圣徒的骨头"（Huesos de santo）则要稍微精致一些。这道甜点由柠檬汁糖浆、烤杏仁、蛋清和糖粉制成，夹心通常是牛奶蛋羹或流沙果酱。来自布里维耶斯卡地区的焦糖杏仁（almendras garrapiñadas）是一种表面裹有淡焦糖的炒杏仁，而来自莱昂地区的阿斯托加黄油鸡蛋糕（mantecados de Astorga）则是由一位修女发明的甜品，当时她离开了阿维拉修道院，决心成为一名成功的职业甜点师。

春天是在梅塞塔高原南部地区旅行的最佳季节。这片高原绵延数百公里，其间横亘着两大山脉，西部是托雷斯山（Montes de Toledo），北部是瓜达拉马山脉（Sierra de Guadarrama）。梅塞塔高原不仅有着大草原的魅力，还有着属于自己的独特魔力，激发了塞万提斯的想象力。阿拉伯人称其为"阿尔曼查拉"（al-Manchara），意思是干旱的土地。为了装饰这片干涸的土地，阿拉伯人种植了大片的藏红花，并在隆冬时节收割。从那时起，每年11月，当地人就和家人朋友一起专心投入到这场一年一度的收获季，收割世界上最昂贵的香料——藏红花。清晨到来，土地的外观开始发生变化。随着朝阳升起，藏红花逐渐绽放，大片的土地仿佛变成了一块宏伟的紫红色地毯。农民们在清晨的首要任务就是通过人工一朵一朵摘下未绽放的藏红花苞。这是一项艰巨的任务，必须高效而迅速地完成，以完整保存下每朵藏红花苞内的三支红黄色雄蕊柱头。在当天，雄蕊就被加工成藏红花香料。为了保证新鲜度和质量，成千上万朵花苞于每天傍晚被运送到当地的村庄。每家每户都做好了充分准备，好接收这些贵重的货物。一旦从花苞上摘下，雄蕊就会立刻被放入精致的网状容器中。接下来是最困难的操作：干燥脱水。一般来说，这项任务由每家每户的父亲来完成。雄蕊通过温和的温度被烘干，随后被保存起来并准备出售。不幸的是，曾享有极高声誉的西班牙藏红花如今受到了商业化的影响，在国际和国内贸易中的表现都不尽如人意。

　　西哥特王国的首都托莱多成功地战胜了时间的流逝。16 世纪末，埃尔·格列柯（El Greco）在这里绘制了《欧贵兹伯爵的葬礼》（*The Burial of the Count of Orgaz*），自那时起到现在，这座城市几乎没有任何变化。这里随处可见古老的狭窄街道、犹太教堂、清真寺和基督教堂，所有的一切仍然在摩尔墙的保护之下，现代建筑则被迫远离城市中心。在乡村，葡萄园、蒜田和橄榄树林郁郁葱葱，十分繁茂。

　　公平地说，在几十年前，几乎不可能在拉曼恰当地的餐馆和客店中找到任何像样的美食。拉曼恰美食作为一种源自农村的饮食传统，一度为人所忽视。此外，人们的某些困惑和对创新的渴望（虽然有些并不合理，有些则并非总能实现）在某些情况下也阻止了这种乡土风格的美食自然而然地适应现代世界，尽管这本来是唯一可以拯救它的方法。多亏了当地很多厨师坚持不懈的努力，拉曼恰的美食最终焕然一新，与传统略有不同，但又不失特色。高水准的当地大厨惊叹于拉曼恰美食的丰富传统；而在各大餐厅和酒吧的厨房，人们则在努力追随他们的脚步。

阿尔摩罗尼亚蔬菜什锦（almoronía），在安达卢西亚也被称为阿尔博罗尼亚蔬菜什锦（alboronía），经过改良，味道比从前更佳。这道菜源自摩尔人和犹太人传统，如今其配料主要有西红柿、青椒、洋葱和茄子，并使用孜然调味。和传统不同，这道菜的现代烹饪做法对每种食材都配以精确的烹饪时间。以前，人们将所有的食材混在一起煮成糊状，菜品的颜色和口感都没有什么吸引力。

在拉曼恰，很多传统菜肴都被赋予了有趣的名字，其中许多都带有讽刺和隐喻的含义。"超级辣椒"（pimentajo）是一种红辣椒蘸酱，配料主要有捣碎的熟番茄、大蒜、小茴香种子和橄榄油。口感浓稠的"产婆汤"（sopa de parturienta）使用鸡蛋和火腿制成，通常会给刚分娩的产妇饮用。此外，还有两道传统菜肴——"破布汤"（andrajos）和"旧衣汤"（ropa vieja），这两个奇怪的名字都让人联想到"旧衣服"，用它们来命名是因为这两道菜是用剩菜剩饭制备的。"破布汤"是一种奶糊炖豆，而"旧衣汤"是利用炖肉锅剩下的肉类制成的炖菜。一些历史学家认为，"伤痛菜"（duelos y quebrantos）的名字来源于农民在宰杀自家一两头羊时所感到的悲伤。农民们通常会在圣彼得节这一天制作这道菜，这个节日通常也是一年一度的年度决算日。时至今日，"伤痛菜"使用的食材主要有鸡蛋、炸猪排、火腿和香肠。"大锅混煮"（tojunto）是由两个单词组成的缩写："所有"（todo）

和"一起"（junto）。制作这道菜，只需要将所有的食材简单混在一起煮熟：牛肉或鸡肉、兔子或松鸡、洋葱、大蒜、月桂叶、花椒、丁香、藏红花、胡椒、土豆以及一杯干白葡萄酒。

昆卡省的拉斯佩德罗涅拉斯镇盛产紫蒜。在传统的卡斯蒂利亚大蒜汤（sopa de ajo castellana）里，大蒜是主要食材，此外还需要加入面包、红甜椒、水、橄榄油和鸡蛋。烩饼凉菜汤（gazpachos galianos）或牧民凉菜汤（gazpachos del pastor）是拉曼恰的经典菜肴，通常由牧羊人在放羊时简单烹制而成。需要指出的是，这两道菜与著名的安达卢西亚凉菜汤（gazpacho andaluz）并没有什么关系。安达卢西亚凉菜汤是一道源自摩尔人的素食菜肴，烩饼凉菜汤的配料则包括：野兔、鸡肉、家兔、无酵饼、红甜椒、盐和胡椒。[6]

在梅塞塔高原的南部，野味菜肴相当普遍。现代风格的各大餐厅通常也采用传统的菜谱来烹制野味。在这里，人们热衷于狩猎活动，狩猎目标通常是松鸡和其他小型野味。打猎在当地的流行程度甚至已经达到了中世纪时的水平。托雷多松鸡（perdices a la toledana）是西班牙最美味的松鸡菜肴之一。制作这道菜非常简单。首先，用大蒜调味橄榄油，放入处理好的松鸡煸炒，然后加入其余配料：月桂叶、黑胡椒粒和胡萝卜。此外，当地人还曾经在托莱多山附近狩猎野猪，但从未在市场上出售过野猪肉。猎人聚集在一起，在露天烤架上烧烤自己的战利品。有时，他们也会分享猎物，将野味各自带回家里用来准备自己喜爱的菜肴。野猪汤（estofado de jabalí）就是一种用大块野猪肉炖制的浓汤。

杏仁糖糕源自中世纪早期的托莱多，是圣诞节期间的特色节庆食品。托莱多的编年史研究人员认为，杏仁糖糕由圣克莱门特修道院的修女们发明。为了庆祝卡斯蒂利亚的阿方索八世在与摩尔人的战斗中获胜，修女们利用存储在谷仓中的糖和杏仁制作出了这道特殊的甜食。在托莱多，杏仁糖糕用杏仁和糖制成，制作时需要反复舂捣。"maza"一词来源于捣糖的槌，是一个西班牙人原创的单词，不过威尼斯人一定认为这个名字没什么新意。杏仁糖糕有数百种不同的形状外观，这让人联想到托莱多丰富多元的文化和兼容并包的历史。在当地的甜品店，通常可以看到弦月状的杏仁糖糕；而在遍布托莱多的众多修道院里，苹果和小羊羔状的杏仁糖糕则是一大特色。

　　马德里和梅塞塔高原的南部息息相关。马德里，旧称马格里特，曾是托莱多西哥特王国的一部分。1567年，费利佩二世迁都马德里，马德里从此成为西班牙的首都。费利佩二世是当时最有权势、最威严的国王，不过显然他十分偏爱新鲜空气和从群山另一端飘来的烤乳猪的香气。时至今日，马德里旧城区最美的地段奥地利区（哈布斯堡区）仍然深深吸引着马德里当地人和外国游客们来到这里寻找地道的马德里美食。在随处可见的卡斯蒂利亚老式客店和舒适的老餐厅里，美食爱好者可以品尝到拉曼恰和瓦尔德佩尼亚斯地区的传统美食和葡萄酒。奥地利区的博廷餐厅（Hostería Botín）作为西班牙历史最为悠久的餐厅之一，从1626年开业至今。如今，位于刀匠街的博廷餐厅仍在供应着丰盛而美味的原创农家菜。除了马德里炖锅之外，与马德里有关的其他菜肴还包括：炖牛肚（callos a la madrileña）、卢克叔叔白豆（judias del Tio Lucas）、马德里炖豆（lentejas a la madrileña），以及经济实惠、甜美多汁的大蒜汤（sopas de ajo）。毫不意外的是，这些马德里的当地菜肴不得不与来自西班牙其他地区的一系列地方特色菜进行竞争。在16世纪和17世纪，随着马德里的迅速发展，来自西班牙全国各地的人们涌入了首都，也带来了他们家乡的烹饪传统。最终，外来移民们在马德里开设了加利西亚、巴斯克、瓦伦西亚或安达卢西亚风味的众多餐厅。

随着波旁君主的到来，有着强大影响力的巴黎风尚也被带到了马德里。这一潮流改变了18世纪马德里的城市基础设施。四通八达的大街和精致雄伟的高楼大厦不断建成，马德里得到了进一步的发展。对于贵族饮食来说，法式风尚此时占据着绝对的统治地位。随着查理三世继位，意大利随之成为马德里的流行风向标。1772年，来自维罗纳的大厨何塞·巴巴拉（José Barbarán）开设了金泉餐厅（La Fontana de Oro），这是一家集饭厅、咖啡厅和台球室于一体的饭店，成为风靡一时的政治飞地和不可错过的必游之地。至于马德里的普通民众，他们仍然忠实地热爱着美味的传统佳肴。

马德里有两位守护神——圣·伊西德罗·艾尔·拉布拉多（San Isidro el Labrador）和圣·安东尼奥·佛罗里达（San Antonio de la Florida），因此每年也有两个守护神节。每到这两个节日，马德里人就会在守护神教堂周围欢聚一堂，共庆佳节。他们祈祷工作和爱，然后像他们的祖先一样整夜狂欢，大快朵颐，开心跳舞。1808 年，随着与法国的拿破仑战争爆发，饥饿和绝望蔓延到了首都。19 世纪中叶，马德里贵族和中上资产阶级纷纷加入欧洲流行风尚，开始寻求卓越的美食，尽管他们的主要偏好仍然是法式菜肴。此时，马德里成为一个既传统又现代的矛盾体，尤其是在饮食方面，人们甚至使用银制餐具盛装诸如炖菜之类的菜肴，再配以精致的外文菜单和高昂的价格，简直全无特色且毫无希望。需要指出的是，在距今仅仅三十年前，西班牙驻外大使馆里提供的宴会菜单还在使用法文菜名，即便这些菜肴都是地地道道的西班牙地区美食。20 世纪初，西班牙陷入政治动荡之中。贫富两极分化非常明显，社会主义和无政府主义思想的影响力不断增长。社会改革迫在眉睫，最终得以实施。西班牙传统的社会结构发生了巨大变化，贵族的力量被削弱，中上层资产阶级开始壮大，新的城市中产阶级、商人和工人阶级的力量也在不断增强。马德里传统的当地美食，以及西班牙其他地区的传统美食，也变得越来越受欢迎。不幸的是，一些著名的餐厅和酒店仍然在供应毫无特色的国际美食，法国大厨及其追随者仍然占据着举足轻重的地位。与西班牙的其他地区一样，内战再次给马德里带来了饥饿和绝望。希望的曙光出现在 20 世纪 70 年代末。提供高端美食的餐厅开始向追求高品质食品和酒窖的新型顾客敞开大门，这一情况是前所未有的。

　　在马德里的西南面坐落着埃斯特雷马杜拉地区（"极端之地"），这里通常与伊比利亚火腿、征服者科尔特斯、皮萨罗和瓦斯科·努涅斯·德·巴尔沃亚（Vasco Núñez de Balboa）联系

埃斯特雷马杜拉的拉维拉红甜椒粉，请读者们不要与匈牙利辣椒粉相混淆

在一起。此外，埃斯特雷马杜拉还是未知美食的代名词。尽管与卡斯蒂利亚－拉曼恰的美食十分类似，但埃斯特雷马杜拉的美食多流传于当地的小镇和乡村中，有着丰富多样但鲜为人知的原创菜谱，使用的也是西班牙最优质的食材。在埃斯特雷马杜拉美食的配料中，伊比利亚火腿及相关产品极其普遍，这并不奇怪。在埃斯特雷马杜拉的南部，生长着大片的德赫萨牧场森林。昂贵的腌制火腿、猪肩和里脊肉被切成薄片，作为开胃菜。很多当地菜肴都大量使用香肠、黑布丁、猪油和可口的腌猪五花肉，其中许多用红甜椒调味。自红甜椒传到伊比利亚半岛以来，这种深红色的辣椒不仅提升了流行菜肴的风味，而且改善了传统熟食店里暗淡的色彩。作为在西班牙传统烹饪中使用率排名第一的香料，红

甜椒的主产区是拉维拉地区，但在西班牙东部的穆尔西亚地区也有少量出产。在这里，红甜椒被加工成了各种口味：熏制、非熏制、甜味、辣味和酸甜味。

塞拉诺和伊比利亚火腿

在马德里的普拉多博物馆里，悬挂着一幅16世纪的绘画：耶罗尼米斯·博斯（Hieronymus Bosch）创作的《圣安东尼的诱惑》（*Temptations of St Anthony*）。在这幅画里，圣徒圣安东尼在一只小猪的陪伴下向上帝祈祷。圣安东尼以对动物，尤其是猪的喜爱而闻名。他让小猪们在街道上自由漫步，并希望有善心的人们能喂饱它们。等到小猪长大，圣安东尼就会用猪肉接济穷人和年老体弱者。

在西班牙漫长的历史中，不论是艰难时期，还是富裕年代，猪一直为人类提供着食物。从北部的加利西亚凯尔特人，到南部的贝提卡人，所有人都非常珍视猪肉。

西班牙人用塞拉诺（serrano）一词来统称腌制火腿及其他所有火腿产品。传统上，塞拉诺通常特指在高山地区，猪被屠宰之后的腌制过程。这是一次家庭和邻里的庆祝活动，一般在冬季进行，距今不久仍经常在乡村和小农场举办。时至今日，除去埃斯特雷马杜拉和安达卢西亚的个别情况之外，家庭屠宰几乎已经成为过去时。如今，塞拉诺这个名称与欧洲白猪火腿和猪肩联系在一起。这些产品大部分是由西班牙实力雄厚的当地公司大规模生产的。阿拉贡的特鲁埃尔火腿（the Jamón de Teruel）就是优质塞拉诺火腿的最佳代表，有着原产地名称保护制度的质量保证。伊比利亚黑猪火腿、猪肩和其他腌制产品的生产方法数十年来一直是欧洲和北美的国家机密。如今，它们不仅为居住在德赫萨牧场森林附近的人们所享用，而且也为其他地区有经济能力的人们带来了享受美食的乐趣。德赫萨牧场森林位于西班牙西部，是伊比利亚猪的自然栖息地。在那里，森林的地面上覆盖着一层厚厚的橡子，猪可以自由自在地漫步游荡。伊比利亚猪最爱吃的食物是新鲜橡子、栗子、鲜花、草木，还特别喜欢午睡，每天都在浅水湾里打滚洗澡，越泥泞越喜欢。著名的伊比利亚黑猪火腿和猪肩就来自伊比利亚猪。伊比利亚猪受到许多原产地名称保护制度的质量保证，如：萨拉曼卡的吉胡埃洛（Guijuelo）、埃斯特雷马杜拉的德赫萨牧场森林（Dehesa de Extremadura）和安达卢西亚的贾布戈（Jabugo）。

在埃斯特雷马杜拉可以看到各种复杂的食材，诸如野鸭肝和松露等。大型和小型的野味在这里的山区非常多见。在内斯托·卢扬和胡安·佩鲁乔的《西班牙美食之书》（*El libro de la cocina española*）中，两位作者通过大量的篇幅专门介绍了埃斯特雷马杜拉的野味菜肴。在这些菜谱中，有两道菜肴尤其引人注

目：松露松鸡和红酒山珍蘑菇炖兔。[7] 1980 年，《埃斯特雷马杜拉
最佳美食》（*La mejor cocina extremeña*）在巴塞罗那出版，由伊
丽莎白·加西亚·埃尔南德斯（Isabel Garcia Hernandez）和卡
门·加西亚·埃尔南德斯（Carmen Garcia Hernandez）共同撰
写。[8] 在 19 世纪和 20 世纪，关于西班牙地区美食的记录中，这
本书被认为是最纪实和最令人印象深刻的，时间跨度包括好几代
人。作为一本内容丰富的书籍，《埃斯特雷马杜拉最佳美食》一
书包含有 586 道菜谱，排列的顺序基本上是随机的，有时按食材
排列，有时又按烹饪方法排列。全书以西班牙式的肉汤和火腿汤
开篇。素食菜肴使用的食材有：芦笋、西班牙洋蓟、菠菜或卷心
菜。此外，还涵盖了各种其他菜谱：炖肉、汽锅羊肉、通心粉、
肉酱炒面、西红柿奶酪、腌鱼、西班牙海鲜饭和其他米饭菜肴。
在那个年代，如果在日常菜谱中可以看到鱼、肉和野味，很明显
这已经是一个有钱人家的饮食了。两位作者的曾祖母似乎曾在一
位著名地主的厨房里工作过，那里不缺最好的当地食材和进口食
材。鱼类菜谱包括：卡松鲨鱼汤（Sopa de Cazón，卡松是安达卢
西亚和埃斯特雷马杜拉美食中经常使用的一种小鲨鱼）、腌鲷鱼、
腌沙丁鱼、蛤蜊大虾通心粉、鳕鱼通心粉以及酱香鳕鱼煎蛋饼。
在《埃斯特雷马杜拉最佳美食》一书中，关于肉和肉制品的菜肴
占有最大比重，这并不奇怪。作者们详细阐释了如何制作本地香
肠和其他肉肠，还使用了大量篇幅叙述了蔬菜和水果的保存方
法，这令人印象极其深刻。此外，制作传统糕点、冰激凌、鲜柠
檬汁、各种甜酒甚至香皂的方法，都可以在这本书中找到。两位

作者还提到了一种当地饮品：梅伦加达牛奶（leche merengada）。这种冰镇的西班牙饮品在当地非常受欢迎，由牛奶、柠檬皮、糖、蛋清和肉桂制成，是蛋白酥和牛奶的完美结合。

沿着地中海海岸

从加泰罗尼亚北部到穆尔西亚，西班牙的很大一部分土地和人民属于地中海文化，这里是橄榄、葡萄园、杵臼和红甜椒的文化所在地。当红甜椒传到伊比利亚半岛时，阿拉贡王朝在地中海地区开疆拓土的冒险已经结束。阿拉贡王国历时将近400年，在此期间，王朝统治区域下人民的饮食得到了超乎想象的丰富和发展，这些地区包括：加泰罗尼亚大部分地区、西班牙莱万特地区（指代伊比利亚半岛东部的西班牙地中海沿岸地区，但已经失去了现代的地缘政治定义）、巴利阿里群岛和穆尔西亚。

9世纪，信仰基督教的西班牙仍处于战争和分裂之中，富有远见和野心勃勃的撒丁岛贵族"野人威尔弗雷德"（Wilfred the Shaggy）创建了巴塞罗那家族。他的意图很明确：统一周边领土。但他没有想到，这片统一后的新领土在未来会变得如此广阔。拉曼·贝伦格（Ramon Berenguer）是"野人威尔弗雷德"的后人之一，他与强大的阿拉贡女王彼得罗尼拉（Petronila）联姻。从这时起，阿拉贡–加泰罗尼亚开启了地中海扩张和烹饪交流历史的新篇章。[9]

加泰罗尼亚的传统烹饪方法传承到现代几乎没有经历什么变

化。几个世纪以来，加泰罗尼亚也受到了邻近地区其他文化的影响。20世纪30年代后期，由于西班牙内战造成的破坏，一些原汁原味的加泰罗尼亚菜谱不幸丢失或被无情地篡改了。但随后，人们对当地菜谱真实性的兴趣与日俱增。在众多厨师、评论家和作家的帮助下，这些菜谱原稿又得以恢复。其中，阿拉伯人对中世纪加泰罗尼亚美食的影响清晰可见。尽管有些阿拉伯食材（如玫瑰水）如今已不再使用，但杏仁、干果、新鲜水果、新鲜或烘干的草本香料、肉桂、藏红花或柑橘类水果皮的用法则被保留了下来。

意大利面

面条（fideos）由阿拉伯人引入西班牙。在中世纪早期，西班牙的地中海沿岸就成立了不少面条面点师协会（fideuers）。自那时以来，或许更早，西班牙的饮食中就出现了各种不同形状的意大利面。在14世纪的加泰罗尼亚菜谱书中，人们可以找到有关阿来特里亚面食（aletria）的记载。阿来特里亚面食这一单词源于阿拉伯文的伊特里亚（itria），是面条的代名词。

西班牙人经常做意大利面。面汤中通常会加入纤如发丝的面条，即"天使头发意面"（cabello de angel）。粗面（fideo gordo）与意大利细面（spaghettini）

类似，但只有几厘米长。在阿斯图里亚，人们通常用蛤蜊搭配粗面。而在安达卢西亚，人们则通常用藏红花来调味渔民粗面炖菜。在西班牙莱万特地区阿利坎特省一个名叫甘迪亚（Gandía）的海滩度假胜地，每年夏天都会举行海鲜面（fideua）比赛，选拔出当年制作最佳的海鲜面。海鲜面作为一道相对现代的菜肴，是一种使用西班牙海鲜饭锅烹饪而成的纤细面条，并搭配有鱼和贝类。从中世纪起，来自意大利的其他面食丰富了当地原始的阿拉伯饮食传统。在西班牙被称为加纳隆肉面卷（canalones）、细面条（espaguetis）和通心粉（macarrones）的菜肴，从某种程度上来说，称不上正宗的意大利菜，但它们是传承自19世纪意大利大厨的珍贵烹饪遗产，这些大厨们当时在加泰罗尼亚和西班牙北部的工业城市为新晋的富裕资产阶级工作。巴塞罗那加纳隆肉面卷（Canalones a la barcelonesa）是对意大利经典菜肴加乃隆（Cannelloni Rossini）的加泰罗尼亚式诠释。制作这道菜，首先要将通心粉在水中快煮几分钟，随后塞入准备好的索夫利特酱（主要是洋葱、大蒜和番茄）和肉末馅。制作肉末馅则需要将切碎的鸡肉、鸡肝、猪肉、小牛肉、蛋黄和面包屑加入索夫利特酱一起炒熟，随后加入百里香、肉豆蔻、盐和黑胡椒调味。塞好馅儿之后，就可以将加纳隆肉面卷放入烤箱中加热，并撒上经典的奶油酱和磨碎的帕玛森芝士。

与西班牙其他地区口口相传的饮食文化不同，加泰罗尼亚
上层精英们享受的美食通常可以追溯到14、15世纪一些最古
老的欧洲菜谱书，其中包括《圣萨尔维奥》和《烹饪书》。这些
菜肴包括：用不同的肉、杏仁奶、鸡蛋和香料制成的"杵菜"
（morterol）；用南瓜、猪油、杏仁奶、肉汤、奶酪、蛋黄、香菜
和"菲娜酱"（salsa fina，菲娜酱的主要配料包括：生姜、肉桂、
白胡椒、丁香、肉豆蔻衣、肉豆蔻和番红花）制成的"摩尔南瓜
粥"（cararases a la morisca）。[10] 从12世纪到15世纪末，阿拉贡
王国在地中海世界的版图扩张显而易见：13世纪吞并西西里岛，
14世纪征服撒丁岛，并在15世纪兼并那不勒斯。但随后，阿拉
贡王国在地中海失去了一定的统治地位。这影响了香料的运输以
及西班牙东部的地中海烹饪传统。这一情况带来的结果是，加泰
罗尼亚的美食发展停滞了将近200年。从18世纪末到19世纪末，
专业的意大利和法国大厨大大改良了巴塞罗那的餐厅风格。但幸
运的是，在其他地区，加泰罗尼亚出色的乡村主义美食风格得以
安全地保留下来，传承给了子孙后代。

　　实际上，丰富多样的加泰罗尼亚美食并不能笼统地全归类
为地中海美食。在加泰罗尼亚，有一半的领土海拔高于500米
（1 640英尺），地形极其复杂。在这些地区，当地人使用猪油而
不是橄榄油烹饪。而在沿海地区，独特的地中海饮食风格则占据
着主导地位。备受尊敬的加泰罗尼亚记者和作家约瑟夫·普拉曾
在法国和意大利四处旅行，他写道："怎么能将我们的美食与法
国资产阶级造作的饮食、黄油和牛肉菜肴相提并论呢？"[11] 在这

里，普拉谈论的是加泰罗尼亚北部安普尔单地区和加泰罗尼亚当
地的家庭饮食。

除了巴塞罗那之外，在加泰罗尼亚的其他地区，人们通常
都在家中烹制食物。从 18 世纪开始，巴塞罗那有了专业的餐
厅，这在当时的马德里或塞维利亚都难得一见。一百年后，巴塞
罗那一些以法文和意大利文命名的著名餐厅里提供的菜肴甚至可
以与当时欧洲最卓越的餐厅相媲美。法式和意式菜肴与加泰罗尼
亚资产阶级偏爱的当地美食平分秋色，这些当地美食包括：炖鱼
（zarzuela de peix）、锡罐烤鳕鱼（bacalla a la llauna）以及深受
瓦伦西亚影响的不少菜肴，如使用朝鲜蓟或墨鱼汁制成的黑米饭
（arroz negre）。随着西班牙本土和其他国家的美食风格开始流行，
法式和意大利式的经典餐厅几乎消失殆尽。尽管如此，加泰罗尼
亚人对加式意大利面的热情并没有改变。在巴塞罗那，加乃隆通
心粉仍然广受赞誉，已成为圣诞节庆祝活动的代名词。至今，加
泰罗尼亚还有着很多非常流行的意面菜肴，其中一些主要使用的
是短通心粉，这也在一定程度上反映了当地的阿拉伯饮食传统。

加泰罗尼亚人和法国人的一个共同点是对优质食材和当地集
市的热情。总体而言，加泰罗尼亚的集市要远远好于西班牙的其
他大部分地区。在每个村庄或小镇，临时菜场和永久菜场为人们
提供了丰富的选择，如：水果和蔬菜、奶酪和火腿、面包、饼
干、蜂蜜、木瓜糊、豆类（鲜豆或干豆）、新鲜和烘干的草本香
料。在春季和秋季，加泰罗尼亚人对菌类的狂热可以和巴斯克人
对蘑菇的疯狂相提并论。在当地的酒吧和餐厅里，一份丰盛的加

泰罗尼亚早餐通常包括各种腌制的肉类、煎蛋、豆类和番茄面包
（pa amb tomàquet），而不是使用传统的长颈玻璃瓶（porrón）盛
装的红葡萄酒或桃红葡萄酒。

　　在大城市，有着独特建筑风格的室内菜场，每周早晚开放六
天，一如既往地吸引着众多顾客。如今，这些菜场受到了不少威
胁，如：地产涨价、妇女的就业参与度提高、超市普及等。但在
巴塞罗那，包括著名的圣约瑟夫市场（Saint Joseph）和兰布拉
大街拉博克里亚市场（La Boquería）在内的 27 个菜市场仍然蓬
勃发展着。有些菜市场，不仅售卖蔬菜或肉类，还设有众多小餐
馆，为商人、顾客和游客提供早餐、午餐和晚餐。这些毫不起

拉博克里亚市场

眼的小餐馆是许多地道加泰罗尼亚美食的完美保护者。部分菜肴直接使用菜市场上刚刚购买的新鲜食材：剃刀蛤、鱿鱼、新鲜的红肠等。还有些则是用鱼、肉或豆类制成的炖菜，配以不同的加泰罗尼亚大酱调味。杂酱（picada）的配料非常多样，通常包括：鸡肉或鱼肝、大蒜、杏仁、藏红花、肉桂、面包，甚至还有甜饼干。索夫利特酱的配料主要是洋葱或西红柿。洛美思科酱（romesco）的主要成分是甜红椒和大蒜，请注意，不要将这种酱汁和塔拉戈纳省的同名炖鱼菜肴相混淆。此外，源自中世纪的蒜泥蛋黄酱（alioli）则是大蒜和橄榄油的绝配。

加泰罗尼亚的开胃菜通常是一到两片番茄面包。在全国各地的加泰罗尼亚餐厅中，顾客还可以点上一些特色铁板烧，这些食材在烧烤之前已经用橄榄油、柠檬汁、欧芹、大蒜腌制过，上菜时通常配有蒜泥蛋黄酱。嫩朝鲜蓟铁板烧是早春时的当季菜品。在一些著名的加泰罗尼亚餐厅里，尤其是在加泰罗尼亚的内陆地区，雪梨炖鸭（anec amb peres）和蔬菜炖肉锅（escudella i carn d'olla）是最有名的两道当地特色菜。过去，简单版的蔬菜炖肉锅曾每周六天喂饱了加泰罗尼亚的农民。而节庆版的蔬菜炖肉锅则是肉类的狂欢：小牛肉、鸡肉和猪肉（猪五花、猪脸、猪耳、猪蹄和骨头）。此外，还有其他的配料：鹰嘴豆、土豆、四种以上的蔬菜、面包屑、欧芹、黑胡椒粉、藏红花和盐。与其他炖菜一样，蔬菜炖肉锅也分好几道菜上桌，头道是浓汤，主菜则是肉、香肠和蔬菜。

塔拉戈纳是加泰罗尼亚的第四大城市，闻名于世的有罗马时代的历史和建筑、杏仁树和榛子树、香料以及享誉整个加泰罗尼亚地区的葡萄酒。塔拉戈纳葡萄酒的历史可以追溯到 12 世纪天主教加尔都西会的斯卡拉德伊修道院（Scala Dei），僧侣们制作甜酒，分发给普通民众。1988 年，已故的澳大利亚记者托尼·洛德（Tony Lord）在《西班牙新葡萄酒》（*The New Wines of Spain*）一书中写道：

> 德穆勒（De Muller）是塔拉戈纳海港附近的一家酒窖，一个多世纪以来一直为教皇提供葡萄酒。这里的葡萄酒口感偏甜，是穆斯卡特葡萄酒（Moscatel）或马卡比奥葡萄酒（Macabeo）的强化版，一般在旧的美式橡木桶中陈酿，随着时间的流逝获得浓郁的葡萄干香味。[12]

此外，塔拉戈纳的大葱节（calçot）也非常有名。节日时，人们在大街上烧烤一种当地的甜洋葱，配以洛美思科酱。大米则盛产于埃布罗河三角洲。

埃布罗河的另一岸是莱万特、卡斯特利翁、瓦伦西亚和阿利坎特。这些地区占据了地中海临岸的一小片狭长的土地。西部的高山带来了多样的地形和不可或缺的雨水。自古以来，郁郁葱葱的野花和草本香料一直装饰这里的山区、松树和橡树林。这片绵亘于海岸和高地之间的地区是伊比利亚半岛最肥沃的土地，那里盛产棉花、橙子、柠檬和大米。

可以说，西班牙莱万特，包括更南端的穆尔西亚地区，其饮食文化的核心在于使用各种食材和烹饪方法制作米饭。这些米饭菜肴历史悠久，应沿海地区人们的生活所需而产生。在这些沿海地区，沼泽和洼地限制了除大米之外其他农作物的种植。在离瓦伦西亚市不远的阿尔布费拉潟湖，稻米和鳗鱼曾是消灭贫困和饥饿的最佳解决方案。

除了大米、橘子和新鲜蔬菜以外，莱万特盛产的食物还有很多。无论是内陆还是沿海居民，他们都有着坚强的个性，并忠实地遵循着当地的烹饪传统。这些当地传统在历史上很少得到其他地区的关注或影响。在卡斯特利翁埃尔斯港口的莫雷利亚商业区，可以买到黑松露和塞西纳腌牛肉（cecina）。人们在轻度腌制的塞西纳牛肉上淋上几滴橄榄油和撒上现磨的黑胡椒粉："莫雷利亚传统上是一个繁荣的犹太社区。犹太人喜欢火腿，但不能吃猪肉。因此，他们用黄牛做火腿，这一传统流传至今。"[13] 莫雷利安纳土豆（patatas a la morellana）可用来替代烤土豆，它也是莫雷利亚地区的传统菜肴。制作这道菜，首先需要将土豆去皮，切成两半，在土豆表面划出一些花刀。然后将橄榄油、新鲜大蒜和红甜椒捣烂，敷在土豆上腌制几个小时，最后将土豆皮盖在土豆上，放入烤箱烧烤。芙莱奥蛋糕（flaó）是一道传统的甜食，据说起源于犹太人，其夹心通常是乳清干酪或无盐的新鲜羊奶奶酪。制作芙莱奥蛋糕通常需要水、橄榄油、糖和少量的烧酒，馅料的食材是新鲜奶酪、杏仁、鸡蛋、糖和肉桂。需要指出的是，伊维萨岛和福门特拉岛有一款传承自中世纪的同名奶酪蛋糕，但和莫雷利亚的芙莱奥蛋糕却大不相同。

摩尔人将火药带到了西班牙莱万特。从那时起，莱万特首府瓦伦西亚生产的烟火就可以与中国大师的作品并称为世界上最好的烟花。随着第一枚烟花绽放夜空，人们被美丽的光影震撼得合不拢嘴。于是，一场五光十色、喧嚣热闹的节日盛大开幕了。这里节日的特色食品是炸甜甜圈和冰镇油莎草大麦汁（一种用老虎坚果制成的饮料）。

法雅节（Las Fallas）是万物复苏、冬去春来的颂歌，也是瓦伦西亚最著名、最喧闹的节日。法雅是指用木头或纸板雕塑而成的作品，焚烧法雅则是当地人迎接春天的方式。法雅节起源于当地木匠行会的庆祝活动。历史上，木匠们通常在街道上焚烧多余的木材和刨花来纪念他们的守护神圣约瑟夫。如今，每年的3月19日晚上，在瓦伦西亚的各大主要广场上，会有600多件由当地艺术家制作的雕塑作品被焚毁，这些作品或为大众艺术，或为讽刺时事。

米饭菜肴

在西班牙地中海，有数百种以大米为主要食材的菜肴。人们用高汤或水煮熟大米，并根据需要选择其他配料：蔬菜、豆类、坚果、海鲜、家禽、肉、野味、猪肉熟食、草本香料（如：红甜椒和藏红花）。

西班牙大米菜肴不仅在配料上区别甚大，而且烹饪时所用的炊具、制备方法和添加的汤或水量也有所不同。制作干米饭（arroz seco）通常使用浅口的西班牙海鲜饭锅及深搪瓷盘在炭火上加热，或使用陶制焙盘在烤箱中烤制。制作口感相对湿润的蜜制米饭（arroces melosos）需要更为深口的锅。汤米饭（arroces caldosos）则使用煲或金属大锅在炭火上烹煮而成。在米饭中添加的汤或水量取决于想要烹制的米饭菜肴类型：干米饭的加水量是米量的2倍，湿米饭的加水量是2.5倍，汤米饭则是3倍。

瓦伦西亚肉菜饭（paella valenciana）是一道著名的西班牙菜肴，需要使用西班牙海鲜饭锅制作。如果有条件的话，最好用炭火加热。这道菜起源于瓦伦西亚的阿尔布费拉潟湖地区，现已成为人们经常在露天烹饪的节日佳肴。外国人甚至很多西班牙本国人都认为，这道菜的主要配料是贝类、鸡肉、猪肉甚至香肠，但对在瓦伦西亚出生的当地大厨来说，这个说法绝对是信口开河。最初，瓦伦西亚肉菜饭是一道农家菜，是人们为了利用在阿尔布费拉潟湖周围的田野中发现的任意食材制作而成的。随着生活的改善，鸡肉、兔肉和蜗牛（也可以用迷迭香树皮代替）成为瓦伦西亚肉菜饭的主要配料。

准备瓦伦西亚肉菜饭并不简单。首先需要在西班牙海鲜饭锅里倒入橄榄油，加热至高温后放入肉，煸炒熟，然后加入切碎的西红柿和一些红甜椒，再加入适量冷水。接下来，放入三种不同的豆类（如：

露天烹饪：地道的瓦伦西亚肉菜饭，配以兔肉、鸡肉和豆类。大米将完全吸收掉这些汤汁

在当地被称为卡法龙豆的利马豆）和事先泡发过藏红花雄蕊的少量高汤。由于藏红花有着很强的上色效果，口味更是非常浓郁，因此对用量的把握要非常谨慎。随着汤料沸腾，煸炒后的肉质变软。此时，不需要搅拌，均匀地在肉上撒上一层大米。大约二十分钟后，炭火的火苗熄灭，大米完全吸饱了汤汁，但仍然粒粒分明，口感丝滑且鲜美可口。

其他米饭菜肴被统称为米饭菜（arroces）。制作鱼类或贝类米饭菜，需要事先准备浓稠的高汤。一旦将大米倒入锅中，就不可以换锅烹饪了。制作海鲜米饭（arroces de pescado y marisco），则通常不使用高汤，而是用红甜椒调味。

瓦伦西亚的中央市场建在清真寺附近的阿拉伯旧城区，位于由狭窄的街道和小广场组成的迷宫中。这里至今仍然是瓦伦西亚最吸引人的地方。从 15 世纪开始，中央市场一直是城市的中心。随着大批水果和蔬菜抵达，中央市场在黎明时分醒来。热那亚和加泰罗尼亚的水手、贵妇及其女佣、学生以及所有对瓦伦西亚生活抱有好奇心的人都会光顾中央市场。1928 年，阿方索十三世下令建立了现代中央市场。中央市场的建筑风格主要是现代派，有些细节也反映出 20 世纪初的风格。这座建筑由砖、铁、布尼奥尔石材、大理石、地中海风格的马赛克瓷砖和彩色玻璃窗组成。在遍布整个市场的小巷中，新鲜的水果和蔬菜在各个摊位上井然有序地摆放着，各种明艳的色彩穿插错落，无不泛着令人愉悦的光泽，绝对值得一逛。冬天来时，在市场上购买新鲜橄榄的人们通常会收到附赠的草本香料，尤其是茴香，这些草本香料可以为腌制橄榄带来醇厚的风味。在中央市场上，大多数的摊主都是女性，她们美丽的蕾丝围裙和完美的发饰非常引人注目。

瓦伦西亚中央市场可以说是西班牙最美的市场，这里的空气中萦绕着山区香料和火腿的香味。在面包摊通常供应红薯派、大茴香面包卷以及各种糕点和薄饼。在鱼类海鲜区，则可以买到螳螂白虾（galera）来制作浓稠的高汤。艾伦·戴维森（Alan Davidson）在《西班牙和葡萄牙海鲜——佩佩叔叔指南》（*Tio Pepe Guide to the seafood of Spain and Portugal*）一书中写道：

> 螳螂白虾是一种奇怪的生物，它不是真正的虾，也

不是螃蟹，而是属于虾蛄类（皮皮虾）。顾名思义，这种
白虾的前腿是嘴巴的延伸，相当于海洋里的螳螂。[14]

淡水鳗是瓦伦西亚的另一特色海鲜，在其他地区相当罕见，
通常被放在大型金属罐中出售。在那里面，人们可以看到它们
在淡水中扭动。出售时，鱼贩们通常会在顾客面前用锋利的刀子
快速宰杀鳗鱼，一刀毙命，从而确保鳗鱼的新鲜度。胡椒鳗鱼
（anguilas all-i-pebre）这道菜在埃尔帕尔马岛上的一间当地餐厅
可以吃到，这家餐厅位于瓦伦西亚的阿尔布费拉潟湖淡水区。此
外，胡椒鳗鱼在马略卡岛也很受欢迎。

如果不了解沙拉，就不可能真正理解瓦伦西亚美食的精髓。
沙拉通常可以搭配面包和橄榄食用，制作配料包括新鲜绿叶蔬
菜、泡菜和咸肉，如金枪鱼、鱼子酱等，其食材构成和口感质量
受到季节变化的极大影响。新鲜沙拉的底菜通常使用弗里斯兰生
菜的叶子或卷心菜的嫩叶。在瓦伦西亚人看来，给沙拉调味是一
门艺术，需要非常了解每一种配料的作用。按照普遍的看法，传
统的西班牙沙拉需要的调味料种类很少，但最好由四个人来准
备：一个慷慨的人负责橄榄油，一个吝啬的人负责醋，一个乐于
接受咨询的人负责食盐，一个疯狂的人负责将调味料和沙拉叶充
分混合。

阿利坎特南部的阿尔科伊市有一道有趣的菜肴："音乐家炖
锅"（olleta de music）。这道菜是摩尔和基督节（the Fiesta de
Moros y Cristianos）的特色菜，主要配料有扁豆、黑布丁、火腿

骨和甜菜。"转杵菜"（giraboix）是山味和海味菜系的一道传统菜，配料包括：鳕鱼、土豆、黑布丁、腌香肠、洋蓟、洋葱、红甜椒、西红柿和白水蛋。与加泰罗尼亚和巴利阿里群岛类似，莱万特地区的"古柯饼"（coques）也很传统。在这里，古柯饼有甜口或咸口，实心或带馅，还可以有各种不同的浇头。金枪鱼古柯饼（coque amb tonyna）上通常浇有被称为富里唐卡（fritanga）的索夫利特炸肉酱。制作这种肉酱需要腌金枪鱼或新鲜金枪鱼、新鲜辣椒、月桂叶、西红柿和松子。古柯饼的面饼则用面粉、猪油和热橄榄油制成。猪油可以使面团变得质地轻盈。直到十到十五年前，当地的家庭主妇还每天都在家里制作古柯饼。如今，几乎所有的古柯饼都是工业量化生产或出自当地的面包店。

莱万特地区的日历上每年有两个重要的节日。就这两大节日而言，美食和节庆本身一样重要。节日的庆祝活动通常会持续几天甚至几周的时间：从圣诞节到主显节，从棕榈周日到复活节周日。如今，丰盛的晚宴庆祝活动大约从晚上 10 点开始。作为一系列节庆活动的开篇，平安夜的庆祝活动直到不久之前还必须等到午夜弥撒结束才可以开启。传统上，在平安夜这一天基督教徒需要禁食。弥撒之后，一家人则围坐在传统农舍的壁炉旁。此时，烧烤架已经摆放到位，炭火熊熊，莱万特人用烧烤羊排、香肠和火腿庆祝斋日结束。平安夜的素食菜肴通常是大菊苣沙拉、橄榄搭配蒜泥蛋黄酱。一些家庭也会在这一天烹制节庆版炖肉汤，经典配料仍然是蔬菜、香肠和其他肉类。节庆版炖肉汤里通常有一种被称为"圣诞节飞行员"（pilotes de Nadal）的大肉丸，这种肉丸大小和橘子差不多，由猪肉末、猪油、面包屑、奶酪、肉桂和大蒜制成，也有很多不同的版本。甜点是已经去皮切成薄片的绿色甜瓜。果盘之后上桌的是圣诞节糖果：糖炒杏仁和松子、小块的杜隆杏仁糖（分为阿利坎特硬糖和希霍纳软糖）以及巧克力夹心干果。在传统的复活节甜点中，最有特色的是复活节古柯饼（coque de Pascua），在西班牙的其他地区又称"复活节蛋糕"（mona）。复活节古柯饼是一种奶油蛋糕，在烘烤之前需要将煮熟的鸡蛋放在蛋糕中间，其主要配料是：面粉、鸡蛋、酵母、水、橄榄油和糖。

复活节星期天的餐桌上，通常会有蔬菜炖菜和鳕鱼丸（albóndigas de bacalao）。鳕鱼丸是一种用鳕鱼、煮土豆、欧芹、鸡蛋和松子制成的鱼丸。此外，被认为是伊比利亚半岛上最传统布丁之一的阿纳迪南瓜饼（arnadí）也是复活节的一道节日食品。阿纳迪南瓜饼通常制作于哈蒂瓦地区，最早起源于犹太传统。哈蒂瓦地区有着庞大的犹太社区和一片完美的蔬菜园。我们今天所知道的阿纳迪南瓜饼是用切成两半的大南瓜制成的，在里面装满糖、去皮的杏仁、核桃、苏丹娜葡萄、少许橄榄油和黑胡椒后，放入烤箱烤制。大约一个小时之后，南瓜果肉变成了焦糖状。将南瓜从烤箱取出，放在干净的大茶巾上晾凉过夜。最后，用杏仁装饰南瓜饼。

通过熬制葡萄或无花果获得的糖浆在加泰罗尼亚语中被称为阿洛浦糖浆（arrope）。阿洛浦糖浆切刀果脯（arrope i talladetes）是一道几乎被人们遗忘的传统美味，直到不久之前，仍然有不少货郎在乡村和小镇走街串巷地叫卖这种果脯。制作切刀果脯，需要将南瓜、李子、桃子等其他水果切成小块，放入少量食用石膏水中放置过夜，使水果块硬化。第二天，将水果干放入沸水中快煮几分钟，软化果脯。当果脯快要准备好时，趁热加入阿洛浦糖浆。油酥团子并非瓦伦西亚地区独有的特色食品，在西班牙的其他地区也很常见。在加泰罗尼亚，油酥团子属于传统小糕点，可在家中烹制以庆祝各种节日，如圣约瑟夫节或圣迪奥尼西奥节等。此外，油酥炸甜甜圈也可以在专门的面包店里买到。制作这道甜点，最常见的配料是：面粉、水和少许酵母。揉好面团后，将面团切成小份，放入橄榄油油炸。当面团表面蓬松且呈金黄色时，捞出甜甜圈，沥油后在上面撒上糖粉，就可以趁热食用了。泡芙炸甜甜圈使用加热过的面团制成，并加入打发的鸡蛋液增加其柔软的口感。首先，在清水中加入橄榄油并煮沸。然后一点一点地加入面粉，不断搅拌直到面团成型。待面团冷却后，加入打发过的鸡蛋液，软化面团。此外，也可以使用南瓜泥制作甜甜圈。

在瓦巴伦西亚附近，位于地中海的巴利阿里群岛历史上一直吸引着众多游客和各路侵略者。这些岛屿地理位置优越，自古以来登陆上岛就相当便捷，因此一直是旅行者、战士和农业学家的游乐场，时至今日仍然可以在这里看到相关的人文遗产。遵循罗马和希腊的传统，当地人用野茴香给腌橄榄调味。此外，他们还利用最甜的杏仁来制作冰激凌和番那耶茨小杏仁饼（panallets）——这道源自18世纪的甜点是庆祝诸圣节的节庆食品。番那耶茨小杏仁饼有数百种不同的做法，但基本配料都包括杏仁、土豆或甘薯，据说最初源自中东，但也和北欧的甜品传统联系在一起。

巴利阿里群岛的饮食发展得益于多方的贡献，阿拉贡人和加泰罗尼亚人居首，随后是英国和法国殖民者。群岛中最大的两座岛屿叫马略卡岛和梅诺卡岛，这两座岛屿的土地十分肥沃，另一座小岛伊维萨岛则以海滩和海盐闻名。福门特拉岛和卡布雷拉岛的面积很小。这两座岛的创新式烹饪方法非常相似，都以海鲜为主，但总是缺少新鲜农产品。马略卡岛的饮食传统与加泰罗尼亚密切相关，但得名自罗马人的梅诺卡岛却保留了英国式风格以及些许法式风格，这一点和马略卡岛大不相同。1713年，《乌得勒支条约》将梅诺卡岛划归为大英帝国所有。于是，英国人带来了珍贵的弗里斯兰奶牛和健康的牛奶。在此之前，梅诺卡岛上只有山羊和绵羊，生产牛奶是无法想象的。至此，生产黄油和奶酪的奶牛养殖业迅速发展起来，大大改善了当地农民的生活。在梅诺卡岛，杜松子酒产业的建立最初是为了满足18世纪时生活在岛上的大量英国水手和士兵的需求，最终也成为英国遗产的一部分。在英国人之后，法国人曾短暂地统治了梅诺卡岛，在此期间，龙虾和马洪蛋黄酱风靡四方。1802年，梅诺卡岛及其首都马洪最终被归还给了西班牙。

1928年，阿拉贡大厨特奥多罗·巴尔达吉撰写了一本名为《马洪蛋黄酱》（*La salsa mahonesa*）的小册子，对马洪蛋黄酱这一"冷调味酱魁首"的出生地和国籍进行了论证：

> 作为蒜泥蛋黄酱的传承，马洪蛋黄酱（请注意：不是美乃滋蛋黄酱，mayonesa）在瓦伦西亚、巴利阿里群岛、加泰罗尼亚、阿拉贡以及几乎整个西班牙都非常流行……
>
> 马洪蛋黄酱是为现代世界而生的，这种酱汁或多或少来源于古老的阿霍里奥调味酱（ajolio），但剔除了令人不快的蒜味。经过精心制作和调适，可以满足最挑剔的味蕾。[15]

西班牙人普遍相信法国军事指挥官黎塞留公爵（Duke of Richelieu）在围攻马洪城的过程中品尝过莱莫辛胡椒（pébre lemosin）这道菜，并且非常喜欢，因此将这道菜的菜谱带回了法国。

20 世纪 50 年代后期以来，巴利阿里群岛（尤其是大岛屿）的地主和农民受到很大的诱惑，不断将土地出售给房地产开发商和旅游业。有趣的是，在巴利阿里群岛，传统上男人继承耕地，女人则继承沿海土地。这最终使得当地妇女变得非常富有和受欢迎。20 世纪 60 年代末以来，土豆田和蔬菜田被高尔夫球场和漂亮的别墅取代。这些别墅的业主们被色彩缤纷的当地市场深深吸引，在那里可以买到食物、陶器、手工蕾丝以及畅销的紫萝卜、小甜茄和拉玛莱特小番茄（the tomatiga de ramellet）。拉玛莱特小番茄是一种无须灌溉即可生长的番茄品种，在冬季的几个月里，成串的小番茄被人们挂在门廊和天花板呈半风干状态。此外，新鲜或烘干的地中海草本香料、新鲜的杏仁、当地橄榄油、葡萄酒和利口酒也非常受欢迎。当地特色的面包通常是经过脱

盐处理的。使用马略卡和梅诺卡岛牛奶制成的奶酪以及精选熟食
（包括辣味香肠，sobrasada）是马略卡的特色食品。而质量最为
上乘的辣味香肠则是使用猪油和马略卡黑猪肉末制作而成的。10
月的时候，人们开始腌制橄榄。首先，用木槌轻轻地将新鲜采摘

一名妇女在屋梁上挂满了
成串的拉玛莱特小番茄，
用于储藏

的绿橄榄压碎，放入水中静置几个小时，捞出后沥干水分。随后，将橄榄放入玻璃或陶瓷容器中，加入盐水、新鲜百里香、柠檬叶、大蒜、丁香、月桂叶和著名的野茴香，直到完全覆盖住橄榄。

巴利阿里群岛上有六百多道传统菜谱。一些专家认为，巴利阿里美食与其他西班牙美食的不同之处在于巴利阿里美食的传统烹饪方法，而不是当地人使用了特殊的食材。与安达卢西亚相反，巴利阿里群岛上人们很少油炸食物，总是在适中的温度下文火烹饪各种食材。

马略卡岛的帕尔玛城最初是罗马人的一个营地，先后遭到汪达尔人和拜占庭帝国的袭击，被摩尔人殖民，最终被阿拉贡的詹姆士一世征服。如今，帕尔玛城是一座现代化的城市，拥有令人印象深刻的哥特式大教堂。除了在旅游业大获成功之外，帕尔玛城的农业经济也奇迹般地保持在西班牙全国排名第二的地位。在马略卡岛，丰富的饮食文化给养猪业带来了巨大的商业成就，尤其是马略卡黑猪（porc negre mallorquí）养殖，而养牛业得到的好处则相对有限。和埃斯特雷马杜拉黑猪或安达卢西亚黑猪相比，马略卡黑猪的毛发更重，猪脖上的肉更加松软可口。众所周知，1836年冬天，乔治·桑（George Sand）将患有肺结核的情人肖邦（Chopin）送到马略卡岛养病。即使她自称不喜欢当地食物，但乔治·桑也一定意识到了猪肉和猪肉制品在马略卡岛生活和饮食中的重要性。与伊比利亚黑猪近些年获得的巨大成功相比，同样独特的马略卡黑猪得到的关注则非常有限。马略卡黑猪不吃橡子，以苜蓿草、葡萄干、新鲜香料和豆类为食。在马略卡饮食中，除个别特殊情况之外，新鲜猪肉很少被使用。甜汁里脊肉（lomo en salsa dulce）和石榴汁里脊肉（lomo en salsa de granadas）就是这些特殊情况中两个很好的例子。此外，珀耳塞亚烤乳猪（porcella）也是这样的一个特例，乳猪里面通常塞满了用猪蹄、猪肝、猪心、面包屑、不同的香料和香草制成的馅料。马略卡炸猪肉（frito mallorquín）使用的配料则主要有猪内脏、土豆和茴香。尤其特殊的是，在马略卡岛，甚至连烤羊肉也要先用猪油刷一遍，而不是用橄榄油。在西班牙人看来，猪是一道行走的盛宴。为此，巴利阿里群岛的熟食店一直面临着一个严重的问题：如何好好利用全身是宝的猪而不浪费猪油和宰杀时产生的附加产品？卡马约特香肠（camayot）就是一种以不同的猪肉、猪血、五花肉和猪油制成的杂肉香肠，配以黑胡椒、红甜椒和其他香料调味。

　　除了肉类和鱼类之外，家常蔬菜和野菜也是岛民饮食的重要组成部分，如：海蓬子、荨麻、菊苣和被誉为"圣约翰草"的洋蓟与甜菜。马略卡的茄子颜色较浅，口感非常甜。当地人通常会在茄子里塞满肉或鱼，外表涂上贝沙梅尔奶糊酱，再搭配上蔬菜什锦。吞贝特炖菜（tumbet）主要使用当地西红柿、胡椒和茄子制成。马略卡汤（sopas mallorquinas）是一道源于古代的素食汤，这道汤以面包和白菜为原料，曾经日复一日地喂饱了当地的农民。如今，这道汤的配料有所扩充，主要包括切碎的韭菜、洋葱、西红柿、大蒜、辣椒、白菜和面包。"油面包"（pa amb oli）既是一道菜，也是托马斯·格雷夫斯（Tomás Graves）所著的一本书的标题。托马斯·格雷夫斯是诗人罗伯特·格雷夫斯（Robert Graves）的儿子，出生在马略卡岛。他指出，油面包其实是加泰罗尼亚番茄面包的简易版，因为没有用上西红柿（番茄）。托马斯·格雷夫斯在书中专门就油面包为巴利阿里群岛当地人给出了解释，他说："在巴利阿里群岛以及地中海的其他地区，两千多年来，我们一直食用油面包，直到西红柿敲开了厨房的大门。"[16]制作甜美可口的古柯饼、糕点和各种派，都需要用上最优质的白猪油。只有在大斋期，人们才会用橄榄油替代猪油。制作可可洛伊馅饼（cocorroi）的馅儿通常需要使用菠菜、黑醋栗、松子、橄榄油、红甜椒和海盐。

除了用几滴茴香酒、松子和糖制成的甜古柯饼，当地人还经常使用可口的新鲜水果来烹制各种蛋糕和糕点。当地的杏仁古柯饼（coca d'albercos）不同于加泰罗尼亚和瓦伦西亚地区的古柯饼，是一种起源于伊维萨岛的奶油蛋糕或果馅饼，通常用猪油制成。恩塞姆达螺纹面包（ensaimada）作为一道无法批量生产的上乘美味佳肴，也是一道有着当地特色的糕点。恩塞姆达螺纹面包的名称源自马略卡岛最优质的赛姆猪油（the Majorcan saim）。只有通过不断地揉、拉、推和扯，直到面团内部形成大量气泡，才有可能做出成功的恩塞姆达螺纹面包。在经过两次以上的发酵后，需要在每层面皮上都涂上薄薄的猪油，并在烘烤前将多层面皮卷成具有特色的螺纹形状。关于恩塞姆达螺纹面包的起源，作家和画家们有着很大的空间发挥想象力。一些人认为，恩塞姆达螺纹面包起源于黑暗的中世纪、摩尔人和基督教徒的时代：它的形状像中东的头巾，代表着摩尔人最终皈依了基督教。此外，马略卡岛与伊维萨岛和福门特拉岛之间也存在着美食争议。著名的芙莱奥蛋糕是伊维萨岛的特色美食，但马略卡岛却声称这道甜点起源于马略卡岛，令伊维萨岛和福门特拉岛颜面扫地。制作巴利阿里式芙莱奥蛋糕，首先需要在面粉中加入橄榄油、茴香酒、大茴香和水，制成面团，随后在面团表面抹上用糖、鸡蛋、新鲜的当地奶酪和薄荷叶制成的淡奶油，最后放入烤箱中烘烤。到目前为止，尽管来自卡斯特利翁莫雷利亚地区的厨师们暂未参与到这场美食之争中，但他们历来主张芙莱奥蛋糕起源于莫雷利亚地区。

安达卢西亚

过去，西班牙国内外总是将安达卢西亚与西班牙凉菜汤、炸鱼、苦难和饥饿联系在一起。但事实上，安达卢西亚美食和这些刻板印象相去甚远。

自古以来，关于伊比利亚半岛南部安达卢西亚的书籍数不胜数。在这片土地上，人们歌唱、舞蹈、烹饪，愉悦自我和他人。但关于安达卢西亚美食的记载却寥寥可数。实际上，安达卢西亚作为欧洲最有魅力的地区之一，其独特的美食文化传统几乎没有任何地方能与之媲美。这片靠近非洲的广阔领土同时也濒临地中海和大西洋，这里阳光灿烂明媚，照亮了楼宇和土地，让它们看起来永远那么完美。在高山地区，松树和橡子林中点缀着德赫萨牧场森林，伊比利亚黑猪在那里自由漫步。在山谷中，樱花和橙花更是美不胜收。

现代安达卢西亚大区涵盖的领土在 18 世纪曾被卡斯蒂利亚王朝统称为"安达卢西亚四大王国"，这四大王国包括：科尔多瓦王国、哈恩王国、塞维利亚王国（塞维利亚、加的斯和韦尔瓦）以及格拉纳达王国（格拉纳达、阿尔梅里亚和马拉加）。这一古老的领土划分，可帮助我们了解安达卢西亚美食的复杂结构。

"穆扎拉布美食"（Cocina Mozárabe）或"安达卢斯美食"（Cocina Andalusí）这两个名词不仅在科尔多瓦和格拉纳达十分常见，在其他的省份也经常使用。穆扎拉布指的是在安达卢斯地区摩尔人统治下生活的伊比利亚基督教徒，其中包括一部分阿拉伯和柏柏尔基督教徒。在饮食方面，穆扎拉布美食代表着安达卢西亚和摩洛哥的某些地区在伊斯兰占领期间及之后的一些饮食风俗。蜜制山羊（cabrito a la miel）被认为是穆扎拉布美食的代表菜肴。此外，同样具有代表性的还有"杏仁藏红花酱穆扎拉布肉丸"（albóndigas mozárabes con salsa de almendras y azafrán）和"穆扎拉布鮟鱇鱼"（rape mozárabe）。远离科尔多瓦市旅游区之外，有一道名为"田野肉菜饭"的美味菜肴十分流行，虽然从名字上看起来好像是西班牙传统肉菜饭，但它俩其实有很大的差别。田野肉菜饭使用砂锅或深锅烹煮，食材包括：火腿、五花肉、鸡肉、香肠、黑胡椒、丁香、洋葱、烤大蒜、月桂叶、米饭和水。

与科尔多瓦相比，同样美丽的塞维利亚在西班牙历史中占据的地位更是举足轻重。但若要寻找精致的美食，则塞维利亚并不是最佳去处。塞维利亚是无可争议的"西班牙塔帕斯小吃之都"，这个名称在过去几年中已提升了国际知名度。尽管人们在伦敦或纽约都可以找到正宗的西班牙塔帕斯小吃，但不在西班牙当地烹制出来的塔帕斯小吃总感觉少了点什么。塔帕斯小吃不仅是用西班牙食材烹制的小份食物，还具有独特的地方特色。最原始和最正宗的塔帕斯小吃不仅仅是美食，更是一种生活方式，这几乎是无法模仿的。据说，塔帕斯小吃的传统起源于 19 世纪塞维利亚

"安达卢西亚凉菜汤"，又称"夏季凉菜汤"

瓜达尔基维尔河右岸的特里亚纳地区。当地人最喜欢从一家酒吧逛到另一家，与调酒师或其他任何人一边闲聊，一边享用一小杯菲诺或曼萨尼亚雪利酒，顺便品尝一下随酒水免费赠送的一小盘橄榄或当地熟食。塔帕斯小吃的精髓在于社交和快乐。顾客们还可以按照黑板上的菜单点上其他几道塔帕斯小吃或服务员推荐的特色小吃，但这些就不再免费了，需要买单付费。此外，也可以点些大份的塔帕斯小吃与朋友共享。"tapas"一词源自西班牙语动词"tapar"，意为覆盖，因为这种小吃最初源自当地调酒师的一种习惯：他们在为顾客调酒时，经常会在玻璃酒杯口上随意地盖上一片火腿或香肠。

　　在塞维利亚阳光明媚的早晨，酒吧、咖啡厅，尤其是那些位于市场内的，永远都不会空着。咖啡或茴香酒咖啡（在普通咖啡里加一点白兰地）通常搭配着当地的莫耶特三明治（mollete）：在面包上浇上少许橄榄油，或抹上浓稠的"红猪油"（用红甜椒上色的猪油）。每天早晨，也是吃油条、喝上一杯热巧克力的绝佳时机。通常，人们会在咖啡店和酒吧解决午餐，晚餐则回到家中吃，尤其是在冬季。塞维利亚的炸鱼店（freidurías）非常有特色，用橄榄油炸制的鱼油而不腻、香脆可口。顾客可以在店内用餐或点外卖带走。遵循塞维利亚自古以来鲜有变化的传统饮食方式，家庭烹饪通常使用简单而令人愉快的方法。"普切洛杂烩炖"（puchero）的名字来自拉丁文"pultarius"，它并不是简单用面粉和水制成的一道菜，而是炖菜的安达卢西亚版本，配料主要有：少量肉、腌猪骨、蔬菜和鹰嘴豆。卡斯帕楚埃罗鸡蛋汤

（gazpachuelo）也不是西班牙冷汤，这道菜无须使用西红柿，是一道由蛋清、大虾和无须鳕制成的精致热汤。昂贵的塞维利亚肉饭菜（arroz a la sevillana）显然不是西班牙海鲜饭，而是一道用克雷鱼、鲅鲢鱼、蛤蜊、乌贼、火腿、香肠、大蒜、豌豆、欧芹、烤红辣椒、洋葱和橄榄油制成的节日佳肴。

阿尔加拉夫是塞维利亚以西的一个地区，罗马人曾经叫这里"果园"，因为当地曾向罗马出口大量橄榄油和甜酒。阿尔加拉夫甜米饭（arroz dulce de Aljarafe）是一种用虾、鲅鲢鱼、西红柿、洋葱、芹菜、大米、小茴香种子和当地甜酒制成的当地菜肴。橄榄是经典的"塞维利亚炖鸡"（pollo a la sevillana）中不可或缺的配料。制作这道菜，首先需要将鸡肉油炸，加入迷迭香和薄荷腌制，随后放入卡苏埃拉陶锅中文火加热，最后加入橄榄。传统上，人们还会在这道菜中加入十字花科的芝麻菜，以赋予菜肴美丽的黄色。蜜炸果（pestiño）是一道有着强烈安达卢西亚风格的糕点，如今人们很少在家庭厨房里制备，通常在节日期间从当地著名的糕点店里购买。这道糕点是一首橄榄油的赞歌，首先将面团切成小块，揉成特殊形状，然后放入用苦橙皮调味过的橄榄油里油炸。制作面团需要的配料有：面粉、白葡萄酒、肉桂、大茴香、芝麻、烤杏仁、核桃、茴香酒、鸡蛋、酵母和蜂蜜。香甜四溢的圣莱安德罗蛋黄酥（yemas de San Leandro）是塞维利亚的终极美食，由蛋黄、糖浆、方旦糖和柠檬制成，其历史可追溯到16世纪时塞维利亚城中心著名的圣莱安德罗修道院，这里的修女们发明了这道糕点并售卖给民众。离开塞维利亚，在前往埃斯特雷马杜拉的梅里达途中，需要略微绕道而行，途经阿拉塞纳山脉和坐落在浪漫而危险的莫雷纳山麓下的贾布戈村。贾布戈作为原产地名称保护制度的一员，这里的火腿、猪肩、里脊肉和熟肉制品得到了充分的质量保证。这是伊比利亚黑猪的王国，古老的橡树林和德赫萨牧场森林一直延伸到北部的埃斯特雷马杜拉中心地区。

在安达卢西亚的西南部，离直布罗陀的海格力斯之柱不远，坐落着西班牙最古老的城市加的斯，又称"小银杯"（Tacita de Plata）。这座由腓尼基人建立的古城位于海边一片狭长的土地尽头。狭长多变的地理条件限制了加的斯城市的扩张，也保护了这座城市的历史传统。在城市的尽头，白墙金顶的教堂装饰着风景如画的比尼亚和圣玛利亚街区，狭窄的蜿蜒小巷通向小广场和主要的室内市场，那里的生活忙碌而惬意。在整个海湾，圣玛利亚港、圣卢卡·德巴拉梅达港和内陆的赫雷斯·德拉弗龙特拉城都是经典葡萄酒雪利酒的著名产地。在海湾周围，海滨沙丘菜园（navazos）出产着西班牙最优质的蔬菜。由于海水涨潮的水压变化和沙子的过滤作用，海滨沙丘菜园得以利用天然形成的地下淡水作为灌溉水源。人们在这里种植了一系列农产品，其中很多是历史上从美洲与海员和传教士一起抵达当地的。毕竟，在大航海时代，许多横跨大西洋的探险旅程都曾以加的斯作为起点。在这个食物丰富的地区，各种食材应有尽有。古老的阿拉玛德拉巴金枪鱼渔场可以捕获大量从大西洋到达地中海岸的金枪鱼。从瓜达尔基维尔河口到特拉法加海角，当地盛产的鱼和贝类数不胜数：对虾（langostinos）、枪虾（camarones）、圆尾双色鲷（acedias）、海葵（hortiguillas）、石首鱼（corvinas）、细点牙鲷（dentones）等。

赫雷斯·德拉弗龙特拉有好几种不同的饮食传统，其中有一些甚至永远不会融合在一起。拉罗·格罗松·德·麦克弗森（Lalo Grosso de Macpherson）的《用雪利酒做饭》（*Cooking with Sherry*）[17] 和曼努埃尔·瓦伦西亚（Manuel Valencia）的《赫雷斯吉卜赛美食》（*La cocina gitana de Jerez*）[18] 就是两个绝佳的例子。拉罗·格罗松·德·麦克弗森的母亲是波士顿人，父亲是安达卢西亚人。她的丈夫来自苏格兰，而她自己则在英国长大。最终，她在赫雷斯成为一名成功的餐饮服务商，为许多酒庄工作，如：奥斯本（Osborne）、冈萨雷斯·拜亚斯（Gonzalez Byass）和多梅克（Domecq）。在赫雷斯，上流社会的饮食受到法国、英国以及西班牙当地贵族的熏陶，并且大多数时候都是由专业厨师烹制的。这些厨师通常使用少量雪利酒来替代来自西班牙本土或外国的浓酱汁。[18]

曼努埃尔·瓦伦西亚是著名的吉卜赛厨师，他鼓励创造，通过对吉卜赛经典美食进行创新而对其发展做出了卓越贡献。在《赫雷斯吉卜赛美食》中，作者详细阐述了吉卜赛人在艰难时期和富裕时期的饮食传统，参考的资料可以追溯到 15 世纪初当地吉卜赛人记录的信息。一些历史学家认为，吉卜赛人从法国越过比利牛斯山脉来到西班牙。另一些人则认为吉卜赛人来自非洲。1499 年，吉卜赛人被迫放弃游牧生活，在固定地点定居，寻找工作并按照当时西班牙的习俗着装。事实证明，这几乎是不可能完成的任务。在接下来的几个世纪，迫于生存压力，吉卜赛人开始在赫雷斯附近的当地庄园或农舍工作，负责耕种葡萄园。作为酬劳，吉卜赛人终于可以为家人提供庇护所，还可以吃上橄榄油五花肉炖豆子。他们其余的食物则全部来自野外。毕竟，吉卜赛人一直都是在野外采集免费食物的专家。他们仿照野生芦笋（esparragás）烹饪方法，制作野生香菇（jongo）、牡蛎蘑菇（jeta）和西班牙牡蛎蓟（tagarninas）。首先，将所有食材过水煮沸；然后，加入橄榄油、大蒜、炸面包和红甜椒制成的酱汁调味。许多原始的吉卜赛菜谱可能已经消失了，但在不少菜市场的门口，吉卜赛妇女仍然在叫卖西班牙洋蓟和卡布利亚蜗牛（cabrilla），还附赠用来烹饪这两道菜肴的香料；换取的酬劳则被她们用来购买新鲜的沙丁鱼、鳗鱼、鲭鱼以及如今被称为"被遗忘的杂碎肉"的东西，如：牛脯。时至今日，使用牛尾、猪脸和牛肚烹饪的菜肴仍是吉卜赛人饮食的一部分。[19]

在加的斯东部的特拉法加角旁，坐落着巴尔瓦特港口和萨阿拉-德洛斯阿图内斯渔民村。从这里去往直布罗陀、马拉加和格拉纳达的交通非常方便。在马拉加，草帽、精美的蕾丝上衣和彩绘的棉质遮阳伞如今几乎被人们彻底遗忘了。马拉加当地人的曾祖父母辈曾享用过的地道美食也面临着彻底消失的命运。数十年来，专业厨师和美食作家为保护这些美食传统做出了巨大的努力。20世纪80年代初，在意识到马拉加美食令人遗憾的状况后，当地律师恩里克·马佩里（Enrique Mapelli）决定采取行动。恩里克·马佩里收集并出版了大量的当地菜谱以及著名作家们对马拉加美食的评论文章。他意识到家庭烹饪才是马拉加美食的精髓。马拉加美食远远不仅限于西班牙凉菜汤或海边酒吧提供的炸鱼，更不止是在官方庆典和富人餐桌上看到的那些全球美食菜单上记录的东西。

和一个世纪前不同，"分煮肉菜饭"（arroz a la parte）不再使用壁炉或在露天烹饪。如今，制作这道菜需要事先准备好浓汤，在汤里加入各种鱼和贝类，但在加入大米之前需要将鱼和贝类捞出。随后，在米饭中加入炒蒜头、炸面包屑、辣椒、欧芹、牛至和酒调味。这道菜肴以非常传统的西班牙方式分成三道菜上桌：肉汤、鱼和贝类以及米饭。"穷人土豆"（patatas a lo pobre）也是一道常见的当地菜。首先将炸土豆切成小圆片，并用黑胡椒、小茴香、面包屑、水、少许醋和红甜椒制成调味酱。随后用刚刚炸过土豆的油稍事加热调味酱。最后将调味酱洒在刚出锅的炸土豆上。

马拉加美食的精髓也可以在摩拉加节（Moraga）的沙丁鱼中找到。这个节日是一场纯粹的社交活动，亲朋好友聚集在一起的目的很简单：在温暖的夏夜里去海滩上品尝当季的新鲜沙丁鱼。新鲜捕获的沙丁鱼被串在金属烧烤扦子上，垂直地放置在熊熊燃烧的篝火周围。人们围在篝火四周，一边喝着当地葡萄酒，一边耐心等待着沙丁鱼出锅。这一场景被恩里克·马佩里深深地喜爱。在《文献》（Papeles）一书中，恩里克·马佩里展示了一道帕多·巴赞伯爵夫人描述过的火鸡菜谱：马拉加葡萄酒火鸡

（Pavipollo al Vino de Málaga）。这道菜肴是人们为庆祝美味的马拉加葡萄酒而创造的，配料包括：猪五花肉、洋葱、胡萝卜、葡萄酒、高汤、月桂叶和百里香。马拉加葡萄干、无花果干和杏仁在当地菜肴中也经常食用。杏仁是白蒜菜（ajo blanco）的精髓，这道菜与科尔多瓦的做法相同，但在马拉加，需要在上菜前加入一些新鲜葡萄。与西班牙冷汤类似，白蒜葡萄（ajo blanco con uvas）的口感主要是甜口，但带有一点苦味，通常使用杏仁、大蒜、面包、橄榄油、醋、水和盐制成。

在内陆地区，安特克拉坐落在塞维利亚、马拉加和格拉纳达的十字路口上，它的历史可以追溯到很久以前。建造于公元前2500年至公元前1800年之间的史前石碑忠实地守护着这座迷人的城市。年轻的卡斯蒂利亚王子费尔南多使用了这座城市的名字给自己命名，他曾与摩尔人进行旷日持久的战斗，并在15世纪初建立了花瓶骑士团和鹰鹫骑士团。极富基督教色彩的安特克拉猪油饼（mantecados de Antequera）是当地的一道经典甜点，如今仍在拉佩拉修道院和贝伦修道院中制作，是安达卢西亚圣诞节众多传统甜食的一种。根据原始菜谱，制作这道甜品需要轻烤面粉、糖、猪油、鸡蛋、肉桂和芝麻籽，有时也要用到杏仁。

到达安特克拉，格拉纳达就近在咫尺了。格拉纳达以阿尔罕布拉宫宏伟的宫殿和阿尔拜辛区数不胜数的小吃吧闻名于世。阿尔拜辛位于城市中心，是伊斯兰文化最古老的中心之一，也是品尝格拉纳达美食的最佳去处。在离市区不远，土地肥沃的阿尔普加拉和沃勒德勒克临曾是摩尔人在西班牙的最后据点。这里深受作家们的欢迎，如：杰拉尔德·布雷南（Gerald Brenan）和贝纳维德斯·巴拉哈斯（Benavides Barajas）等。4月份时，蚕豆和小洋蓟迎来了丰收的季节。每年4月收获的蚕豆和小洋蓟，个头纤小、口感软嫩。在当地的酒吧和餐馆，格拉纳达绿蚕豆（habas verdes a la granadina）是一道常见的菜肴。首先，将蚕豆煮沸过水并沥干，随后将蚕豆加入番茄、洋葱、大蒜酱和少量水加热煮熟。同时，还需要加入月桂叶、薄荷、欧芹和六个一切为四的洋蓟调味。朝鲜蓟变软后，最后加入孜然籽、藏红花和黑胡椒。穆扎拉布阿拉伯风味的其他菜肴还包括：茴香炖菜（cocido de hinojo）和杏仁酱小羊蹄（patitas de cordero en salsa de almendras）。

《格拉纳达的南方》（*South from Granada*）是杰拉尔德·布雷南在叶根撰写的一部自传。叶根是阿尔普加拉的一个偏远村庄，杰拉尔德·布雷南曾在此居住了很多年。杰拉尔德·布雷南是一位著名的作家和西学家，他在书中全面地描述了自己的厨房和储藏室。从9月至次年4月，屋梁上挂满了成串的葡萄，用以储存。储藏室的架子上则摆着装满了柿子、柑橘、橙子和柠檬的篮子，以及一两只阿尔普哈拉火腿。

然后就是蔬菜了。将西红柿和茄子被切成薄片，放在架子上。甜椒则悬挂在天花板上。架子上还摆着一罐罐自制橄榄、杏干、无花果、鹰嘴豆和小扁豆。

胜利鱼

在《西班牙美食指南》一书中，"后天方夜谭博士"狄奥尼西奥·佩雷斯用热情和夸张的方式描写了在埃斯特波纳和内尔哈镇之间的马拉加海岸盛产的凤尾鱼。在他看来，这是世界上最好的凤尾鱼，不过坎塔布里亚的拉雷多或巴斯克的贝尔梅奥的人们可能会反对这一说法，因为这两个渔港对凤尾鱼同样充满了巨大的热情。19世纪，来自马拉加的凤尾鱼不仅引起了美食作家和美食家的关注，而且也给一些著名的小说家带来了灵感，如：佩德罗·安东尼奥·德·阿拉尔孔（Pedro Antonio de Alarcón）。德·阿拉尔孔完全赞同狄奥尼西奥·佩雷斯的说法，认为马拉加的凤尾鱼毫无疑问是人间美味。但这两位作家都没有提到一个常常让旅行者感到困惑的细节：在马拉加，凤尾鱼又被称为博克隆鱼和胜利鱼。这是因为凤尾鱼通常在9月左右被捕获，而9月8日是马拉加保护神胜利女神的纪念日。在这一天，当地人会组织有格调的庆祝活动，新鲜出炉的凤尾鱼那诱人的香气弥漫在林孔德拉维多利亚（El Rincón de la Victoria）的大街小巷。林孔德拉维多利亚是阳光海岸上的一座典型城市。在这里，成百上千的国内外游客可以品尝到用胜利鱼制作的许多美食。长长的菜单列表令人印象非常深刻。使用大量的热橄榄油炸制凤尾鱼需要一定的专业技能，安达卢西亚妇女则是这方面的专家。凤尾鱼油炸后，通常使用大蒜、藏红花、小茴香、牛至、橄榄油、醋或柠檬来调味。自制醋腌凤尾鱼（boquerones en vinagre）则保留了凤尾鱼原汁原味的风味。制作这道菜，需要轻柔地清洗新鲜凤尾鱼并切成薄片，加入盐、醋和水腌制数小时，冲洗后加入少许橄榄油、香菜末和蒜蓉，就可以食用了。

杰拉尔德·布雷南还提到，除了猪肉制品、羊肉和特雷维雷斯节日火腿外，阿尔普哈拉人很少吃肉。他补充说："在一年中大多数的晚上，人们都会从海岸边捕获一车车的鱼：沙丁鱼、凤尾鱼、竹荚鱼、章鱼、墨鱼。"在谈到20世纪50年代初的西班牙美食时，布雷南解释道："西班牙菜肴的优劣取决于烹饪厨师的水平。"[20] 他本人最喜欢的菜肴是卡苏埃拉炖菜，这道菜肴的配料有：米饭、土豆、绿色蔬菜、鱼或肉、西红柿、辣椒、洋葱、大蒜、杏仁和藏红花。布雷南也非常喜爱沙拉以及夏季和冬季凉菜汤。而他不喜欢的菜则是当地炖肉锅、叶根版杂烩以及一些用劣质腌鳕鱼烹制的菜肴。此外，布雷南还十分钟爱用家兔、野兔和松鸡制作的菜肴，当地面包更是他的最爱："当地面包的味道和甜度与世界上其他任何地点的面包都不一样。"布雷南认为，造成这一差别的原因在于谷物在收割前达到的成熟度。

多年以后的今天，阿尔普哈拉当地人仍然在使用布雷南提到的一些食材和菜谱。这是一座美丽而富有特色的城镇，至今吸引着许多国内外游客来到这片格拉纳达南部的土地。一本新近出版的菜谱书也获得了美食作家和评论家的广泛好评。在《烟囱：阿尔普哈拉的菜肴和故事》（*Las Chimeneas: Recipes and Stories from an Alpujarran Village*）一书中，作者大卫·艾尔斯利（David Illsley）和艾玛·艾尔斯利（Emma Illsley）再次阐释了安达卢西亚人对传统饮食的依恋，当地人深深铭记着故乡美食的起源和传统。"烟囱酒店"是位于阿尔普哈拉市中心的一家小旅馆和饭店，这里全年提供卡苏埃拉炖菜，但配料中通常用意面替代大米。早春时节，这家饭店的卡苏埃拉炖菜还会加入时令蚕豆和当地火腿。传统的雷默宏沙拉（remojón），通常使用橙子、土豆、最优质的腌鳕鱼、黑橄榄、石榴籽制成，这道菜和蜜制茄子片（berenjenas con caña de miel）一样，是一道当地的特色美食。可以肯定的是，就算布雷南声称厌恶杂烩，他也一定会爱上"烟囱酒店"的茴香杂烩（puchero de hinojo）。这道菜是"烟囱酒店"两位大厨索里（Soli）和孔奇（Conchi）的拿手好菜，通常使用豆子、茴香和猪肉炖煮而成。[21]

加那利群岛

　　加那利群岛坐落在摩洛哥海岸线以西约 145 公里（90 英里）处的大西洋入海口。这里是通往美洲航线途中的补给站。从 1492 年起，西班牙航船在穿越大西洋之前都会在这些岛屿停靠，补充食物和水，并稍作休息整顿。在更早以前，古代的加那利群岛与亚特兰蒂斯的传奇联系也令人深深着迷。柏拉图显然相信亚特兰蒂斯失落的大陆曾真实存在。而托勒密甚至在地图上准确地标明了这些岛屿的位置，警告海员们在耶罗岛（the island of Hierro）之外就是世界的尽头。直到 14 世纪初，随着大量的欧洲人的到来，加那利群岛才被公认为世界的一部分。随着 1479 年 9 月 4 日《阿尔卡索瓦什和约》的签署，西班牙和葡萄牙之间实现了和平，彻底结束了残酷的卡斯蒂利亚王位继承战争。在协议中，两国还决定将亚速尔群岛、佛得角群岛、马德拉群岛和几内亚划归葡萄牙所有，西班牙则选择了加那利群岛，尽管在那时，这片岛屿不过是西班牙、葡萄牙、热那亚和佛兰德斯商人的游乐场。

从古至今，"贯切人"和"加那利"这些名称就被神秘和传说所包围。西班牙人将特内里费岛的原住民统称为"贯切人"，后来又使用这个名称统称整个加那利群岛的原住民。事实证明，现代历史学家对加那利群岛名称的由来仍存在着分歧。它是否来自拉丁语？是否指当地数量众多的地中海僧海豹（canes marinos）？这些海豹每年都会大批来到来加那利群岛，捕猎鱿鱼并生产幼崽。又或者，它起源于卡纳里（Canari）一词？卡纳里人是来自非洲阿特拉斯山脉的柏柏尔人部落，曾被罗马人放逐到加那利群岛，作为对他们叛乱的惩罚。从罗马时代到中世纪，由于不能为潜在的欧洲定居者带来财富和动力，加那利群岛被世界遗忘了，在石器时代的文明阶段停留了好几个世纪。就像加勒比海的塔伊诺人所遭遇的情况一样，在欧洲人到来仅仅几个世纪后，贯切人就从这片土地上彻底消失了。

在特内里费岛，烤石斑鱼搭配皱皮土豆和莫霍红辣酱

　　很快，摩尔人和非洲奴隶开始在加那利群岛大面积种植来自
非洲的甘蔗。一些岛屿的土壤和气候非常适合甘蔗的生长，于是
甘蔗种植业蓬勃发展了起来。此外，特内里费岛上的葡萄园也开
始生产美味的马尔瓦西亚斯葡萄（Malvasías），这吸引了英国和
爱尔兰商人来到这里发展葡萄酒贸易。随着大西洋两岸食品交流

的加深，土豆和辣椒传到了加那利群岛。加那利当地人用"帕
帕"和"小帕帕"来统称来自安第斯山脉的土豆。这些农作物在
加那利群岛找到了理想的种植地，因为这里降雨量极其丰富，尤
其是特内里费岛。早在16世纪中叶，大桶的土豆就已从大加那
利岛和特内里费岛出口到佛兰德斯。1532年，弗朗西斯科·皮萨
罗首次在秘鲁发现了土豆。而仅仅三十年后，洛佩斯·德·戈玛
拉就在加那利群岛记载了土豆的存在。因此，我们认为，土豆并
不是直接传到了西班牙大陆地区，在引进旧大陆之前可能已经首
先传到了加那利群岛。[22]

西红柿是在加那利群岛上大获成功的另一种作物。到19世
纪，加那利群岛已开始向英国和北欧大量出口西红柿。但直到19
世纪末，仍有很大一部分岛民的饮食非常匮乏，他们甚至很少能
吃得上煮熟的食物。加那利岛上木材稀缺、价格昂贵，肉的价格
也很高。因此，当时岛民的饮食以面包和高非奥面（gofio）为
主。高非奥面是用劣质的烤谷粒，甚至豆或蕨根制成的面粉。最
好的面包自然是用大麦面粉做的。蕨根也是贯切人饮食中的重要
组成部分，通常会搭配羊油、羊肉、牛奶和鱼一起烹饪。与早期的
记录和欧洲人最初的想法相反，贯切人知道如何以相当复杂的方式来
烹饪食物。他们通过烧烤肉和鱼使其变得可口且易于消化，也会用陶
锅来保存动物脂肪。此外，他们还烘烤大麦，加入水和牛奶煮沸后与
蜂蜜一起食用。

今天我们所知道的加那利美食包括许多不同的菜肴，其中最
美味的当属受到伊比利亚半岛（尤其是安达卢西亚）和加勒比风

味影响的传统加那利菜肴。麻辣兔肉（conejo en salmorejo）是一道当地的特色烤兔菜肴。首先在兔肉中加入大蒜、小茴香、胡椒粉、盐、橄榄油、醋和酒腌制，随后烧烤。皱皮土豆则是将土豆浸在海盐水里烹煮，直到土豆的表皮起皱，并配以来自加勒比或墨西哥的不同酱料。莫霍红辣酱（Mojo picón）是红色的，口味极辣，主要用小茴香、大蒜、橄榄油、醋、西红柿和红辣椒制成。莫霍绿辣酱（Mojo verde）则使用香菜制成，通常用来与鱼类菜肴搭配。当地人还用细点牙鲷搭配土豆、小茴香、藏红花来制作浓稠的鱼汤。与安达卢西亚同名菜肴的食材略有不同，艾斯卡卫切腌鱼（escabeche de pescado）的配料主要包括橘子、杏仁和葡萄干。在某些香料的使用上，我们可以看到加那利美食和西班牙南部之间有着千丝万缕的联系，这里也普遍使用肉桂、大茴香、肉豆蔻、丁香、黑胡椒、姜、小茴香和藏红花。此外，在塞维利亚备受欢迎的鸡肉饭和风靡全西班牙的肉馅饼也深受加那利人的喜爱。而加那利传统甜品"莫莱蛋"（huevos moles）则明显来源于葡萄牙，通过当地人的改良适应了当地口味，其主要配料包括：蛋黄、糖、水、马尔瓦西亚葡萄酒和肉桂。通过在隔水蒸煮的过程中不断搅拌，糖浆和蛋黄液最终由奶油状变得更为浓稠。

与此同时，高非奥面作为加那利岛民曾经的救世主，至今仍然被岛民的子孙后代广泛使用。尽管小麦面包一直占据着重要的地位，但用高非奥面包配牛奶或搭配流行菜肴仍然是加那利群岛民日常饮食的不二选择。[23]

西班牙的地区奶酪

尽管西班牙各地盛产的奶酪质量上乘且历史悠久，但直到十年前，除了曼彻戈奶酪（Manchego）以外，西班牙奶酪在国际上鲜为人知，甚至在其产区之外的国内地区也都没有什么知名度。西班牙的奶酪文化是旧传统与新技术的结合。在过去的三十年中，美食爱好者和奶酪制造商一直在试图拯救濒临灭绝的奶酪，并努力绘制独特的奶酪地图。如今，这张地图包含了一百多种奶酪变种，其中二十多种得到了原产地名称保护制度的质量保证。西班牙生产的奶酪种类繁多，反映出西班牙不同地区的地理多样性以及饲养动物的丰富性。

在西班牙，绵羊和山羊随处可见。从加泰罗尼亚到直布罗陀海峡的地中海沿岸，山羊特别适应当地恶劣的地理条件。历史上，绵羊一直圈养于内陆地区，如：梅塞塔、纳瓦拉、阿拉贡和埃斯特雷马杜拉；奶牛则多养殖于郁郁葱葱的北部地区，尤其是加利西亚到比利牛斯山麓地段。西班牙的奶酪多有两种或三种变体形式：新鲜奶酪（fresco）、具有较短成熟期的半熏制奶酪（semicurado），以及完全成熟的熏制奶酪（curado）。

西班牙北部地区出产着全国大部分的奶酪，种类也占到全国总数的大约一半，这是因为北部地区丰富的降雨为奶牛提供了理想的栖息地。在这里，加利西亚黄奶牛（Rubia Gallega）和阿斯图里亚奶牛（Asturiana）等当地品种与荷兰奶牛（Friesian）等外国奶牛平分天下。一些牧场主还饲养了少量绵羊和山羊。在奶牛牛奶出产量较低的季节，他们将牛奶和羊奶混合制作奶酪。这种做法其实传承自牧羊人的传统，他们通常在夏季将所有牲畜带到高地，并混合两种甚至三种不同类型的奶用以制作奶酪。

在加利西亚、阿斯图里亚斯，尤其是坎塔布里亚，直到近些年前，所有农村家庭的梦想仍然是拥有两到三头奶牛。农民将这些珍贵的动物圈养在自家附近，将牛奶出售给当地乳品商，也会留下一部分新鲜牛奶用于家庭消费和自制奶酪，如果还有剩余，则会用来制作美味的节庆布丁。时至今日，一些妇女仍然像往常一样在自己的农舍里做奶酪，但这样的情况越来越少了。欧盟法规不允许拥有少于七头奶牛的农民向当地牛奶店出售牛奶。因此，对许多人来说，一种古老而珍贵的生活方式已经画上了句号。

加利西亚特迪亚乳房奶酪得名于其非凡的形状（据说像女孩的乳房）。这种奶酪在西班牙各地都十分流行。它质地光滑，呈黄油状，口味介于乳酸和甜味之间。阿尔苏阿奶酪（Queso de Arzúa）与乳房奶酪相似，但外观呈圆饼形，是一种传统的自制奶酪。来自卢戈的圣西蒙奶酪（San Simon）是西班牙极少数的熏制奶酪之一。如今，小型手工匠商和工业生产商如雨后春笋般冒出，使这些奶酪得以广泛分销，但加利西亚人仍偏向于在当地市场上购买奶酪。在那里，农民出售由自家牛奶制成的奶酪，它们鲜美可口但形状略显不规则。

再往东去，就来到了阿斯图里亚斯的山谷和小村庄，这些分布在坎塔布里亚山脉中心一连串锯齿状山峰上的城镇生产着出类拔萃的奶酪。产自这里的奶酪不仅在伊比利亚半岛鹤立鸡群，甚至在全世界都声名远扬。阿福卡皮涂奶酪（Afuega'l pitu）是一种用手工模具打造的圆锥状半软质奶酪，分为新鲜奶酪和熏制奶酪两种。它的名字十分不同寻常，取自当地方言，意为"哽住公鸡"，指的是这种奶酪的质地是如此稠密，以至于公鸡都被哽住了！

　　阿斯图里亚斯的石灰岩洞穴中发酵生产着辛辣而美味的蓝奶酪，例如：拉佩拉尔奶酪（La Peral）、加莫内多奶酪（Gamonedo）以及最为珍贵的卡巴莱斯奶酪。卡巴莱斯奶酪通常使用未经巴氏消毒的牛奶制成的（请注意，不是山羊奶）。但在一年中的某些季节，人们也会用牛奶、山羊奶和绵羊奶混合制作这一奶酪。这些石灰岩洞穴全年保持低温和高湿，十分有利于青霉菌从奶酪外皮自然发酵扩散到奶酪的中心，这在蓝奶酪中是相当罕见的。

　　巴尔德隆奶酪（Valdeón）是另一种蓝奶酪，在西班牙以外的地区更加受欢迎。巴尔德隆奶酪的奶油味更加醇厚，且不像卡巴莱斯奶酪那样娇贵，通常生产于卡斯蒂利亚 – 莱昂的边境地区。它的特点是外表覆盖有枫叶层，用于保护和储存奶酪。

　　在历史上，奶酪的生产并不局限于小农制造商和牧羊人。宗教指令对于区域奶酪的发展也至关重要。在坎塔布里亚山脉和山谷周围，散布着众多修道院，这里仍然像中世纪那样一如既往地制作着当地的奶酪。库布雷斯是坎塔布里亚海岸的一座小村庄，以可口多汁的柠檬闻名，当地人用柠檬树装饰着城镇的花园和街道。在这里，当地修道院通过出售奶油奶酪（queso de nata）和切苏可斯奶酪来增加收入。切苏可斯奶酪是一种独特的小型奶油牛奶奶酪。在同样位于坎塔布里亚山脉的帕斯山谷，卡尔米亚奶酪（queso de las Garmillas）是一种易碎的奶油奶酪。这种奶酪由于未经压制，因此必须放置在两张防油纸之间出售。当地厨师十分鼓励使用卡尔米亚奶酪，因为它口感极佳，且十分符合新式烹饪的理念和菜谱。

在巴斯克，如果在美食协会或苹果酒屋的饭菜中，找不到一片烟熏伊迪亚萨瓦尔奶酪或核桃，这种情况是当地人根本无法想象的。从远古时期开始，当地的农舍和巴斯克牧民就开始生产伊迪亚萨瓦尔奶酪。伊迪亚萨瓦尔这个名字源于古代比斯科亚省位于乌比亚和阿拉拉山脉中心的一小片地区。生长于肥美夏季牧场上的母羊生产出的纯正羊奶，赋予了新鲜的伊迪亚萨瓦尔奶酪独特的口感。而熏制版的伊迪亚萨瓦尔奶酪则更为传统。历史上，牧羊人夏季居住在凉爽的山区住所，通常将这些奶酪放在灶台附近，让其自然熏制成熟。

在比利牛斯山脉附近，奶牛与绵羊共享着牧场。罗纳尔山谷是纳瓦拉地区最美丽的山谷之一，当地牧羊人制作的奶酪是西班牙最古老的奶酪之一。罗纳尔奶酪（Roncal）的形状类似于其他传统的硬羊奶酪（如曼彻戈奶酪），但是它具有非常特别的香气。在这里，绵羊被放养于永远覆盖着新鲜牧草和清新野花的山脉和山谷中，并以牧草和野花为食。这给罗纳尔奶酪带来了独特的香气。放养绵羊造就了饲养者和牧羊人独特而严谨的生活方式。在西班牙文学和民间文学艺术中，牧羊人被塑造成浪漫的人物，同时也是技能高超的奶酪制造者。

绵羊是埃斯特雷马杜拉、卡斯蒂利亚－莱昂和卡斯蒂利亚－拉曼恰的重要景观，在那里有很多的本地绵羊品种。其中，库拉绵羊（Churra）和曼彻戈绵羊（Manchega）最为著名。被大量养殖的美利奴绵羊以其优质的羊毛和美味的肉质闻名，也为西班牙独特的奶酪提供了原料。在每年初冬的某一天，马德里都会停止一条主要干道上的所有交通，为从中央高原北部迁徙至南部的大批羊群让路。把羊群赶到城市的用意昭然若揭：西班牙牧羊人在每年的这一天提醒着人们记得卡斯蒂利亚国王阿方索六世在 12 世纪赋予他们的权利。

西班牙最经典的两种羊奶奶酪是梅塞塔北部地区生产的萨莫拉奶酪（Zamorano）和梅塞塔南部拉曼恰地区生产的曼切戈奶酪。这两种奶酪都有着令人难忘的历史。西班牙裔罗马人十分喜爱来自梅塞塔的奶酪，并鼓励这种奶酪的生产。在季米诺修士（Jimeno）撰写的《奶酪之书》（*Noticia de Kesos*）中，奶酪第一次以西班牙语的形式书写下来。季米诺修士于 9 世纪在莱昂罗素埃拉的圣贾斯特修道院工作。在谈到 12 世纪的西班牙农业时，阿布·扎卡里亚提到了阿拉伯人对西班牙中部地区畜牧业尤其是牧羊业的重视。阿拉伯人对羊肉更感兴趣，也十分喜爱当地牧羊人制作的阿尔穆亚巴巴纳奶酪（也就是今天的曼切戈奶酪）。11 世纪，阿方索六世征服了摩尔人的首都托莱多，西班牙中部的经济、宗教和社会结构发生了翻天覆地的变化。在基督教军队占领之后，阿拉伯人、犹太人和基督教徒曾拥有的传统小农场开始了缓慢的合并过程，最后演变成阿方索王朝的贵族们享有所有权的大型农场庄园。随着基督教军队向南推进，很多由摩尔人耕种的土地都被废弃了。恢复当地常住居民人口数量成了一个棘手的问题。在卡斯蒂利亚－莱昂王国，很少有人乐意背井离乡，去更艰苦的乡村艰难度日，因此要想让他们向南迁徙必须给出丰厚的回报。阿方索六世赐予新移民广阔的土地以放牧绵羊、生产羊毛，这在当时是非常有利可图的产业，奶酪的生产则不值一提。直到17世纪，在拉曼恰地区羊毛生产一直占据主导地位，直到人口增长的压力迫使土地使用转向谷物种植。最终，冬季牧场成为过去时，畜牧业的大规模季节迁徙也逐渐消失了。随着羊群移徙的牧羊人让位给了耕种土地的农民，羊毛的产量开始下降，但是肉类和曼切戈奶酪的产量却增加了。

埃斯特雷马杜拉一直是梅塞塔地区绵羊的冬季避难所。如今，当地农民使用美利奴羊奶生产两种特殊的奶酪：卡萨尔饼状奶酪（Torta del Casar）和拉塞雷纳奶酪（Queso de La Serena）。每年11月至次年6月是牧草最为肥美的季节，这一时期生产的奶酪质量也是最为上乘的。最抢手的奶酪是使用从当地刺苞菜蓟中提取的蔬菜凝乳酶，并由有经验的工匠手工制作。使用刺苞菜蓟制作的奶酪有一种美妙的流沙口感，且带有轻微的苦味，这一点非常特别。

在西班牙地中海沿岸的东部地区，山羊在奶酪制造业占主导地位，为柔软的新鲜奶酪和坚硬的熏制奶酪提供着原料。自罗马时代至今，新鲜山羊奶酪的生产满足着当地城镇需求。从加泰罗

埃斯巴托草褶是许多卡斯蒂利亚奶酪的标志性图案

尼亚到加的斯省的海格力斯之柱之间，各大主要城市和港口间的贸易繁荣了数百年。玛朵奶酪（Mató）是加泰罗尼亚许多农场生产的一种新鲜奶酪，简单搭配上蜂蜜、水果和坚果就是一道完美的甜点。

在瓦伦西亚，一些奶酪的名字来源于制作奶酪的模具或布料，例如卡索乐塔（cassoleta，一种小火山状的木制模具）或塞尔耶塔（servilleta，一种餐巾状的模具）奶酪，这两种奶酪都非常接近希腊的菲达羊乳酪（feta）。有些奶酪十分新鲜，乳清仍在奶酪中流淌；另一些奶酪则熏制成熟，结构也更加稳定。穆尔西亚奶酪（Murcia）以其出产地命名，直到不久之前，都是由牧羊人手工生产的。熏制版的穆尔西亚奶酪（Murcia al vino）需要将奶酪

© 2000 Fernando Fernández
La oveja siempre muestra un gran instinto maternal: la cría mama confiada bajo la atenta mirada de la madre.

曼切戈奶酪是用曼切戈绵羊生产的羊奶制成的

浸入葡萄酒中，为奶酪外皮带来独特的颜色。

　　山羊在西班牙地中海地区的霸主地位仅仅在巴利阿里群岛（尤其是梅诺卡岛）上受到了挑战。在这里，天气多变，冬天多大风和雨天，夏天则炎热干燥。当地农民为了应对特殊的气候条件，更多地依靠放牧奶牛而不是耕种土地。17 世纪，英国人在占领巴利阿里群岛期间，为梅诺卡岛引进了更具生产力的奶牛品种，这极大地改善了当地的奶酪质量。马洪，作为梅诺卡岛最主要的城镇，生产着巴利阿里群岛最好的奶酪：马洪奶酪（Mahón）。人们用棉布将未经巴氏消毒的牛奶制成经典的方形手工马洪奶酪。传统上，这种奶酪的外皮覆盖着橄榄油、黄油或红甜椒黄油，呈现出诱人的橙色。马洪奶酪略带乳酸，口感是清淡的咸味，成熟后具有类似巴马干酪（Parmesan）的粉状质地。

加那利群岛保持着制作坚硬的山羊奶酪的优良传统。这里的每个岛屿都自己生产奶酪，其中，兰萨罗特岛的马约罗罗奶酪（Majorero）是西班牙最出类拔萃的山羊奶酪。这是一种圆形的大奶酪饼，带有成熟水果的复杂风味，外皮上刻有棕榈叶的图案。

在西班牙，老一辈人经常说："只要有了面包、奶酪和葡萄酒，旅程就完整了。"然而，数百年以来，西班牙美食在其旅程中，涉及的远不止以上这三样。可以说，从史前的阿塔普尔卡到 20 世纪 70 年代初，西班牙美食在不断寻求自我的过程中进展缓慢。现在，西班牙美食已经成功找到了自我定位，并且仍然像过去一样丰富多元。西班牙美食已走向成熟，其声望也达到了难以媲美的高度。同样重要的是，西班牙人变得更有冒险精神，现在他们愿意放下对故乡美食的执着，打破常规，探索新的美食领域。有时候，他们发现的是与某一特定区域相关的传统美食，而在其他更多时候，他们发现的是更具创新性和创造性的新美食。西班牙今后在美食发展的旅程中将何去何从，这个问题的答案难以回答。今天，由政治和经济不确定引起的混乱不仅影响着欧洲，而且在世界其他许多地区都有目共睹。这种混乱也影响了西班牙食品和餐饮业的某些领域。让我们共同期待：通过在质量控制方面的努力和专业人员的无私奉献，西班牙美食能够适应可能发生的变化，而无须做出过多妥协。而在今后的时间里，只有历史才能告诉我们所有发生的一切。

引言

1 J. H. Elliott, *Imperial Spain: 1469–1716* (London, 2002), p. 13.

第一章　无名之地

1 Roger Collins, *Spain: An Oxford Archaeological Guide* (Oxford, 1998).

2 José Miguel de Barandiarán and Jesús Altuna, *Selected Writings of José Miguel de Barandiarán: Basque Prehistory and Ethnography* (Reno, NV, 2007), pp. 39–45.

3 María José Sevilla, *Life and Food in the Basque Country* (London, 1989), pp. 70–71.

4 Mattias Jakobsson et al. 'Ancient Genomes Link Early tfarmers from Atapuerca in Spain to Modern-day Basques', *pnas* (*Proceedings of the National Academy of Sciences of the United States of America*), cxii/38 (2015).

5 Jan Read, *The Wines of Spain* (London, 1982), p. 27.

6 Sebastián Celestino and Carolina López-Ruiz, *Tartessos and the Phoenicians in Iberia* (Oxford, 2016), pp. viii, 70–72, 191–6.

7 H. C. Hamilton and W. tfalconer, trans., *The Geography of Strabo*, vol. iii (London, 1857).

8 Carmen Gasset Loring, *El arte de comer en Roma: alimentos de hombres manjares de dioses* (Merida, 2004).

9 Cato, *Cato: On Farming* [1998], trans. Andrew Dalby, ebook (London, 2016).

10 Mark Cartwright, 'Trade in the Roman World', *Ancient History Encyclopedia* at www.ancient.eu, 12 April 2018.

11 Eloy Terrón, *España encrucijada de culturas alimentarias* (Madrid, 1992), pp. 45–6.

12 Paul tfouracre, ed., *The New Cambridge Medieval History: c. 500–700*, vol. i (Cambridge, 2005), p. 357.

13 Stephen A. Barney et al., eds and trans., *The Etymologies of Isidore of Seville* (Cambridge, 2009).

第二章　摩尔人、犹太人和基督教徒

1　Garci Rodríguez de Montalvo, *Amadís de Gaula* (Barcelona, 1999).

2　Juan Lalaguna, *A Traveller's History of Spain* (London, 2011), pp. 22–3.

3　Joseph tf. O'Callaghan, *History of Medieval Spain* (New York, 1983), pp. 49–54.

4　Emilio Lafuente y Alcántara, *Ajbar Machmua: crónica anónima del siglo xi, dada a luz por primera vez* (Charleston, SC, 2011).

5　Lucie Bolens, *La cocina andaluza un arte de vivir: siglos xi–xiii*, trans. Asensio Moreno (Madrid, 1992), pp. 43–6, 49–51, 71–2.

6　José Moreno Villa, *Cornucopia de México* (Mexico City, 2002), p. 381.

7　Manuel Martínez Llopis, *La dulcería española: recetarios histórico y popular* (Madrid, 1990), pp. 20–24.

8　Juan Antonio Llorente, *History of the Inquisition of Spain from the Time of Its Establishment to the Reign of Ferdinand vii*, ebook (London, 1826).

9　Elena Romero, *Coplas sefardíes: primera selección* (Cordoba, 1988).

10　Harold McGee, *On Food and Cooking: An Encyclopedia of Kitchen, Science, History and Culture* (London, 2004).

11　Gil Marks, *Encyclopedia of Jewish Food* (New York, 2010), p. 561.

12　Martinez Llopis, *La dulcería española*, pp. 24–5.

13　Carolyn A. Nadeau, 'Contributions of Medieval tfood Manuals to Spain's Culinary Heritage', *Cincinnati Romance Review*, xxxiii (2012).

14　'Nunca dexaron el comer a costunbre judaica de manjarejos e olletas de adefinas e manjarejos de cebollas e ajos refritos con aceite; e la carnen guisaven con aceite, o lo echaven en lugar de tocino e de grosura, por escusar el tocino. El aceite con la carne e cosas que guisan hace oler muy mal el resuello, e así sus casas e puertas hedían muy mal a aquellos manjarejos: e ellos esomismo tenían el olor de los judíos, por causa de los manjares ... No comían puerco sino en lugar focoso, comían carne en las cuaresmas e vigilias e quatro tenporas en secreto ... comían el pan cenceño, al tiempo de los judios e carnes tajale.' Andrés Bernáldez, *Memorias del reinado de los Reyes Católicos, que escribía el bachiller Andrés Bernáldez, cura de los palacios*, ed. Manuel Gómez-Moreno and Juan de M. Carriazo (Madrid, 1962), pp. 96–7. In Spain olive oil and the fat from pigs, of which *manteca de cerdo* or rendered pork fat (lard) is the best, have always been used for cooking and pastry- making in diferent parts of the country.

15 Jaime Roig, *Spill o Llibre de les Dones. Edición crítica con las variantes de todas las publicadas y las de ms de la Vaticana, prólogo, estudio y comentarios por Roque Chabés* (Barcelona, 1905).

第三章　城堡中的生活

1 Juan Cruz Cruz, *Gastronomía medieval*, vol. ii: *Dietética, Arnaldo de Vilanova: Régimen de Salud* (Navarre, 1995), pp. 8–9.

2 Rudolf Grewe, *Llibre de Sent Soví, llibre de totes maneres de potages de menjar*, ed. Amadeu Soveranas and Juan Santanach, 2nd edn (Barcelona, 2009).

3 tfrancesc Eiximenis, *Lo Crestià* [1379–1484] (Barcelona, 1983).

4 Eiximenis, *Com usar bé de beure e menjar: normes morals contigudes en el Terç del Crestià*, ed. Jorge J. E. Gracia (Barcelona, 1925).

5 Enrique de Villena, *Arte cisoria*, ed. tfelipe-Benicio Navarro (Barcelona, 2006). 6 Angus Mackay, 'The Late Middle Ages, 1250–1500', in *Spain: A History*, ed. Raymond Carr (Oxford, 2000), p. 108.

7 Julius Klein, *La Mesta: A Study in Economic History between 1273 and 1836* (Cambridge, MA, 1920).

8 Henry Kamen, 'Vicissitudes of a World Power, 1500–1700', in Carr, ed., *Spain*, p. 53.

9 Eloy Terrón, *España encrucijada de culturas alimentarias: su papel en la difusión de los cultivos americanos* (Madrid, 1992), p. 71.

10 José Pardo Tomás and María Luz López Terrada, *Las primeras noticias sobre plantas americanas en las relaciones de viajes y crónicas de Indias* (Valencia, 1993).

11 Manuel Zapata Nicolas, *El pimiento para pimentón* (Madrid, 1992).

12 Bernabé Cobo, *Historia del nuevo mundo* [1653], Google ebook (Seville, 1891).

13 Carolyn A. Nadeau, *Food Matters: Alonso Quijano's Diet and the Discourse of Food in Early Modern Spain* (Toronto, 2016), p. 90.

14 Garcilaso de la Vega (El Inca), *Royal Commentaries of the Incas and General History of Peru*, ed. Karen Spalding, trans. Harold V. Livermore (Indianapolis, IN, 2006).

15 Redcliffe Salaman, *History and Social Influence of the Potato*, ed. J. G. Hawkes (Cambridge, 1985), pp. 68–72.

16 José de Acosta, *Historia natural y moral de las Indias* [1590], ebook (Madrid, 2008).

17 Sophie D. Coe, *The True History of Chocolate* (London, 1996), p. 133.

18 Martha tfigueroa de Dueñas, *Xocoalt: Chocolate, la aportacíon de México al mundo,*

recetas e historia (Mexico, DF, 1995), p. 11.

19 Diego de Landa, *Yucatan before and after the Conquest*, trans. William Gates (Mineola, NY, 2014).

20 Gabriel Alonso de Herrera, *Libro de agricultura general de Gabriel Alonso de Herrera*, ed. Real Sociedad Económica Matrileña (Madrid, 1818–19).

21 Text trans. Robin Carroll-Mann, 2001.

22 Ibid.

23 Juan Cruz Cruz, *Gastronomia medieval*, vol. i: *Cocina, Ruperto de Nola: Libro de los Guisados* (Navarre, 1995), pp. 74–6.

第四章　黄金世纪

1 Juan Sorapán de Rieros, *Medicina española en proverbios vulgares de nuestra lengua* (Madrid, 1616).

2 Otto Cartellieri, *The Court of Burgundy* (Abington, 2014).

3 Diana L. Hayes, 'Reflections on Slavery', in Charles E. Curran, *Changes in Official Catholic Moral Teaching* (Mahwah, NJ, 2003), pp. 65–9.

4 Nicholas P. Cushner, *Lords of the Land: Sugar, Wine and Jesuit Estates of Coastal Peru, 1600–1767* (Albany, NJ, 1980), pp. 38–40.

5 Mitchell Barken, *Pottery from Spanish Shipwrecks, 1500–1800* (Pensacola, FL, 1994).

6 Regina Grafe, 'Popish Habits vs. Nutritional Need: tfasting and tfish Consumption in Iberia in the Early Modern Period', *Discussion Papers in Economic and Social History*, 55 (Oxford, 2004).

7 Rosa García-Orellán, *Terranova: The Spanish Cod Fishery on the Grand Banks of Newfoundland in the Twentieth Century* (Irvine, CA, 2010).

8 Julio Camba, *La casa de Lúculo o el arte de comer* (Madrid, 2010), p. 45.

9 Juan Ruiz, *Libro del Buen Amor* [1432], ed. Raymond S. Willis (Princeton, NJ, 1972).

10 tfrancisco Abad Nebot, 'Materiales para la historia del concepto de siglo de oro en la literatura española', *Analecta Malacitana*, iii/2 (1980), pp. 309–30.

11 'Yo señora, pues me paresco a mi aguela que a mi señora madre y por amor de mi aguela me llamaron a mi Aldonza, y si está mi aguela bivia, sabía más que no sé, que ella me mostró guissar, que en su poder deprendi hacer fideos, empanadillas, alcuzcuz con garbanzos, arroz entero, seco, grasso, albondiguillas redondas y apretadas con culantro verde, que se conocían las que yo hazía entre ciento. Mira, señora tía que su padre de

mi padre dezía: !Estas son de mano de mi hija Aldonza! Pues adobado no hacía? Sobre que cuantos traperos avía en la cal de la Heria querian provallo, y maxime cuando era un buen pecho de carnero. Y !que miel! Pensa, señora que la teniamos de Adamuz y zafran de Penafiel, y lo mejor de la Andaluzia venía en casa d'esta mi aguela. Sabía hacer hojuelas, prestinos, rosquillas de alfaxor, textones de cañamones y de ajonjoli, nuégados . . .' José Carlos Capel, *Pícaros, ollas, inquisidores y monjes* (Barcelona, 1985), p. 186.

12 Linnette tfourquet-Reed, 'Protofeminismo erótico-culinario en *Retrato de la Lozana Andaluza*', *Centro Virtual Cervantes*, aiso, Actas vii (2005), at https://cvc.cervantes. es.

13 Juan Luis Vives, *The Education of a Christian Woman: A Sixteenth-century Manual*, ed. and trans. Charles tfantazzin (Chicago, IL, and London, 2000).

14 Miguel de Cervantes, *Don Quixote* (Part ii), trans. Edith Crossman (London, 2004), pp. 582–91.

15 María del Carmen Simón Palmer, *Alimentación y sus circunstancias en el Real Alcázar de Madrid* (Madrid, 1982), pp. 45–53.

16 Carolyn A. Nadeau, 'Early Modern Spanish Cookbooks: The Curious Case of Diego Granado', *Food and Language Proceedings of the Oxford Symposium on Food and Cooking*, ed. Richard Hoskings (Totnes, 2009).

17 Domingo Hernández de Maceras, *Libro del arte de cocina* [1607] (Valladolid, 2004), pp. 3–71.

18 William B. Jordan and Peter Cherry, *Spanish Still Life from Velázquez to Goya* (London, 1995), p. 36.

第五章　马德里、凡尔赛宫、那不勒斯以及最棒的巧克力

1 María de los Angeles Pérez Samper, *Mesas y cocinas en la España del siglo xviii* (Jijón, 2011), p. 153.

2 Eva Celada, *La Cocina de la Casa Real* (Barcelona, 2004), p. 26.

3 Ken Albala, *Beans: A History* (Oxford and New York, 2007), pp. 71, 19.

4 William B. Jordan and Peter Cherry, *Spanish Still Life from Velázquez to Goya* (London, 1995), pp. 152–62.

5 tfernando García de Cortázar and José Manuel González Vargas, *Breve Historia de España* (Madrid, 2015), pp. 342–7.

6 Montesquieu, 'Consideraciones Sobre las Riquezas de España' [c. 1727 8], ed. Antonio Hermosa Andújar, *Araucaria*, xxxix (2018), pp. 11–17.

7 Montesquieu, *The Spirit of the Laws*, ed. Anne M. Cohler (Cambridge, 1989).

8 'En el mismo instante que forzado de la obediencia me hallé en el empleo de la cocina, sin director que me enseñara lo necesario para el cumplimiento de mi oficio, determine, cuando bien instruido, escribir un pequeno resumen or cartilla de cocina, para que los recien profesos, que del noviciado no salen bastante instruidos, encuentren en él sin el rubor de preguntar que acuse su ignorancia quanto pueda ocurrirles en su oficina.' Juan Altimiras, *Nuevo arte de cocina sacado de la Escuela de la Experiencia Económica* (Madrid, 1791), p. 21.

9 Antonio Salsete, *El cocinero religioso*, ed. Manuel Sarobe Puello (Pamplona, 1995), p. 112.

10 Christopher Columbus, *The 'Diario' of Christopher Columbus's First Voyage, 1492–1493*, ed. and trans. Olive Dunn and James E. Kelly Jr (Norman, ok, and London, 1989).

11 Enriqueta Quiroz, 'Del mercado a la cocina: La alimentacíon en la Ciudad de Mexico en el siglo xvii: entre tradición y cambio', in Pilar Gonzalbo Aizpuru, *Historia de la vida cotidiana en Mexico*, vol iii (Mexico City, 2005), pp. 17–44.

12 Elisa Vargas Lugo, *Recetario novohispano, México, siglo xviii* (Anónimo) (Mexico City, 2010); Dominga de Guzman, *Recetario de Dominga de Guzman* [1750] (Mexico City, 1996); Jerónimo de San Pelayo, *El libro de cocina del Hermano Fray Gerónimo de San Pelayo, México, siglo xviii* (Mexico City, 2003).

13 María Paz Moreno, *De la Página al Plato: El Libro de Cocina en España* (Gijón, 2012), p. 60.

14 Zarela Martínez, *The Food and Life of Oaxaca: Traditional Recipes from Mexico's Heart* (New York, 1997), pp. 160–61.

15 María del Carmen Simón Palmer, 'La Dulcería en la Biblioteca Nacional de España', in *La Cocina en su Tinta*, exh. cat. (Madrid, 2010), pp. 63–81.

16 tfernando Serrano Larráyoz, ed., *Confitería y gastronomía en el regalo de la vida humana de Juan Vallés*, vols iv–vi (Pamplona, 2008).

17 Miguel de Baeza, *Los cuatro libros del arte de confitería* [1592], ed. Antonio Pareja (2014).

18 Juan de la Mata, 'El café disipa y destruye los vapores del vino, ayuda á la digestion, conforta los espíritus, é impide dormir con exceso', in Mata, *Arte de repostería* [1791] (Valladolid, 2003).

19 Joseph Townsend, *A Journey through Spain in the Years 1786 and 1787, with Particular Attention to the Agriculture, Manufacturers and Remarks in Passing through a Part of*

France (London, 1791), pp. 265–6.

20 Carolyn A. Nadeau, *Food Matters: Alonso Quijano's Diet and the Discourse of Food in Early Modern Spain* (Toronto, 2016), p. 96.

21 Sidney Mintz, *Sweetness and Power: The Place of Sugar in Modern History* (New York, 1985).

22 Joan de Déu Domènech, *Chocolate todos los días. a la mesa con el Barón de Malda: un estilo de vida del siglo xviii* (Albacete, 2004), p. 255.

23 Tom Burns in David Mitchell, *Travellers in Spain: An Illustrated Anthology* (tfuengirola, 2004), p. 1.

24 Ibid., p. 8.

25 Madame d'Aulnoy, *Travels into Spain*, Google ebook (London, 2014).

第六章 餐桌上的政治

1 Néstor Luján, *Historia de la gastronomía* (Barcelona, 1988), p. 156.

2 Lucien Solvay, *L'Art espagnol: Précédé d'une introduction sur l'Espagne et les Espagnols*, ed. J. Rouan (Paris, 1887).

3 Leonard T. Perry, 'La Mesa Española en el Madrid de Larra', *Mester*, x/1 (Los Angeles, ca, 1981), pp. 58–65.

4 Isabel González Turmo, *200 años de cocina* (Madrid, 2013), pp. 65–8.

5 María Carme Queralt, *La cuynera catalana* [1851], Google ebook (London, 2013).

6 Richard tford, *Manual para viajeros por España y lectores en casa: observaciones generals* (Madrid, 2008).

7 tfernando García de Cortázar and José Manuel González Vesga, *Breve historia de España* (Barcelona, 2013), pp. 456–7.

8 'Je crois que Madrid est le lieu de la terre où l'on prend de meilleur café; que cette boisson est délicieuse! plus délicieuse cent fois que toutes les liqueurs du monde ... le café égaie, anime, exalte, électrife; le café peuple la tête d'idées . . .' Jean-Marie- Jérôme tfleuriot de Langle, *Voyage de Figaro, en Espagne* (Saint Malo, 1784).

9 Edward Henry Strobel, *The Spanish Revolution, 1868–75* (Boston, MA, 1898).

10 tfernando Sánchez Gómez, *La cocina de la crítica: historia, teoría y práctica de la crítica gastronómica como género periodístico* (Seattle, WA, 2013), p. 124.

11 Mariano Pardo de tfigueroa, *La mesa moderna: cartas sobre el comedor y la cocina cambiadas entre el Doctor Thebussem y un cocinero de S.M.* (Valladolid, 2010), pp.

23–39.

12　Angel Muro, *El practicón: tratado completo de cocina al alcance de todos y aprovechamiento de sobras* [1894] (Madrid, 1982).

13　María Paz Moreno, 'La Cocina Antigua de Emilia Pardo Bazán: Dulce Venganza e Intencionalidad Múltiple en un Recetario Ilustrado', *La tribuna, cadernos de estudios da Casa Museo Emilia Pardo Bazán*, 4 (2006), pp. 243–6; Emilia Pardo Bazán, *La cocina española moderna* (Madrid, 1917).

14　Rebecca Ingram, 'Popular Tradition and Bourgeois Elegance in Emilia Pardo Bazán's *Cocina Española*', *Bulletin of Hispanic Studies*, xci/3 (2014), pp. 261–4.

15　Lara Anderson, *Cooking up the Nation* (Woodbridge, 2013), p. 105.

16　Alvaro Escribano and Pedro tfraile Balbín, 'The Spanish 1898 Disaster: The Drift towards National Protectionism', *Economic History and Institutions, Series 01. Working Paper* (Madrid, 1998), pp. 98–103.

17　Eladia M. Carpinell, *Carmencita o la buena cocinera: manual práctico de cocina española, americana, francesa* (Barcelona, 1899), pp. 65–6.

第七章　饥饿、希望与成功

1　Ismael Díaz Yubero, *Sabores de España* (Madrid, 1998), p. 9.

2　Mariano Pardo de tfigueroa, *La mesa moderna: cartas sobre el comedor y la cocina cambiadas entre el Doctor Thebussem y un cocinero de S.M.* (Valladolid, 2010), p. 180.

3　Dionisio Pérez, *Guía del buen comer español: historia y singularidad regional de la cocina española* [1929] (Seville, 2010).

4　Dionisio Pérez and Gregorio Marañón, *Naranjas: el arte de prepararlas y comerlas* (Madrid, 1993).

5　Dionisio Pérez, *La cocina clásica española* (Huesca, 1994).

6　Maria Mestager de Echague (Marquesa de Parabere), *Platos escogidos de la cocina vasca* (Bilbao, 1940).

7　Ursula, Sira y Vicenta de Azcaray y Eguileor, *El amparo: sus platos clásicos* (San Sebastián, 2010), p. 217.

8　Gerald Brenan, *The Spanish Labyrinth: An Account of the Social and Political Background of the Spanish Civil War* (Cambridge, 1969), p. 86.

9　Ermine Herscher and Agnes Carbonell, *En la mesa de Picasso* (Barcelona, 1996).

10　Carmen de Burgos ('Colombine'), *Quiere usted comer bien?* (Barcelona, 1931), pp. 5–6.

11 Laurie Lee, *A Moment of War* (London, 1992), pp. 115–18.

12 Juan Eslava Galán, *Los años del miedo: la Nueva España (1939–52)* (Barcelona, 2008).

13 Antonio Salsete, *El cocinero religioso*, ed. Victor Manuel Sarobe Pueyo (Pamplona, 1995), p. 124.

14 Manuel María Puga y Parga (Picadillo), *La cocina práctica* (A Coruña, 1926), p. 15.

15 Ignacio Domènech, *Cocina de recursos* (Gijón, 2011).

16 Ignacio Domènech, *La nueva cocina elegante española* (Madrid, 1915).

17 Ana María Herrera, *Manual de cocina (recetario)* (Madrid, 2009), pp. 47–8.

18 Pedro Subijana et al., *Basque, Creative Territory: From New Basque Cuisine to the Basque Culinary Centre, a Fascinating 40-year Journey* (Madrid, 2016), pp. 15–17.

19 Juan José Lapitz, *La cocina moderna en Euskadi* (Madrid, 1987), pp. 27–55.

20 Carmen Casas, *Comer en Catalunya* (Madrid, 1980), p. 170.

21 Caroline Hobhouse, *Great European Chefs* (London, 1990), pp. 174–88.

22 Santi Santamaría, *La cocina al desnudo* (Barcelona, 2008).

23 tferran Adrià, *El Bulli: El sabor del Mediterráneo* (Barcelona, 1993), pp. 15–71.

第八章　西班牙的地区美食

1 Néstor Luján and Juan Perucho, *El libro de la cocina española, gastronomía e historia* (Barcelona, 2003), p. 158.

2 Ken Albala, *Beans: A History* (Oxford, 2007), p. 198.

3 tfrancisco Martínez Montiño, *Arte de cozina, pastelería, vizcochería y conservería* (Madrid, 1617).

4 Nicolasa Pradera (with Preface by Gregorio Marañon), *La cocina de Nicolasa* (San Sebastián, 2010).

5 Adam Hopkins, *Spanish Journeys: A Portrait of Spain* (London, 1992), p. 45.

6 Lorenzo Díaz, *La cocina del Quijote* (Madrid, 2005), p. 80.

7 Luján and Perucho, *El libro de la cocina española*, p. 395.

8 Isabel and Carmen García Hernández, *La mejor cocina extremeña escrita por dos autoras* (Barcelona, 1989), pp. 53–86.

9 Colman Andrews, *Catalan Cuisine* (London, 1988), pp. 15–17.

10 Josep Lladonosa i Giró, *La cocina medieval* (Barcelona, 1984), pp. 71–80.

11 Josep Pla, *Lo que hemos comido* (Barcelona, 1997), p. 18.

12 Tony Lord, *The New Wines of Spain* (Bromley, 1988), p. 51.

13 D. E. Pohren, *Adventures in Taste: The Wines and Folk Food of Spain* (Seville, 1970), p. 193.

14 Alan Davidson, *The Tío Pepe Guide to the Seafood of Spain and Portugal* (Jerez de la Frontera, 1992), p. 141.

15 Teodoro Bardají, *La salsa mahonesa: recopilación de opiniones acerca del nombre tan discutido de esta salsa fría . . .* (Madrid, 1928).

16 Tomás Graves, *Bread and Oil* (London, 2006), p. 107.

17 Lalo Grosso de Macpherson, *Cooking with Sherry* (Madrid, 1987).

18 Manuel Valencia, *La cocina gitana de Jerez: tradición y varguandia* (Jerez de la Frontera, 2006), pp. 18–20, 34–35.

19 Enrique Mapelli, *Papeles de gastronomía malagueña* (Málaga, 1982), pp. 101, 142, 239, 31.

20 Gerald Brenan, *South from Granada* (Cambridge, 1957), p. 125.

21 David and Emma Illsley, *Las Chimeneas: Recipes and Stories from an Alpujarran Village* (London, 2016), pp. 31, 136.

22 J. G. Hawkes and J. tfrancisco-Ortega, 'The Early History of the Potato in Europe', *Euphytica*, lxx/1–2 (1993), pp. 1–7.

23 José Juan Jiménez Gonzalez, *La tribu de los canarii, arqueología, antiguedad y renacimiento* (Santa Cruz de Tenerife, 2014), pp. 173–4.

Delicioso
A History of Food
in Spain

参考文献

Abu Zakariyya'Yaliya ibn Muhammad ibn al-'Auwam, Sevillano, *Kitab al-falahab, Libro de Agricultura*, trans. José Antonio Banqueri [1802], e-book (Madrid, 2011)

Agulló, Ferràn, *Libre de la cocina Catalana* [1924] (Barcelona, 1995)

Ainsworth Means, Philip, *The Spanish Main: Focus of Envy, 1492–1700* (New York, 1935)

Alcala-Zamora, José, *La vida cotidiana en la España de Velázquez* (Madrid, 1999)

Aldala, Ken, *Food in Early Modern Europe* (Santa Barbara, ca, 2003)

Allard, Jeanne, 'La Cuisine Espagnole au Siècle d'Or', *Mélanges de la Casa de Velázquez*, xxiv (1988), pp. 177–90

Almodóvar, Miguel Angel, *Yantares de cuando la electricidad acabó con las mulas* (Madrid, 2011)

Alperi, Magdalena, *Guía de la cocina asturiana* (Gijon, 1987)

Apicio, *La cocina en la Antigua Roma*, ed. Primitiva tflores Santamaría and María Esperanza Torrego (Madrid, 1985)

Aram, Bethany, *Juana the Mad: Sovereignty and Dynasty in Renaissance Europe* (Baltimore, md, 2005)

——, and Bartolomé Yun Casadilla, eds, *Global Goods and the Spanish Empire, 1492–1824* (London, 2014)

Arbelos, Carlos, *Gastronomía de las tres culturas, recetas y relatos* (Granada, 2004)

Azorín, *Al margen de los clásicos* (Madrid, 2005)

Azurmendi, Mikel, *El fuego de los símbolos: artificios sagrados del imaginario de la cultura vasca tradicional* (San Sebastian, 1988)

Badi, Méri, *La cocina judeo-española*, trans. Carmen Casas (Barcelona, 1985)

Balfour, Sebastian, 'Spain from 1931 to the Present', in Raymond Carr, ed., *Spain: A History* (Oxford, 2000)

Balzola, Asun, and Alicia Ríos, *Cuentos rellenos* (Madrid, 1999)

Barandiaran, José Manuel, *La alimentación doméstica en Vasconia*, ed. Ander Monterola (Bilbao, 1990)

Bardají, Teodoro, *La cocina de ellas* (Huesca, 2002)

——, *Indice culinario* (Huesca, 2003)

Barragán Mohacho, Nieves, and Eddie and Sam Hart, *Barrafina: A Spanish Cookbook* (London, 2011)

Benavides Barajas, Luis, *Al-Andalus, la cocina y su historia, reinos de taifas, norte de Africa, Judíos, Mudéjares y Moriscos* (Motril, 1996)

——, *Al-Andalus, el Cristianismo, Mozárabes y Muladíes* (Motril, 1995)

Bennison, Vicky, *The Taste of a Place: Mallorca* (London, 2003)

Bermúdez de Castro, José María, *El chico de la Gran Dolina* (Barcelona, 2010)

Bettónica, Luis, *Cocina regional española: trescientos platos presentados por grandes maestros de cocina* (Barcelona, 1981)

Blasco Ibañez, Vicente, *Cañas y barro* (Madrid, 2005)

Bonnín, Xesc, *La cocina mallorquina: pueblo a pueblo, puerta a puerta* (Mallorca, 2006)

Bray, Xavier, *Enciclopedia del Museo del Prado* (Madrid, 2006)

Brenan, Gerald, *The Face of Spain* (London, 2006)

Burns, Jimmy, *Spain: A Literary Companion* (Malaga, 2006)

Butrón, Inés, *Comer en España: de la subsistencia a la vanguardia* (Barcelona, 2011)

Cabrol, Fernand, 'Canonical Hours', in *The Catholic Encyclopedia*, vol. vii (New York, 1910)

Capel, José Carlos, and Lourdes Plana, *El desafío de la cocina Española: tres décadas de evolución* (Barcelona, 2006)

Caro Baroja, Julio, 'De la Vida Rural Vasca', *Estudios Vascos*, v (San Sebastian, 1989)

——, *Los Vascos* (Madrid, 1971)

Carr, Raymond, *Modern Spain, 1875–1980* (Oxford, 1980)

Casas, Carmen, *Damas guisan y ganan* (Barcelona, 1986)

Castellano, Rafael, *La cocina romántica: una interpretación del xix a través de la gastronomía* (Barcelona, 1985)

Chela, José H., *Cincuenta recetas fundamentales de la cocina canaria* (Santa Cruz de Tenerife, 2004)

Chetwode, Penelope, *Two Middle-aged Ladies in Andalusia* (London, 2002)

Cieza de León, Pedro de, *Crónica del Peru* (Lima, 1986)

Civitello, Linda, *Cuisine and Culture: A History of Food and People* (London, 2003)

Cobo, Bernabé, *Historia del Nuevo Mundo*, trans. Roland Hamilton (Austin, TX, 1983)

Collins, Roger, *Visigothic Spain, 409–711* (Hoboken, NJ, 2004)

Columbus, Christopher, *The Log of Christopher Columbus* [1492], trans. Robert H. Fuson (Camden, ME, 1991)

Cooper, John, *Eat and Be Satisfied: A Social History of Jewish Food* (Northvale, NJ, and Jerusalem, 1993)

Corcuera, Mikel, *25 años de la Nueva Cocina Vasca* (Bilbao, 2003)

Cordon, Faustino, *Cocinar hizo al hombre* (Barcelona, 1989)

Cruz Cruz, Juan, 'La cocina mediterránea en el inicio del renacimiento: Martino da Como "Libro de Arte Culinaria"', in Ruperto de Nola, *Libro de guisados* (Huesca, 1998)

Cunqueiro, Alvaro, *La cocina gallega* (Vigo, 2004)

Dawson, Samuel Edward, *The Lines of Demarcation of Pope Alexander vi and the Treaty of Tordesillas, ad 1493 and 1494* (Ottawa and Toronto, 1899)

De Benitez, Ana María, *Pre-Hispanic Cooking* (Mexico City, 1974)

De Herrera, Alonso, *Ancient Agriculture: Roots and Applications of Sustainable Farming* [1513] (Layton, UT, 2006)

Del Corral, José, *Ayer y hoy de la gastronomía madrileña* (Madrid, 1992)

Delgado, Carlos, *Cien recetas magistrales: diez grandes chefs de la cocina española* (Madrid, 1985)

Della Rocca, Giorgio, *Viajar y comer por el maestrazgo* (Vinaroz, 1985)

De Miguel, Amando, *Sobre Gustos y Sabores: Los Españoles y la Comida* (Madrid, 2004)

Díaz, Lorenzo, *La cocina del Barroco: la gastronomía del Siglo de Oro en Lope, Cervantes y Quevedo* (Madrid, 2003)

Díaz del Castillo, Bernal, *Historia verdadera de la conquista de la Nueva España* [1632] (Madrid, 1955)

Doménech, I., and F. Marti, *Ayunos y abstinencias: cocina de Cuaresma* (Barcelona, 1982)

Domingo, Xavier, *La mesa del buscón* (Barcelona, 1981)

Domínguez, Martí, *Els nostres menjars* (Valencia, 1979)

Domínguez Ortiz, Antonio, *Carlos iii y la España de la ilustración* (Madrid, 2005)

——, *La sociedad Española en el siglo xvii* (Madrid, 1992)

Eichberger, Dagmar, Anne-Marie Legaré and Wim Husken, eds, *Women at the Burgundian Court: Presence and Influence* (Turnhout, 2011)

Eléxpuru, Inés, *La cocina de Al-Andalus* (Madrid, 1994)

Escoffier, A., *A Guide to Modern Cookery*, trans. James B. Herdon Jr (London, 1907)

Espada, Arcadi, *Las dos hermanas: medio siglo del restaurante hispània* (Barcelona, 2008)

Fàbrega Colom, Jaume, *Cuina monástica* (Barcelona, 2013)

Fatacciu, Irene, 'Atlantic History and Spanish Consumer Goods in the Eighteenth Century: The Assimilation of Exotic Drinks and the Fragmentation of European Identities', *Nuevo Mundo, Mundos Nuevos*, 63480 (2012)

Fear, A. T., *Prehistoric and Roman Spain*, in Raymond Carr, ed., *Spain: A History* (Oxford, 2000)

Fidalgo, José Antonio, *Asturias: cocina de mar y monte* (Oviedo, 2004)

Fletcher, Richard, *The Early Middle Ages, 700–1250*, in Raymond Carr, ed., *Spain: A History* (Oxford, 2000)

Font Poquet, Miquel S., *Cuina i menjar a Mallorca: història i receptes* (Palma de Mallorca, 2005)

García Armendáriz, José Ignacio, *Agronomía y Tradición Clásica: Columela en España* (Seville, 1994)

García Mercandal, José, *Lo Que España Llevó a América* (Madrid, 1958)

García Paris, Julia, *Intercambio y difusion de plantas de consumo entre el nuevo y el viejo mundo* (Madrid, 1991)

Gautier, Théophile, *A Romantic in Spain* (Oxford, 2001)

Gitlitz, David M., *Secrecy and Deceit: The Religion of the Crypto-Jews* (Albuquerque, NM, 2002)

Glick, Thomas F., *Irrigation and Society in Medieval Valencia* (Cambridge, MA, 1970)

Gonzalbo Aizpuru, Pilar, *Historia de la vida cotidiana en Mexico*, vol. iii: *El siglo xviii: entre tradición y cambio* (Mexico City, 2005)

González, Echegaray J., and L. G. Freeman, 'Las escavaciones de la Cueva del Juyo (Cantabria)', *Kobie* (Serie Paleoantropología), xx (1992–3)

Gracia, Jorge J. E., 'Rules and Regulations for Drinking Wine in Francesc Eiximenis' "Terç del Crestià" (1384)', *Traditio: Studies in Ancient and Medieval History, Thought, and Religion*, xxxii/1 (1976), pp. 369–85

Granado, Diego, *Libro del arte de cocina* (Madrid, 1971)

Grewe, Rudolf, 'The Arrival of the Tomato in Spain and Italy: Early Recipes', *The Journal of Gastronomy*, viii/2 (1987), pp. 67–81

——, 'Hispano-Arabic Cuisine in the Twelfth Century', in *Du manuscript à la table: Essais sur la cuisine au Moyen Age et répertoire des manuscrits* médiévaux *contenant des recettes culinaires*, ed. Carole Lambert (Montreal, 1992), pp. 141–8

——, *Llibre de Sent Soví: receptari de cuina* (Barcelona, 1979)

Haranburo Altuna, Luis, *Historia de la alimentación y de la cocina en el pais vasco, de Santimamiñe a Arzak* (Alegia, Guipúzkoa, 2009), pp. 264–6

Hayward, Vicky, *New Art of Cookery: A Spanish Friar's Kitchen Notebook by Juan Altamiras* (London, 2017)

Herr, Richard, 'Flow and Ebb, 1700–1833', in Raymond Carr, ed., *Spain: A History* (Oxford, 2000)

Herrera, A. M., *Recetario para olla a presión y batidora eléctrica* (Madrid, 1961)

Herrero y Ayora, Melchora, and Florencia Herrero y Ayora, *El arte de la cocina: fórmulas (para desayunos, tes, meriendas y refrescos)* (Madrid, 1914)

Huertas Ballejo, Lorenzo, 'Historia de la producción de vinos y piscos en el Peru', *Revista Universum*, ix/2 (Talca, 2004), pp. 44–61

Huici Miranda, Ambrosio, trans., *La cocina hispano-magrebí durante la* época *almohade: según un manuscrito anónimo del siglo xiii*, a preliminary study by Manuela Marín (Gijón, 2005)

Humboldt, Alexander von, *Ensayo político sobre el reino de la Nueva España* (Mexico, 1978)

Johnson, Lyman L., and Mark A. Burkholder, *Colonial Latin America* (Oxford, 1990)

Juan de Corral, Caty, *Cocina balear* (León, 2000)

——, *Recetas con Angel* (Madrid, 1994)

Juderías, Alfredo, *Viaje por la cocina hispano-judía* (Madrid, 1990)

Kamen, Henry, *The Disinherited, Exile and the Making of Spanish Culture, 1492–1975* (New York, 2007)

——, *The Spanish Inquisition: A Historical Revision* (New Haven, ct, 1999)

Keay, S. J., *Roman Spain (Exploring the Roman World)* (Oakland, CA, 1988)

Kurkanski, Mark, *The Basque History of the World* (London, 2000)

Lacoste, Pablo, 'La vid y el vino en América del Sur: el desplazamiento de los polos vitivinícolas (Siglos xvi al xx)', *Revista Universum*, xix/2 (2004), pp. 62–93

Lana, Benjamín, *La Cucina de Nacho Manzano* (Barcelona, 2016)

Lladonosa Giró, Josep, *Cocina de Ayer, Delicias de Hoy* (Barcelona, 1984)

López Castro, José Luis, 'El poblamiento rural fenicio en el sur de la península ibérica entre los siglos vi a iii a.c.', *Gerión*, xxvi/1 (2009), pp. 149–82

LÓpez Mendiazábal, Isaac, *Breve historia del país vasco* (Buenos Aires, 1945)

Luard, Elisabeth, *The Rich Tradition of European Peasant Cookery* (London, 1986)

Luján, Néstor, *El menjar (Coneixer Catalunya)* (Madrid, 1979)

Mackay, Angus, *The Late Middle Ages: From Frontier to Empire, 1000–1500* (New York, 1977)

March Ferrer, Lourdes, *El Libro de la paella y los arroces* (Madrid, 1985)

Marín, Manuela, and David Waines, *La alimentación en las culturas islámicas* (Madrid, 1994)

Marti Gilabert, Francisco, *La desamortización española* (Madrid, 2003)

Martínez Yopis, Manuel, *Historia de la gastronomía española* (Huesca, 1995)

——, and Luis Irizar, *Las cocinas de españa* (Madrid, 1990)

Mendel, Janet, *Traditional Spanish Cooking* (London, 2006)

Menéndez Pidal, Ramón, *Crónicas Generales de España* [1898] (Whitefish, MT, 2010)

Menocal, María Rosa, *The Ornament of the World: How Muslims, Jews and Christians Created a Culture of Tolerance in Medieval Spain* (New York, 2002)

Miguel-Prendes, Sol, 'Chivalric Identity in Enrique de Villena's *Arte Cisoria*', *La Corónica: A Journal of Medieval Hispanic Languages, Literatures and Cultures*, xxxii/1 (2003), pp. 307–42

Monardes, Nicolás, *La historia medicinal de las cosas que se traen de nuestras Indias Occidentales, 1565, 1569 and 1580* (Madrid, 1989)

Montanary, Massimo, *The Culture of Food*, trans. Carl Ipsen (Oxford, 1994)

——, *El hambre y la abundancia, historia y cultura de la alimentación en Europa* (Barcelona, 1993)

Morris, Jan, *The Presence of Spain* (London, 1988)

Motos Pérez, Isaac, 'Lo Que Se Olvida: 1499–1978', *Anales de Historia Contemporánea*, xxv (2009)

Muñoz Molina, Antonio, *Córdoba de los omegas* (Seville, 1991)

Norwich, John Julius, *The Middle Sea* (London, 2006)

Obermaier, Hugo, *El hombre fósil* (Madrid, 1985)

Ortega, Simone, and Inés Ortega, *1080 Recipes* (London, 2007)

Ortega, Teresa María, ed., *Jornaleras, campesinas y agricultoras: la historia agrarian desde una perspectiva de género* (Zaragoza, 2015)

Pan-Montojo, Juan, 'Spanish Agriculture, 1931–1955. Crisis, Wars and New Policies in the Reshaping of Rural Society', in *War, Agriculture, and Food: Rural Europe from the 1930s to the 1950s*, ed. Paul Brassley, Yves Segers and Leen van Molle (New York, 2012), Chapter Five

Pelauzy, M. A., *Spanish Folk Crafts* (Barcelona, 1982)

Pérez Samper, María de los Angeles, 'Los recetarios de cocina (siglos xv–xviii)', in *Codici del gusto* (Milan, 1992), pp. 154–75

Pisa, José Maria, *El azafrán en Aragón y la gastronomía* (Huesca, 2009)

——, *Bibliografía de la paella* (Huesca, 2012)

Pla, Josep, *Lo que hemos comido* (Barcelona, 1997)

Pritchett, V. S., *The Spanish Temper* (London, 1973)

Quiróz, Enriqueta, 'Comer en Nueva España: privilegios y pesares de la sociedad en el siglo xviii', *Historia y Memoria*, 8 (2014)

Remie Constable, Olivia, 'tfood and Meaning: Christian Understanding of Muslim tfood and tfood Ways in Spain, 1250–1550', *Viator, Medieval and Renaissance Studies*, xliv/3 (2013), pp. 199–235

Revel, Jean-tfrançois, *Un Festín de Palabras*, trans. Lola Gavarrón and Mauro Armiño (Barcelona, 1996)

Rios, Alicia, and Lourdes March, *The Heritage of Spanish Cooking* (London, 1992)

Roca, Joan, *La cocina catalana de toda la vida: las mejores recetas de mi madre* (Barcelona, 2004)

Rose, Susan, *The Wine Trade in Medieval Europe, 1000–1500* (London, 2011)

Sánchez, Marisa, and Francis Paniego, *Echaurren: el sabor de la memoria* (Barcelona, 2008)

Sánchez Martinez, Verónica, 'La fiesta del gusto: construcción de México a través de sus comidas', *Opción*, xxii/51 (Maracaibo, 2006)

Sand, George, *A Winter in Majorca* [1842], trans. Robert Graves (Valldemossa, Mallorca, 1956)

Santamaría, Santi, *Palabra de cocinero: un chef en vanguardia* (Barcelona, 2005)

Santich, Barbara, *The Original Mediterranean Cuisine: Medieval Recipes for Today* (Totnes, 1995)

Seaver, Henry Latimer, *The Great Revolt in Castile: A Study of the Comunero Movement of 1520–1521* (Cambridge, 1928)

Serradilla Muñoz, José V., *La mesa del emperador: recetario de Carlos v en Yuste* (Barcelona, 1997)

Serrano Larráyoz, Fernando, *Un recetario navarro de cocina y repostería (Siglo xix)* (Gijon,

2011)

Settle, Mary Lee, *Spanish Recognitions: The Roads to the Present* (New York, 2004, and Oxford, 2015)

Sevilla, María José, 'Pasus: A Basque Kitchen'in Alan Davidson, *The Cook's Room* (London, 1991)

Shaul, Moshé, Aldina Quintana and Zelda Ovadia, *El gizado sefaradí* (Zaragoza, 1995)

Sokolov, Raymond, *Why We Eat What We Eat* (New York, 1991)

Spataro, Michela, and Alexander Villing, eds, *Ceramics, Cuisine and Culture: The Archaeology and Science of Kitchen Pottery in the Ancient Mediterranean World* (Oxford, 2015)

Subijana, Pedro, *Akelarre: New Basque Cuisine* (London, 2017)

Sueiro, Jorge Victor, *Comer en Galicia* (Madrid, 1989) Tannahill, Reay, *Food in History* (New York, 1998)

Thibaut i Comelade, Eliana, *La cuina medieval a l'abast* (Barcelona, 2006)

Thomas, Hugh, *The Spanish Civil War* (London, 1965)

Torre Enciso, Cipriano, *Cocina gallega 'enxebre': así se come y bebe en Galicia* (Madrid, 1982)

Vallverdù-Poch, Josep, et al., 'The Abric Romaní Site and the Capellades Region', in *High Resolution Archaeology and Neanderthal Behavior: Time and Space in Level J of Abric Romaní (Capellades, Spain)*, ed. Eudald Carbonell i Roura (2012), pp. 19–46

Van Hensbergen, Gijs, *In the Kitchens of Castile* (London, 1992)

Vázquez Montalbán, Manuel, *Las recetas de Carvalho* (Barcelona, 2004)

Vázquez Ramil, Raquel, *Mujeres y educación en la España contemporánea: La Institución Libre de Enseñanza y la Residencia de Señoritas de Madrid* (Madrid, 2012)

Vicens Vives, Jaume, *Aproximación a la historia de España* (Madrid, 1952)

——, *España contemporánea, 1814–1953* (Barcelona, 2012)

Watson, Andrew M., 'The Arab Agriculture Revolution and Its Diffusion: 700–1100', *Journal of Economic History*, xxxiv/1 (1974), pp. 8–35

Weiss Adamson, Melitta, *Food in Medieval Times* (Westport, CT, 2004)

Welch, Kathryn, ed., *Appian's Roman History: Empire and Civil War* (Wales, 2015)

Wittmayer Baron, Salo, *A Social and Religious History of the Jews*, 2nd edn (New York,1969)

Zamora, Margarita, *Language, Authority and Indigenous History in the Comentarios Reales de los Incas* (Cambridge, MA, 1988)

Zapata, Lydia, et al., 'Early Neolithic Agriculture in the Iberian Peninsula', *Journal of World Prehistory*, xviii/4 (2004)

致　谢

　　此书是我长年研究西班牙美食和红酒的结晶。在此书的写作和出版过程中，我受到了诸多启发，为此我可以列一长串的名单：我的家人，美食作家和记者，学者和摄影师，以及继承了西班牙烹饪传统的厨师、主厨、食品商和红酒商。

　　我首先要感谢的是瑞科图书（Reaktion Books）的出版商迈克尔·利曼（Michael Leaman）先生。瑞科图书的"美食与国家"丛书主要介绍了世界上不同国家的美食与生活。迈克尔为这一系列书籍倾注了许多时间和精力。他总是适时地给予我指导，帮助我精挑细选，精益求精。鉴于西班牙作家的特点和西班牙文化的多元性，足可料见他所付出的努力。我的丈夫大卫·斯旺（David Swan），编辑、记者帕特里夏·兰顿（Patricia Langton），还有历史学家、出色的语言学家萨拉·科德林顿（Sarah Codrington）悉心地指导了我的英语写作。此外，我还要感谢瑞科图书的主编玛莎·杰伊（Martha Jay）女士。她非常有耐心，极具才华，对此书的出版功不可没。我的儿子丹尼尔·J. 泰勒（Daniel J. Taylor）帮助我克服了许多技术问题，也值得嘉奖。

　　在这一长串致谢名单之中，还应该加上那些最初鼓励我深入研究西班牙美食和红酒的人们。最先要感谢的就是作家、出色的营销商帕特里克·古奇（Patrick Gooch）和胡安·卡拉沃索（Juan Calabozo），后者在西班牙驻伦敦使馆担任商务参赞。我还要感谢才华横溢的凯西·波里亚克（Cathy Boriac），她是著名杂志《西班牙美食之旅》（Spain Goutmetour）的出版商。另外，也要感谢迈克尔·贝特曼（Michael Bateman）、迈克尔·拉斐尔（Michael Raffael）和菲莉帕·达文波特（Philippa Davenport）等人，他们都是出色的记者。

在过去的三十年中，我每年都参加哈佛大学举办的食物与烹饪研讨会，这些会议资料汇集成了我过去六年之中一直放在案头的研究素材。在此，我要向何塞普·F.奥卡拉汉（Josep F. O'callaghan）、费尔南多·加西亚·德·科塔萨尔（Fernando García de Cortázar）、何塞·路易斯·罗伊格（José Luis Roig）、保罗·普雷斯顿（Paul Preston）、亨利·卡门（Henry Kamen）、雷蒙德·卡尔（Raymond Carr）致以诚挚的谢意，尤其还要感谢约翰·H.艾略特（Jhon H. Elliot）和豪梅·比森斯·比韦斯（Jaume Vicens Vives）。

搜寻插图对于我来说是一项全新的挑战，却令我乐在其中。在这个过程中，我结识了许多慷慨且有才华的朋友。其中，不得不提到的便是胡安·曼努埃尔·加西亚（Juan Manuel García）和巴列斯特罗斯·卢斯·古铁雷斯·波拉斯（Ballesteros Luz Gutiérrez Porras），他们准许我进入位于马德里的农业部的图像资料室搜寻资料。此外，还要感谢弗朗西斯科·哈维尔·苏亚雷斯·巴德朗（Francisco Javier Suárez Padrán），他是研究特内里费岛的美洲食品的专家，以及圣塞巴斯蒂安的奥斯卡·阿隆索（Oskar Alonso），布鲁塞尔的圣地亚哥·曼迪奥罗斯（Santiago Mendioroz），还有在纳瓦拉旅游部工作的胡利安·费尔南德斯·拉腊武鲁（Julián Fernández Larraburou）。

图书在版编目（CIP）数据

伊比利亚的味道：西班牙饮食史 /（西）玛丽亚·
何塞·塞维利亚著；宓田，牛玲译 . -- 北京 : 中国人
民大学出版社，2023.5

ISBN 978-7-300-31530-0

Ⅰ.①伊… Ⅱ.①玛… ②宓… ③牛… Ⅲ.①饮食—
文化史—西班牙 Ⅳ.① TS971.205.51

中国国家版本馆 CIP 数据核字（2023）第 048366 号

伊比利亚的味道

西班牙饮食史

[西] 玛利亚·何塞·塞维利亚（María José Sevilla） 著

宓田 牛玲 译

Yibiliya De Weidao

出版发行	中国人民大学出版社	
社　　址	北京中关村大街 31 号	**邮政编码**　100080
电　　话	010-62511242（总编室）	010-62511770（质管部）
	010-82501766（邮购部）	010-62514148（门市部）
	010-62515195（发行公司）	010-62515275（盗版举报）
网　　址	http://www.crup.com.cn	
经　　销	新华书店	
印　　刷	北京瑞禾彩色印刷有限公司	
规　　格	145mm×210mm　32 开本	**版　次**　2023 年 5 月第 1 版
印　　张	15.5 插页 4	**印　次**　2023 年 5 月第 1 次印刷
字　　数	312 000	**定　价**　148.00 元